Thomas Weickert

Nichtstationäre Filterung mit Hilfe Analytischer Wavelet Packets am Beispiel von Sprachsignalen

Nichtstationäre Filterung mit Hilfe Analytischer Wavelet Packets am Beispiel von Sprachsignalen

von
Thomas Weickert

universitätsverlag karlsruhe

Dissertation, Universität Karlsruhe (TH)
Fakultät für Elektrotechnik und Informationstechnik, 2008

Impressum

Universitätsverlag Karlsruhe
c/o Universitätsbibliothek
Straße am Forum 2
D-76131 Karlsruhe
www.uvka.de

Universitätsverlag Karlsruhe 2009
Print on Demand

ISBN: 978-3-86644-317-4

Nichtstationäre Filterung mit Hilfe Analytischer Wavelet Packets am Beispiel von Sprachsignalen

Zur Erlangung des akademischen Grades eines

DOKTOR-INGENIEURS

von der Fakultät für

Elektrotechnik und Informationstechnik

der Universität Karlsruhe (TH)

genehmigte

DISSERTATION

von

Dipl.-Ing. Thomas Weickert

aus Heidelberg

Tag der mündl. Prüfung: 18. November 2008
Hauptreferent: Prof. Dr.-Ing. U. Kiencke, Universität Karlsruhe (TH)
Korreferent: Prof. Dr.-Ing. G. F. Trommer, Universität Karlsruhe (TH)

Vorwort

In den vergangenen drei Jahren durfte ich mich als wissenschaftlicher Mitarbeiter am Institut für Industrielle Informationstechnik (IIIT) der Universität Karlsruhe (TH) mit Zeit-Frequenz-Darstellungen und nichtstationärer Filterung befassen. Doch jede Reise geht einmal zu Ende. Die vorliegende Dissertation dokumentiert meine Arbeiten auf den genannten Gebieten, die während dieser Zeit entstanden sind. Ich hoffe, dem Leser die gleiche Faszination für Zeit-Frequenz-Darstellungen und nichtstationäre Filterung vermitteln zu können, wie ich sie selbst empfunden habe. Ich bedanke mich bei Professor Uwe Kiencke für die Initiierung und Förderung der Arbeit. Mein Dank gilt auch Professor Gert F. Trommer für seinen Zuspruch sowie die Übernahme des Korreferats.

So motiviert man auch sein mag: Die Zeit, die einem zur Forschung zur Verfügung steht, ist begrenzt. Zu großem Dank bin ich daher den Studenten verpflichtet, die im Rahmen ihrer Studien-, Diplom- oder Masterarbeit einen Beitrag zu meiner Forschung geleistet haben. Ihr Engagement war für mich eine wesentliche Unterstützung. Darüber hinaus wären ohne die bereitwillige Hilfe vieler Freunde und Kollegen die eigenen hohen Ansprüche an die Fehlerfreiheit der Darstellung wohl kaum zu halten gewesen. Ich bedanke mich daher bei Florian Wolff, Anne von Vietinghoff, Konrad Christ, Marco Kruse, Jörg Barrho, Simone Geiger und Kim Krüger für die kritische Durchsicht des Manuskripts und die vielen Korrekturvorschläge.

Da Freude an der Arbeit für das Gelingen eines mehrjährigen Projektes wichtig ist, danke ich allen aktuellen und ehemaligen Mitarbeitern des IIIT für das wunderbare Arbeitsklima während der gemeinsamen Zeit am Institut. Des Weiteren bin ich meiner Familie für deren Unterstützung während des Studiums sehr dankbar, die damit diese Arbeit erst möglich gemacht hat. Mein besonderer Dank gilt schließlich meiner Frau Vanessa. Ihr Verständnis, ihre Geduld und ihr ständiger Rückhalt waren eine Quelle, aus der ich stets Kraft schöpfen konnte.

Karlsruhe, im November 2008 Thomas Weickert

Inhaltsverzeichnis

1 Einleitung

Sprache ist die wichtigste Verständigungsform des Menschen. Sie erlangt damit eine herausragende Bedeutung für die Entwicklung moderner Kommunikationsmittel. Ihre Verarbeitung durch technische Systeme findet heute breite Anwendung in der Telekommunikation, der akustischen Mensch-Maschine-Interaktion und der Medizintechnik. Typische Beispiele sind die Sprachübertragung mit Mobiltelefonen, Freisprecheinrichtungen oder etwa Kommunikationsanlagen in Flugzeugcockpits. Im medizinischen Bereich ist der Einsatz von Hörgeräten zu nennen. In Anwendungen wie sprachaktivierten Wähleinrichtungen, automatischen Informationssystemen oder der Steuerung von Robotern kommuniziert der Mensch dagegen mit Maschinen. Hierbei wird die Sprache nicht nur übertragen, sondern muss auch von einem technischen System erkannt werden.

Häufig ist das Sprachsignal allerdings durch eine additive Störung überlagert, wie es in Abbildung 1.1 dargestellt ist. Dies können beispielsweise vorbeifahrende Fahrzeuge, Maschinenlärm in Fabrikhallen oder Hintergrundgeräusche in einem Restaurant sein. In den meisten Fällen ist die Störung, wie auch die Sprache selbst, nichtstationär. Die spektralen Eigenschaften ändern sich also im Laufe der Zeit. Daher stellt die Reduktion der Störung zur Steigerung der Sprachqualität und Erkennungsrate eine Herausforderung an die Signalverarbeitung dar. Durch die Entfernung der Störung werden allerdings auch immer Sprachanteile beeinträchtigt. Diese Sprachverzerrungen machen sich dem menschlichen Gehör unangenehm be-

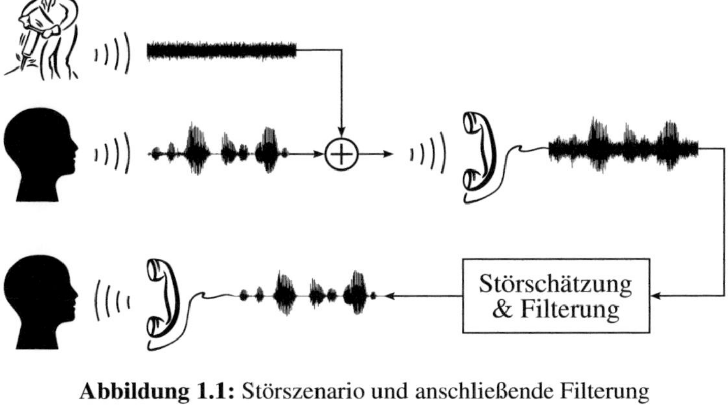

Abbildung 1.1: Störszenario und anschließende Filterung

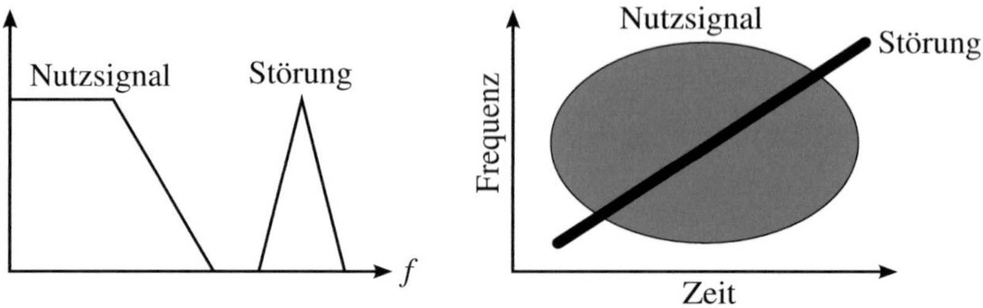

(a) Geeignete Spektren zur Filterung im Frequenzbereich

(b) Energieverteilung in der Zeit-Frequenz-Ebene

Abbildung 1.2: Beispiele für ein geeignetes und ein ungeeignetes gestörtes Signal zur Filterung im Frequenzbereich

merkbar. Aus diesem Grund ist es wichtig, eine möglichst genaue Schätzung der Störung zu jedem Zeitpunkt zu kennen. Dies wird durch die Nichtstationarität der meisten Störungen erschwert. Eine Signaldarstellung im Frequenzbereich ist daher nicht sinnvoll. Stattdessen muss die gestörte Sprache gleichzeitig in Zeit und Frequenz dargestellt werden. Dies lässt sich auf die Filterung aller nichtstationärer Signale verallgemeinern.

Die Aufgabe der Signalfilterung kann als Separation zweier Signalanteile (Nutzsignal und Störung) verstanden werden. Hierfür ist deren mathematische Darstellung wichtig. In Abbildung 1.2a ist ein beispielhaftes Spektrum eines gestörten Signals gezeigt, für das die Trennung in Nutzsignal und Störung im Frequenzbereich sehr gut gelingt. Auch bei nichtstationären Störungen wäre eine Trennung noch möglich, solange sich die beiden zu trennenden Anteile nur unwesentlich spektral überlappen. Dies ist bei Betrachtung des Beispiels in Abbildung 1.2b nicht der Fall. Nutzsignal und Störung überlappen sich spektral vollständig und eine Trennung über den Frequenzbereich ist nicht mehr möglich. Die zusätzliche Beachtung der Zeitinformation ermöglicht aber eine effektive Trennung beider Anteile, falls eine Schätzung der Störenergieverteilung durchgeführt wird. Aus diesem Grund sind Zeit-Frequenz-Darstellungen bei der Filterung nichtsationärer Störungen und Signale dem reinen Frequenzbereich überlegen.

1.1 Stand der Technik

Frequenzselektive Filter

Die klassische Filterung arbeitet mit frequenzselektiven Filtern, die bestimmte Spektralbereiche dämpfen. Die Ergebnisse sind für stationäre Störungen in

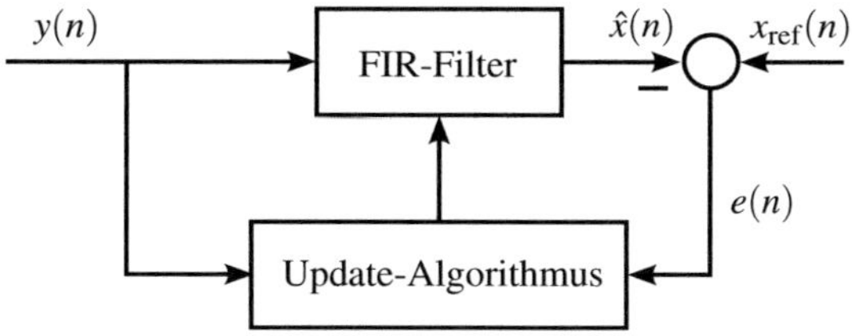

Abbildung 1.3: Schema eines adaptiven Filters

der Regel sehr gut, falls sich Störung und Nutzsignal nicht wesentlich spektral überlappen. Für langsam veränderliche Störungen werden adaptive Filter eingesetzt [Bel87, TCRJL87]. Dabei handelt es sich um digitale FIR-Filter, deren Impulsantwort im Laufe der Zeit angepasst wird. Der prinzipielle Ablauf ist in Abbildung 1.3 gezeigt. Ändert sich das zu filternde Signal allerdings zu schnell, konvergiert die Adaption nicht und die Filterung versagt. Ein weiteres Problem stellt die Kenntnis des Referenzsignals $x_{\mathrm{ref}}(n)$ dar. In der Sprachsignalverarbeitung wird von einem zweiten Mikrofon nahe der Störquelle ausgegangen, das daher lediglich die Störung ohne Spracheinfluss misst [EWCH96]. Bei der Technik des Beamformings werden ebenfalls mehrere Mikrofone verwendet. Dabei wird eine Störquelle räumlich geortet und ausgeblendet [FMF92]. Da in dieser Arbeit von einem einzigen Messsignal ausgegangen wird, ist die klassische Filterung vollkommen ungeeignet zur Entfernung nichtstationärer Störungen.

Spektrale Subtraktion

Im Bereich der Filterung mittels Zeit-Frequenz-Darstellungen basieren die meisten Verfahren auf der Kurzzeit-Fourier-Transformation (STFT). Diese besitzt in der gesamten Zeit-Frequenz-Ebene die gleiche Zeit-Frequenz-Unschärfe. Zur Filterung wäre allerdings eine möglichst kompakte Lokalisierung der Signalenergie wünschenswert. Dieses Ziel kann mittels der STFT nur dann erreicht werden, wenn das Signal auch tatsächlich für alle Zeiten und Frequenzen die gleiche Kompaktheit besitzt. Dies ist bei vielen Signalen nicht der Fall. Beispielsweise besitzen Bilder oder EKG-Signale ihre hochfrequenten Informationen in örtlich bzw. zeitlich kurzen Intervallen und erfordern daher für verschiedene Frequenzbereiche verschiedene Kompromisse bzgl. der Zeit-Frequenz-Unschärfe. Bei Verwendung der STFT als Signaldarstellung ist das Verfahren der Spektralen Subtraktion am weitesten verbreitet. Dabei wird die Energieverteilung der Störung zeit-frequenzabhängig geschätzt und von der STFT des gestörten Signals subtrahiert. In der Sprachfilterung wird dazu meist eine Sprechpausendetektion durchgeführt. Das Leistungsdichtespektrum der Störung wird daraufhin in einer Sprechpause bestimmt und während der Filterung des folgenden Sprachsegments als stationär behandelt [Bol79]. Alternativ kann auch eine Rauschbodenschätzung in jedem Frequenzband der STFT durchgeführt und dieser bei der Filterung subtrahiert werden [Mar94].

Alle auf der STFT basierenden Verfahren haben dabei einen gemeinsamen Nachteil. Durch die gleichzeitige Betrachtung von Zeit und Frequenz tritt eine Zeit-Frequenz-Unschärfe auf. Für eine möglichst effiziente Filterung muss das Signal allerdings möglichst scharf dargestellt werden. Der Kompromiss zwischen zeitlicher Schärfe und Frequenzschärfe wird bei der STFT für die gesamte Zeit-Frequenz-Ebene gleich gewählt. Eine adaptive Anpassung an das Signal ist nicht möglich, was zu einer Verschlechterung des Filterergebnisses führt. In der Sprachsignalverarbeitung tritt bei der Spektralen Subtraktion darüber hinaus noch sogenanntes Musical Noise auf, das sich besonders unangenehm dem menschlichen Gehör bemerkbar macht.

Stochastische Schätzer

Ein anderer Ansatz zur Sprachsignalfilterung modelliert jeden Koeffizienten der STFT als stochastische Variable. Darauf basierend werden Schätzer für die Koeffizientenamplituden abgeleitet [EM85, Mar05]. Diese setzen ebenso wie die Spektrale Subtraktion eine Schätzung der Störung voraus. Das weit verbreitete Ephraim-Malah-Filter führt dazu eine Rauschbodenschätzung durch [EM84]. Der Nachteil der konstanten Zeit-Frequenz-Unschärfe bleibt allerdings auch bei diesen Verfahren bestehen.

Schwellwertfilterung mittels Wavelets und Wavelet Packets

Zur Filterung von Signalen, deren hochfrequente Informationen zeitlich kompakt lokalisiert sind, für tiefe Frequenzen allerdings eine gute Frequenzauflösung erfordern, bietet sich die Wavelet-Transformation an. Für allgemeine Signale ist allerdings auch diese Repräsentation nicht geeignet. Eine flexible Zeit-Frequenz-Darstellung, deren Auflösung sich an das gegebene Signal anpasst, sind die sogenannten Wavelet Packets. Sie stellen eine Verallgemeinerung der Wavelet-Transformation dar und sind eine redundante, überbestimmte Signaldarstellung. Eine nicht-redundante Untermenge der Wavelet-Packet-Koeffizienten, die dennoch die gesamte Zeit-Frequenz-Ebene erfasst, wird Basis genannt. Es wird nun aus dem vollständigen Wavelet Packet eine an das gegebene Signal angepasste Basis gewählt. Die eigentliche Filterung erfolgt über eine nichtlineare Schwellwertfilterung in Abhängigkeit der geschätzten Störung. Die gängigen Verfahren setzen dazu allerdings weißes oder farbiges, stationäres Rauschen voraus [DJ94, Don95, JS97]. Für die Filterung nichtstationärer Störungen ist eine zeit-frequenzabhängige Störschätzung nötig. Bei der Filterung von Sprachsignalen kann dazu, ähnlich wie bei

Verwendung der STFT, die Störung in Sprechpausen geschätzt werden [SA01]. Ein anderer Ansatz schätzt die Energie der Störung in der Zeit-Frequenz-Ebene durch den sogenannten Teager-Energieoperator [BR01]. Eine verlässliche Rauschbodenschätzung wie bei Verwendung der STFT findet hier jedoch nicht statt und mindert so die Effektivität der Wavelet-(Packet-)Filterung bei nichtstationären Störungen.

Neben den unzureichenden Störschätzern im Wavelet-(Packet-)Bereich weisen Wavelet Packets als Signaldarstellung noch einige Mängel auf. Zum einen existieren bisher lediglich reelle Wavelet Packets. Dies führt zu Nachteilen gegenüber Darstellungen mit analytischen Basisfunktionen, wie beispielsweise der STFT. Des Weiteren hängt die Güte der Filterung von der Wahl der Basis aus dem Wavelet Packet ab. Dabei wird bisher allerdings die Störung nicht betrachtet, was zu einer Verschlechterung der Filterung führt. Schließlich existieren auch Signale, deren Komponenten mit keiner Basis eines Wavelet Packets optimal dargestellt werden können.

1.2 Zielsetzung und Gliederung der Arbeit

Im Blickpunkt dieser Arbeit steht die Filterung nichtstationärer Signale und Störungen. Aufgrund der Nichtstationarität kommen dazu nur Zeit-Frequenz-Darstellungen in Frage. Kapitel 2 bietet daher einen Einblick in die Zeit-Frequenz-Analyse und Filterung. Die bestmögliche Filterung allgemeiner Signale erfordert die Verwendung von Wavelet Packets. Ziel dieser Arbeit ist unter anderem die Verbesserung und optimale Ausnutzung der Wavelet-Packet-Darstellung zur Filterung. Dazu werden in Kapitel 3 Erweiterungen vorgestellt, welche die Wavelet-Packet-Filterung unabhängig von der speziellen Anwendung verbessern. In Abschnitt 3.1 werden zunächst die Schwächen reellwertiger Wavelets bzw. Wavelet-Packet-Basisfunktionen herausgearbeitet. Diese wirken sich nachteilig auf die Störschätzung und Filterung aus. Die Wavelet-Packet-Filterbank wird daher zu Analytischen Wavelet Packets erweitert. Diese beheben die vorherigen Schwächen und sorgen somit für eine verbesserte Störschätzung und Filterung.

Neben der Erweiterung der eigentlichen Darstellung wird in Abschnitt 3.2 betrachtet, welche Auswirkungen überlagerte Störungen auf die Wahl der nichtredundanten Basis des Wavelet Packets haben. Die herkömmlichen Verfahren setzen weißes Rauschen voraus, das die Basiswahl im Mittel nicht beeinflusst. Dies trifft allerdings für farbige oder nichtstationäre Störungen nicht zu. Aus diesem Grund wird ein neues Gütemaß zur Basiswahl entwickelt, das den mittleren, quadratischen Fehler nach der Filterung schätzt, womit eine direkte Bewertung der Filtergüte stattfindet.

Abschnitt 3.3 beschäftigt sich mit dem Problem, dass manche Signale in keiner Basis des Wavelet Packets zufriedenstellend dargestellt werden können. Es wird daher ein Verfahren entwickelt, das sämtliche Koeffizienten eines Wavelet Packets bei der Filterung berücksichtigt, anstatt lediglich eine nicht-redundante Untermenge. Dabei soll das Verfahren von vergleichbarem Rechenaufwand wie die Filterung mittels einer Basiswahl sein.

Neben der Erweiterung der Zeit-Frequenz-Darstellung ist eine Schätzung der Störenergieverteilung in der Zeit-Frequenz-Ebene zur Filterung nichtstationärer Störungen von entscheidender Bedeutung. Dies kann allerdings nur anwendungsspezifisch gelöst werden. In Kapitel 4 werden für die Filterung von Sprachsignalen geeignete Störschätzverfahren entwickelt. Dabei werden drei Klassen von Störungen unterschieden. Zunächst wird in Abschnitt 4.3 allgemeines, nichtstationäres Hintergrundrauschen betrachtet. Die aus dem STFT-Bereich bekannten Verfahren zur Rauschbodenschätzung werden dazu auf Wavelet Packets übertragen. Des Weiteren wird ein Kalman-Filter entworfen, um Modellwissen über die Störung mit in die Schätzung einzubeziehen.

Eine spezielle Störerklasse stellen die periodischen Störungen dar. Sie sind bedeutsam, da sie üblicherweise in der Umgebung von Maschinen auftreten. In Abschnitt 4.4 wird daher ein Verfahren vorgestellt, mit dem die Energieverteilung einer Periode der Störung analysiert werden kann.

Schließlich werden in Abschnitt 4.5 impulsartige Störungen betrachtet. Diese weisen normalerweise eine mindestens so große Dynamik wie die Sprache auf und verletzen damit die Voraussetzungen für die Verfahren in Abschnitt 4.3. Da für impulsartige Störungen eine Filterung nur in solchen Zeitintervallen sinnvoll ist, in denen tatsächlich eine Störung vorliegt, wird eine Detektion der Impulsstörer vorgenommen.

Eine umfassende Evaluation der entworfenen Störschätzverfahren zur Sprachsignalfilterung zusammen mit den in Kapitel 3 entwickelten Erweiterungen der Wavelet-Packet-Darstellung wird in Kapitel 5 durchgeführt. Eine Zusammenfassung der Arbeit findet sich in Kapitel 6.

2 Zeit-Frequenz-Analyse

Eine weit verbreitete Darstellung von Signalen ist ihre Betrachtung im Frequenzbereich (oder Fourier-Bereich) mittels der Fourier-Transformation, siehe z.B. [KJ08].

Definition 2.1 (Fourier-Transformation)
Die Fourier-Transformierte $Y(f)$ eines zeitkontinuierlichen Signals $y(t)$ ist gegeben durch

$$Y(f) = \mathcal{F}\{y(t)\} = \int_{-\infty}^{\infty} y(t)\exp(-j2\pi ft)\,dt \quad .$$

Diese kann auch als Innenprodukt des zu analysierenden Signals mit einer komplexen harmonischen Schwingung der Frequenz f geschrieben werden:

$$Y(f) = \int_{-\infty}^{\infty} y(t)\exp(-j2\pi ft)\,dt = \langle y(t), \exp(j2\pi ft)\rangle \quad . \tag{2.1}$$

Dadurch lässt sich die Fourier-Transformierte $Y(f)$ als Ähnlichkeitsmaß des Signals $y(t)$ und der betrachteten komplexen Schwingung $\exp(j2\pi ft)$ interpretieren. Die Darstellung im Fourier-Bereich findet unter anderem eine so breite Verwendung, da das Konzept der „Frequenz" in vielen Bereichen der Wissenschaft Anwendung findet, z.B. in der Physik, Astronomie, Biologie, Elektrotechnik etc., in denen periodische Phänomene auftreten.

Mittels der Fourier-Transformation ist es also möglich, ein Signal bezüglich seines Frequenzgehaltes zu analysieren oder zu verarbeiten. Gleichung (2.1) offenbart allerdings einen entscheidenden Nachteil: Die Analysefunktionen der Fourier-Transformation sind komplexe harmonische Schwingungen, deren Betrag unabhängig von der Zeit konstant eins ist und die sich somit über den gesamten Zeitbereich erstrecken. Daher liefert ein bestimmter Wert der Fourier-Transformation bei einer festen Frequenz f_0 zwar die Information, mit welcher Amplitude $|Y(f_0)|$ und Phasenlage $\angle Y(f_0)$ die entsprechende komplexe Schwingung im Signal enthalten ist, sie beinhaltet allerdings keine explizite Information über die Zeitpunkte, an denen bestimmte Frequenzanteile auftreten. Beispielsweise ist die Fourier-Transformierte des Dirac-Impulses gleich eins:

$$\mathcal{F}\{\delta(t)\} = 1 \quad .$$

Alle Frequenzen sind also gleichermaßen enthalten. Verschiebt man den Dirac-Impuls zeitlich, so bewirkt dies eine Phasenänderung der gesamten Fourier-Transformierten. Es lässt sich also sagen, dass die zeitliche Information nicht verloren geht, sondern sich auf alle Werte der Fourier-Transformierten verteilt. Damit ist eine explizite Analyse oder Verarbeitung des Frequenzgehaltes eines Signals zu einem bestimmten Zeitpunkt nicht möglich. Dies motiviert die Einführung von Darstellungen, die ein Signal sowohl in der Frequenz als auch in der Zeit repräsentieren.

Die existierenden Verfahren zur Zeit-Frequenz-Analyse lassen sich in zwei Klassen einteilen. Einerseits gibt es Verfahren, welche die Energieverteilung des Signals in Zeit und Frequenz berechnen. Hierzu gehört beispielsweise die Wigner-Ville-Verteilung. Da die Energie allerdings quadratisch vom Signal abhängt, treten bei diesen Verfahren im Allgemeinen sogenannte Kreuzterme auf. Diese geben fälschlicherweise Energieanteile in Bereichen der Zeit-Frequenz-Ebene an, in denen das Signal keine bzw. andere Energieanteile besitzt. Es müssen daher Maßnahmen zur Minderung der Kreuzterme vorgenommen werden. Des Weiteren ist eine perfekte Rekonstruktion des Signals im Zeitbereich nur in wenigen Fällen möglich, so dass sie sich für die angestrebte Filterung nichtstationärer Signale nicht eignen. Daher werden diese Verfahren in dieser Arbeit nicht weiter betrachtet. Interessierte Leser seien z.B. auf [KSW08] verwiesen.

Die zweite Klasse der Verfahren vergleicht das zu analysierende Signal mit einer zeit- und frequenzabhängigen Fensterfunktion mittels Innenproduktbildung. Sie sind daher der Fourier-Transformation ähnlich. Da es sich bei diesen Verfahren um lineare Transformationen handelt, die auch eine perfekte Rekonstruktion des analysierten Signals ermöglichen, eignen sie sich generell zur Filterung. In Abschnitt 2.1 werden zunächst einige Begriffe der Signaltheorie eingeführt. Anschließend wird die Heisenbergsche Unschärferelation vorgestellt, die bei allen Verfahren mittels Fensterfunktionen berücksichtigt werden muss. Die Unschärferelation besagt, dass die Schärfe der Zeit-Frequenz-Darstellung nicht gleichzeitig in Zeit und Frequenz beliebig fein sein kann. Des Weiteren wird in die Konzepte der Signaldarstellung in Funktionenräumen und Frames eingeführt. Daraufhin stellt Abschnitt 2.2 das wohl bekannteste Verfahren zur Zeit-Frequenz-Analyse vor: die Kurzzeit-Fourier-Transformation. Diese zeichnet sich durch eine konstante Zeit-Frequenz-Schärfe in der gesamten Zeit-Frequenz-Ebene aus. Eine verwandte Transformation ist die Wavelet-Transformation, die in Abschnitt 2.3 hergeleitet wird und die Eigenschaft besitzt, hohe Frequenzanteile zeitlich scharf, niedrige Frequenzanteile dagegen frequenzscharf darzustellen. Dies ist für eine große Klasse von Signalen vorteilhaft. Der Übergang zur Diskreten Wavelet Transformation (DWT) ist in Abschnitt 2.4 ausgeführt. Eine mächtige Erweiterung der DWT stellen die sogenannten Wavelet Packets in Abschnitt 2.5 dar, die aufgrund ihrer Redundanz eine an das zu analysierende Signal angepasste Zeit-Frequenz-Darstellung ermöglichen. Schließlich führt Abschnitt 2.6 in die etablierten Verfahren zur Filterung mittels Zeit-Frequenz-Darstellungen ein.

2.1 Signalrepräsentation in der Zeit-Frequenz-Ebene

Zunächst werden einige Signaleigenschaften definiert, die zur Beschreibung der Heisenbergschen Unschärferelation notwendig sind. Daraufhin führt Abschnitt 2.1.2 in das Prinzip der Funktionenräume und Frames ein, das allen folgenden Zeit-Frequenz-Darstellungen gemein ist.

2.1.1 Heisenbergsche Unschärferelation

Angelehnt an den physikalischen Begriff der „Energie" kann auch für Signale eine Energie definiert werden. Diese darf aber nicht mit der physikalischen Signalenergie verwechselt werden.

Definition 2.2 (Signalenergie und Energiesignal)
Die Energie eines zeitkontinuierlichen Signals $x(t)$ ist durch

$$E_x = \int_{-\infty}^{\infty} |x(t)|^2 dt$$

definiert. Ist diese endlich, handelt es sich um ein sogenanntes Energiesignal und für Norm und Innenprodukt gilt:

$$E_x = \|x(t)\|^2 = \langle x(t), x(t) \rangle \quad .$$

Analog ist die Energie eines zeitdiskreten Signals $x(n)$ durch

$$E_x = \sum_{n=-\infty}^{\infty} |x(n)|^2$$

sowie Norm und Innenprodukt über die Beziehung

$$E_x = \|x(n)\|^2 = \langle x(n), x(n) \rangle$$

definiert.

Bemerkung 2.1
Die Energie eines zeitdiskreten Signals $x_*(n)$, das durch Abtastung eines zeitkontinuierlichen Signals $x(t)$ mit der Abtastfrequenz f_A hervorgeht, ist nicht identisch mit der Energie des zeitkontinuierlichen Signals. Stattdessen gilt folgender Zusammenhang (siehe [KSW08]):

$$E_{x_*} = f_A \cdot E_x \quad .$$

Soll die mittlere Zeit bzw. Frequenz eines Signals berechnet werden, so können die normierten Energiedichten

$$\frac{|x(t)|^2}{\|x(t)\|^2} \qquad \text{bzw.} \qquad \frac{|X(f)|^2}{\|X(f)\|^2}$$

ähnlich einer Wahrscheinlichkeitsdichte betrachtet werden. Die mittlere Zeit t_x bzw. Frequenz f_x sind dann die ersten Momente dieser Dichten.

Definition 2.3 (Mittlere Zeit und mittlere Frequenz)

Die mittlere Zeit ist durch

$$t_x = \int_{-\infty}^{\infty} t \cdot \frac{|x(t)|^2}{\|x(t)\|^2}\, dt$$

und die mittlere Frequenz durch

$$f_x = \int_{-\infty}^{\infty} f \cdot \frac{|X(f)|^2}{\|X(f)\|^2}\, df$$

definiert.

Analog dazu können die Standardabweichungen als Maß dafür gesehen werden, innerhalb welchen Intervalls die Energie in Zeit- bzw. Frequenzrichtung um die mittleren Werte lokalisiert ist. Sie werden Zeitdauer und Bandbreite genannt.

Definition 2.4 (Zeitdauer und Bandbreite)

Die Zeitdauer Δ_t eines Signals berechnet sich gemäß

$$\Delta_t^2 = \int_{-\infty}^{\infty} (t - t_x)^2 \cdot \frac{|x(t)|^2}{\|x(t)\|^2}\, dt \quad ,$$

die Bandbreite Δ_f analog durch

$$\Delta_f^2 = \int_{-\infty}^{\infty} (f - f_x)^2 \cdot \frac{|X(f)|^2}{\|X(f)\|^2}\, df \quad .$$

Die Heisenbergsche Unschärferelation besagt nun, dass das Produkt aus Zeitdauer und Bandbreite niemals kleiner als eine bestimmte untere Schranke sein kann.

Satz 2.1 (Heisenbergsche Unschärferelation)

Das Produkt aus Zeitdauer Δ_t und Bandbreite Δ_f eines Energiesignals erfüllt immer die Ungleichung

$$\Delta_t \cdot \Delta_f \geq \frac{1}{4\pi} \quad .$$

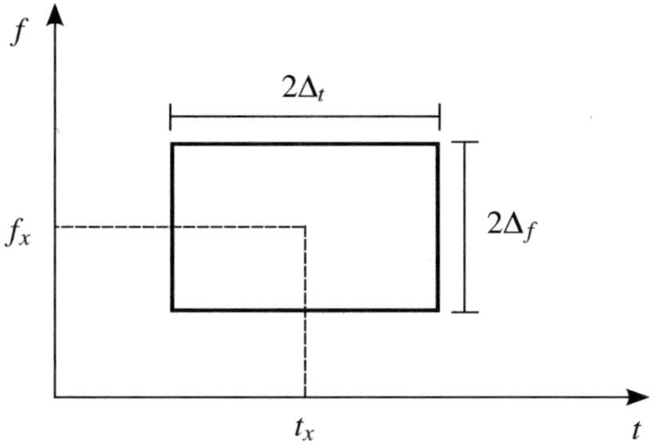

Abbildung 2.1: Lokalisation der Signalenergie in der Zeit-Frequenz-Ebene

Das Gleichheitszeichen gilt lediglich für Signale der Form

$$x(t) = A \cdot \mathrm{e}^{-b(t-t_x)^2}\, \mathrm{e}^{j2\pi f_x t} \quad ,$$

was einer mit dem Gauß-Fenster gefensterten komplexen Schwingung entspricht.

Der Beweis dieses Satzes ist unter anderem in [KJ08] oder [Mal99] zu finden. Versteht man die Standardabweichungen Δ_t und Δ_f (oder Vielfache davon) als Intervalle, in denen die wesentliche Signalenergie in Zeit und Frequenz konzentriert ist, so legen mittlere Zeit, mittlere Frequenz, Zeitdauer und Bandbreite ein Rechteck in der Zeit-Frequenz-Ebene fest, das die Lokalisation der Signalenergie beschreibt. Dies ist graphisch in Abbildung 2.1 zu sehen.

Die Fläche dieses Rechteckes kann gemäß der Unschärferelation nicht beliebig klein werden. Wird zur Analyse eines Signals $x(t)$ gemäß

$$c(i) = \langle x(t), \varphi_i(t) \rangle$$

eine Fensterfunktion $\varphi_i(t)$ mit sehr kurzer Zeitdauer gewählt, so muss die zugehörige Bandbreite dementsprechend groß sein. Dadurch analysiert und repräsentiert der Koeffizient $c(i)$ die Signalenergie mit einer sehr guten Zeitschärfe, aber einer hohen Frequenzunschärfe. Umgekehrt gilt, dass eine Fensterfunktion mit sehr guter Frequenzschärfe eine lange Zeitdauer und damit eine große Zeitunschärfe aufweist. Dieses Problem stellt eine generelle Herausforderung in der Zeit-Frequenz-Analyse dar und betrifft alle in diesem Kapitel behandelten Verfahren. Es muss ein Kompromiss aus Zeit- und Frequenzschärfe gewählt werden. Die Verfahren unterscheiden sich allerdings darin, wie dieser Kompromiss gewählt werden kann. Die Kurzzeit-Fourier-Transformation weist zum Beispiel die gleiche Zeit-Frequenz-Unschärfe für alle Zeiten und Frequenzen auf, während die Wavelet-Transformation eine bessere Zeitschärfe bei hohen Frequenzen und eine bessere Frequenzschärfe bei niedrigen Frequenzen besitzt.

Da nach Satz 2.1 ein moduliertes Gauß-Fenster das kleinste Zeitdauer-Bandbreite-Produkt besitzt, wird es bevorzugt in der Zeit-Frequenz-Analyse eingesetzt, zum Beispiel als Gauß-Fenster bei der Kurzzeit-Fourier-Transformation oder als Gabor-Wavelet bei der Wavelet-Transformation.

2.1.2 Funktionenräume

Da im Rahmen dieser Arbeit nicht nur Signalanalyse, sondern Filterung durchgeführt werden soll, wird in diesem Abschnitt die Signaldarstellung in Funktionenräumen vorgestellt. Damit wird auch die Signalsynthese aus einer Zeit-Frequenz-Darstellung möglich.

Signale können mathematisch durch Funktionen beschrieben und damit als Vektoren behandelt werden. Somit spannen mehrere Funktionen durch Linearkombination einen Vektor- bzw. Funktionenraum auf, in dem andere Funktionen repräsentiert werden können.

Beispiel 2.1 (Funktionenraum)

Die Funktionen $x_0(t) = 1$, $x_1(t) = t$ und $x_2(t) = t^2$ spannen den Raum aller Funktionen auf, die sich durch

$$x(t) = a_0 x_0(t) + a_1 x_1(t) + a_2 x_2(t)$$

darstellen lassen. Dies ist z.B. die Funktion $x(t) = t^2 - 1$ mit $a_2 = 1$, $a_1 = 0$ und $a_0 = -1$.

Allgemein lässt sich also ein Vektor $\underline{y}$ (bzw. ein Funktion $y(t)$) durch Linearkombination der sogenannten Basisvektoren $\underline{\varphi}_i$ (bzw. Basisfunktionen) darstellen:

$$\underline{y} = \sum_{i=1}^{N} a_i \underline{\varphi}_i \quad . \tag{2.2}$$

Um die Koeffizienten a_i zu berechnen werden nun die Skalarprodukte von $\underline{y}$ mit den Basisvektoren $\underline{\varphi}_i$ gebildet, die sich in Matrixschreibweise durch

$$\begin{pmatrix} \left\langle \underline{y}, \underline{\varphi}_1 \right\rangle \\ \vdots \\ \left\langle \underline{y}, \underline{\varphi}_N \right\rangle \end{pmatrix} = \underbrace{\begin{pmatrix} \left\langle \underline{\varphi}_1, \underline{\varphi}_1 \right\rangle & \cdots & \left\langle \underline{\varphi}_N, \underline{\varphi}_1 \right\rangle \\ \vdots & \ddots & \vdots \\ \left\langle \underline{\varphi}_1, \underline{\varphi}_N \right\rangle & \cdots & \left\langle \underline{\varphi}_N, \underline{\varphi}_N \right\rangle \end{pmatrix}}_{\underline{G}} \cdot \begin{pmatrix} a_1 \\ \vdots \\ a_N \end{pmatrix} \tag{2.3}$$

zusammenfassen lassen. Eine eindeutige Bestimmung der Koeffizienten a_i ist nur dann möglich, wenn die Matrix $\underline{G}$ invertierbar ist. Dies ist aber genau dann der Fall, wenn die Basisvektoren $\underline{\varphi}_i$ linear unabhängig sind. Trifft dies zu, lässt sich keiner der Basisvektoren durch die übrigen vollständig darstellen. Somit kann auf keinen der Vektoren zur Erzeugung des aufgespannten Vektorraumes verzichtet werden. Die Menge der Basisfunktionen wird dann *Basis* genannt.

Definition 2.5 (Basis)

Eine Menge von Basisvektoren $(\underline{\varphi}_1, \ldots, \underline{\varphi}_N)$ *beziehungsweise Basisfunktionen* $(\varphi_1(t), \ldots, \varphi_N(t))$ *spanne einen Vektor- bzw. Funktionenraum auf. Sind die Basisvektoren bzw. -funktionen linear unabhängig, werden sie Basis genannt.*

Entspricht die Matrix $\underline{G}$ der Einheitsmatrix, sind die Innenprodukte $\langle \underline{y}, \underline{\varphi}_i \rangle$ mit den gesuchten Koeffizienten a_i identisch. Dazu muss für die Innenprodukte der Basisfunktionen

$$\left\langle \underline{\varphi}_i, \underline{\varphi}_j \right\rangle = \delta_{ij}$$

gelten, wobei δ_{ij} das Kronecker-Symbol bezeichnet. Dies entspricht der Eigenschaft der Orthonormalität.

Definition 2.6 (Orthonormalität)

Zwei Vektoren $\underline{x}_1$ *und* $\underline{x}_2$ *werden als zueinander orthonormal bezeichnet, falls*

$$\langle \underline{x}_1, \underline{x}_2 \rangle = \delta_{ij} \qquad (2.4)$$

gilt.

Die Eigenschaft der Orthonormalität bedeutet zum einen, dass alle Vektoren die Norm eins besitzen. Dadurch sind alle Basisfunktionen auf die selbe Energie normiert. Würde man auf die Normierung verzichten, würden die Basisvektoren als *orthogonal* bezeichnet werden. Dies bedeutet, dass die in einer Basisfunktion enthaltene Information in keiner anderen Basisfunktion enthalten ist. Orthogonalität ist eine wichtige Eigenschaft für viele Anwendungen wie Kompression, Datenübertragung etc. Die Diskrete Fourier-Transformation (DFT) verwendet beispielsweise ein orthogonales Basissystem.

Sind die Basisfunktionen nur linear unabhängig aber nicht orthogonal, so ist die in einer Basisfunktion enthaltene Information teilweise auch in anderen Basisfunktionen enthalten. Sind die Basisfunktionen dagegen auch nicht linear unabhängig, so ist die Information einer Basisfunktion vollständig in den anderen Basisfunktionen enthalten. Das Funktionensystem enthält also redundante Informationen. Da das erzeugende Funktionensystem überbestimmt ist, existiert keine eindeutige Lösung für Gleichung (2.3) mehr. Die Redundanz bedeutet zwar einerseits mehr technischen Aufwand (z.B. bei der Kompression) als eigentlich nötig wäre, kann aber auf der anderen Seite auch beispielsweise für mehr Robustheit bei der Datenübertragung genutzt werden (siehe [Lin97]). Die Darstellung der Wavelet Packets in Abschnitt 2.5 sind eine solche redundante Darstellung, bei der eine an das Signal angepasste orthonormale Basis aus allen vorhandenen Basisfunktionen gewählt werden kann.

Um aber eine sinnvolle Signaldarstellung mit redundanten Funktionensystemen zu gewährleisten, muss der Begriff des Frames eingeführt werden.

Definition 2.7 (Frame, Tight Frame)

Ein Funktionensystem $\{\varphi_i(t), i \in I\}$ *spanne einen Hilbert-Raum* Φ *auf, wobei* I *die Indexmenge aller Basisfunktionen darstellt. Gilt für alle Signale* $x(t) \in \Phi$

$$0 < A \cdot \|x(t)\|^2 \leq \sum_i |\langle x(t), \varphi_i(t)\rangle|^2 \leq B \cdot \|x(t)\|^2 < \infty \tag{2.5}$$

so wird das Funktionensystem Frame *genannt. Gilt* $A = B$*, so wird das Funktionensystem als* Tight Frame *bezeichnet.*

Dies bedeutet, dass jedes Signal $x(t) \in \Phi$ mit endlicher, aber von null verschiedener Energie $E_x = \|x(t)\|^2$ zu Frame-Koeffizienten $\langle x(t), \varphi_i(t)\rangle$ mit in der Summe endlicher, von null verschiedener Energie führt. In [Mal99] ist gezeigt, dass die Bedingung (2.5) hinreichend und notwendig ist, damit das Signal $x(t)$ aus den Frame-Koeffizienten rekonstruiert werden kann.

Eine Basis ist damit ein Frame, bei dem die Basisfunktionen linear unabhängig sind. Ist im Falle eines Tight Frames die Framegrenze $A = 1$, so handelt es sich um eine orthonormale Basis. Falls $\|\varphi_i(t)\| = 1$ aber $A > 1$ gilt, so ist der Tight Frame redundant und A kann als Redundanz-Faktor betrachtet werden. Ein Beispiel für einen redundanten Tight Frame sind Wavelet Packets (Abschnitt 2.5). Für weiterführende Theorie sei auf [Mal99] und [KSW08] verwiesen.

2.2 Kurzzeit-Fourier-Transformation

Am Anfang diesen Kapitels wurde festgestellt, dass die Fourier-Transformation das Innenprodukt des zu analysierenden Signals $x(t)$ mit komplexen harmonischen Schwingungen berechnet. Nach dem Formalismus von Abschnitt 2.1 stellen diese komplexen Schwingungen also die Menge der Basisfunktionen dar, bezüglich derer das Signal analysiert wird. Wie bereits erwähnt, stellt die unendliche Ausbreitung im Zeitbereich ein Problem bei der Analyse nichtstationärer Signale dar. Es liegt also nahe, das Problem dadurch zu lösen, indem man die Basisfunktionen zeitlich begrenzt. Dies geschieht durch Multiplikation der Basisfunktionen mit einem zeitlich kompakten Fenster $\gamma(t)$. Damit man allerdings nicht nur während der Zeitdauer des Fensters $\gamma(t)$ das Signal $x(t)$ analysieren kann, muss das Fenster zeitlich verschoben werden. Man erhält damit schließlich die Kurzzeit-Fourier-Transformation (Short-Time Fourier Transform):

Definition 2.8 (Kurzzeit-Fourier-Transformation, STFT)
Die Kurzzeit-Fourier-Transformierte des Signals $x(t)$ bzgl. des Analysefensters $\gamma(t)$ sei durch

$$\begin{aligned} F_x^\gamma(\tau,f) &= \langle x(t), \gamma(t-\tau)\exp(j2\pi ft)\rangle \\ &= \int_{-\infty}^{\infty} x(t)\,\gamma^*(t-\tau)\exp(-j2\pi ft)\,dt \\ &= \mathcal{F}\{x(t)\,\gamma^*(t-\tau)\} \end{aligned} \tag{2.6}$$

gegeben.

2.2.1 Interpretationen

Definition 2.8 lässt verschiedene Interpretationen zu (siehe auch [KSW08]). Zum einen beschreibt die STFT die Fourier-Transformierte eines gefensterten Signals. Da die Zeitdauer des Fensters größer null ist, erhält man eine bestimmte Zeitunschärfe. Mit der Fensterung im Zeitbereich geht durch den Leckeffekt (siehe [KJ08]) aber auch eine Frequenzunschärfe einher. Ein breiteres Fenster im Zeitbereich erzeugt dabei einen geringeren Leckeffekt und somit eine bessere Frequenzschärfe. Umgekehrt wird die Zeitschärfe der STFT besser, wenn die Zeitdauer des Fensters $\gamma(t)$ möglichst kurz gewählt wird. Diese Interpretation spielt eine wichtige Rolle in der Praxis, da ein vorliegendes Signal lediglich gefenstert werden muss, um dann auf bewährte Implementierungen der Fourier-Transformation zurückgreifen zu können.

Eine oft nützlichere Betrachtungsweise ist die Interpretation der STFT als Innenproduktbildung des Signals $x(t)$ mit einer zeit- und frequenzverschobenen Fensterfunktion $\gamma(t-\tau)\exp(j2\pi ft)$. Gilt für das unverschobene Fenster $t_\gamma = f_\gamma = 0$, so ist die mittlere Zeit des verschobenen Fensters gleich τ und die mittlere Frequenz gleich f. Die Zeit-Frequenz-Unschärfe kommt dann zustande, da das verschobene Fenster die Unschärferelation aus Abschnitt 2.1.1 einhalten muss und somit nicht gleichzeitig in Zeit und Frequenz beliebig scharf lokalisiert sein kann. Dies lässt sich wiederum auf den Leckeffekt zurückführen, der durch die Fensterung der komplexen harmonischen Schwingung mit dem unverschobenen Fenster $\gamma(t)$ entsteht. Die Innenproduktbildung des Signals mit dem zeit- und frequenzverschobenen Fenster liefert somit keine Information über einen einzelnen Punkt in der Zeit-Frequenz-Ebene, sondern über einen gewissen Bereich, indem die Energie des Fensters wesentliche von null abweichende Werte aufweist, siehe Abbildung 2.2.

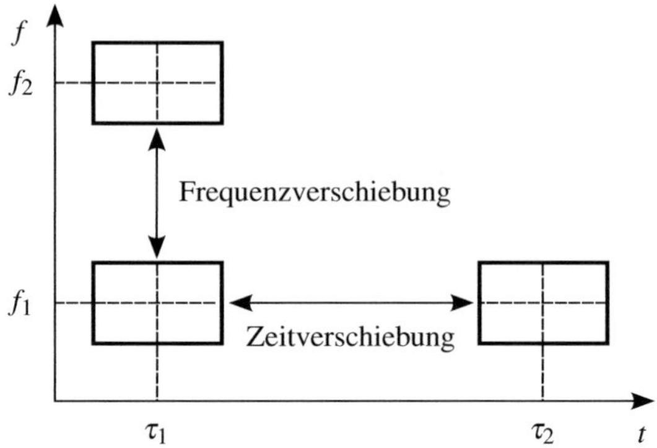

Abbildung 2.2: Zeit- und frequenzverschobenes Fenster $\gamma(t-\tau)\exp(2\pi f t)$ bei der STFT

Beispiel 2.2 (STFT)

In diesem Beispiel wird als Testsignal die Summe zweier modulierter Gauß-Impulse mittels der STFT analysiert.

$$x(t) = \left(\frac{1}{2\pi\Delta_{t,1}^2}\right)^{\frac{1}{4}} \cdot \exp\left(-\frac{(t-t_1)^2}{4\cdot\Delta_{t,1}^2}\right) \cdot \exp(j2\pi f_1 t) + \left(\frac{1}{2\pi\Delta_{t,2}^2}\right)^{\frac{1}{4}} \cdot \exp\left(-\frac{(t-t_2)^2}{4\cdot\Delta_{t,2}^2}\right) \cdot \exp(j2\pi f_2 t)$$

Dabei sei ein Impuls scharf in der Zeit, der andere scharf in der Frequenz lokalisiert:

$$t_1 = 2{,}5\,\mathrm{s} \quad , \qquad t_2 = 1\,\mathrm{s} \quad ,$$
$$\Delta_{t,1} = 2\,\mathrm{s} \quad , \qquad \Delta_{t,2} = \frac{1}{1000}\,\mathrm{s} \quad ,$$
$$f_1 \approx 94\,\mathrm{Hz} \quad , \qquad f_2 = 375\,\mathrm{Hz} \quad .$$

Aufgrund der unterschiedlichen Lokalisation der Signalenergie in Zeit- und Frequenzrichtung der beiden Signalanteile kann kein zufriedenstellender Kompromiss für die Länge des Fensters $\gamma(t)$ gefunden werden. Abbildung 2.3 zeigt den Vergleich zweier Spektrogramme[1] bei Verwendung von Gauß-Fenstern unterschiedlicher Länge. Wird die Fensterlänge groß gewählt, so tritt wenig Leckeffekt auf und die Frequenzschärfe ist entsprechend groß. Andererseits erhält man

[1] Betragsquadrat der STFT

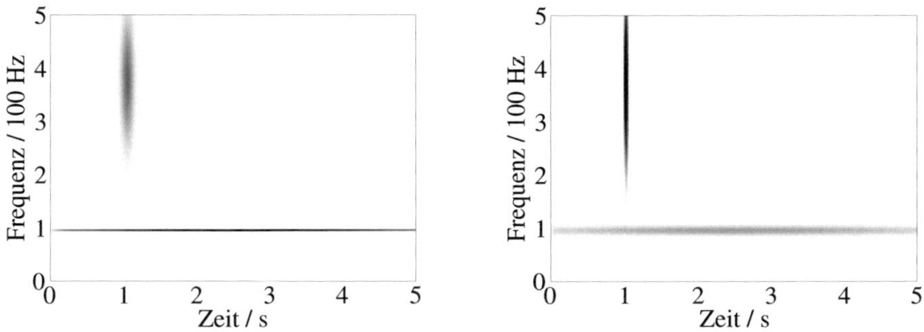

(a) Langes Analysefenster

(b) Kurzes Analysefenster

Abbildung 2.3: Spektrogramme zum Vergleich der STFT bei Verwendung von Gauß-Fenstern unterschiedlicher Länge

durch das breite Fenster keine gute Zeitschärfe. In Abbildung 2.3a ist die erste Signalkomponente dementsprechend scharf aufgelöst, während die zweite verschwommen dargestellt ist. In Abbildung 2.3b verhält es sich genau umgekehrt. Aufgrund eines schmalen Fensters wird die zweite Signalkomponente scharf in der Zeit analysiert, während die erste in der Frequenz verschmiert.

2.2.2 Rekonstruktion

Um die STFT zur Filterung einzusetzen muss eine Möglichkeit der Rücktransformation existieren. Dazu wird das gesuchte Signal $x(t)$ gemäß Abschnitt 2.1.2 als Linearkombination zeit- und frequenzverschobener Fenster $\tilde{\gamma}(t-\tau)\exp(j2\pi ft)$ angenommen. Für kontinuierliche Verschiebungen muss die Summe in Gleichung (2.2) als Integral geschrieben werden:

$$\hat{x}(t) = \int_{-\infty}^{\infty}\int_{-\infty}^{\infty} F_x^{\gamma}(\tau,f)\,\tilde{\gamma}(t-\tau)\exp(j2\pi ft)\,d\tau\,df \quad . \tag{2.7}$$

Um eine Bedingung für perfekte Rekonstruktion für das Analysefenster $\gamma(t)$ und das Synthesefenster $\tilde{\gamma}(t)$ zu finden, wird die Kurzzeit-Fourier-Transformierte aus Gleichung (2.6) für $F_x^{\gamma}(\tau,f)$ eingesetzt. Dies führt nach [KSW08] zu

$$\langle\tilde{\gamma}(t),\gamma(t)\rangle \stackrel{!}{=} 1 \quad . \tag{2.8}$$

Diese Bedingung stellt lediglich eine schwache Forderung dar. Meist wird das gleiche auf die Energie eins normierte Fenster für Analyse und Synthese benutzt. Besonders häufig verwendet wird das sogenannte Gauß-Fenster

$$\gamma(t) = \tilde{\gamma}(t) = \left(\frac{\beta}{\pi}\right)^{\frac{1}{4}} \exp\left(-\frac{\beta}{2}t^2\right)$$

aufgrund seines optimalen Zeitdauer-Bandbreite-Produkts, siehe Abschnitt 2.1.1.

2.2.3 Diskrete Kurzzeit-Fourier-Transformation

Da zur Verarbeitung mit einem Digitalrechner nur diskrete Werte verarbeitet werden können, sollen zunächst die Verschiebungen τ und f sowie anschließend das Signal $x(t)$ diskretisiert werden.

Diskretisierung der Hin-Transformation

Die STFT (2.6) lässt sich mittels diskreter Verschiebungen $\tau = mT$, $f = kF$ durch

$$F_x^\gamma(m,k) = \int_{-\infty}^{\infty} x(t)\,\gamma^*(t - mT)\exp(-j2\pi kFt)\,dt$$

beschreiben. Des Weiteren stehen einem Digitalrechner lediglich Werte des Signals zu diskreten Zeitpunkten über einem endlichen Zeitraum zur Verfügung. Wie bei der DFT wird nun aufgrund der Diskretisierung des Spektralbereichs angenommen, dass sich das Signal außerhalb dieses Zeitraums periodisch fortsetzt (siehe [KJ08]). Mit der Darstellung des abgetasteten Signals als gewichteter Dirac-Kamm erhält man nach [KSW08] schließlich

$$F_x^\gamma(m,k) = \sum_{n=0}^{N-1} x(n)\,\underbrace{\gamma^*(n - m\Delta M)\exp(-j2\pi kn/K)}_{\gamma_{mk}^*(n)} \tag{2.9}$$

als Diskrete STFT (DSTFT) des zeitdiskreten Signals $x(n)$. Dabei wurden die diskreten Schrittweiten T und F als Vielfache der kleinstmöglichen Verschiebungen t_A und $\Delta f = f_A/N$ gewählt

$$T = \Delta M \cdot t_A, \quad F = \Delta K \cdot \Delta f \quad ,$$

wobei

$$N = \Delta M \cdot M = \Delta K \cdot K$$

gilt. Abbildung 2.4 macht die Zusammenhänge deutlich.

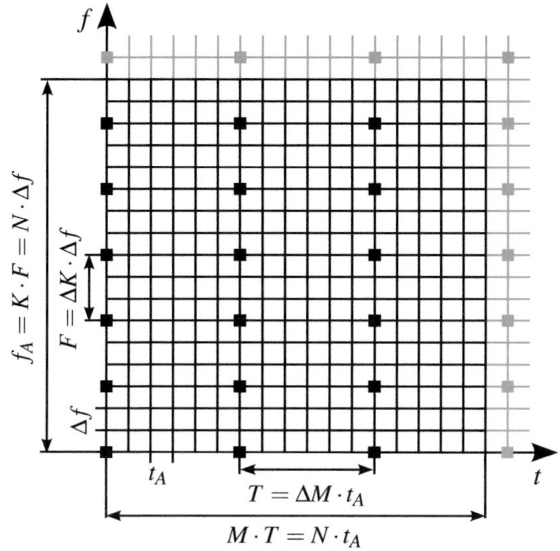

Abbildung 2.4: DSTFT-Fensterpositionen in der Zeit-Frequenz-Ebene (Quadrate)

Die Wahl von ΔM und ΔK kann jedoch nicht beliebig sein. Ähnlich wie das gewöhnliche Abtasttheorem verlangt, dass ein zeitkontinuierliches Signal im Zeitbereich mit ausreichend vielen Abtastwerten erfasst wird, so kann gezeigt werden, dass die Zeit-Frequenz-Ebene ebenfalls mit ausreichend vielen zeit-frequenzverschobenen Fenstern „abgetastet" werden muss. Andernfalls geht Information über das zugrunde liegende Signal verloren. Nach [KSW08] muss für die diskreten Verschiebungen

$$T \cdot F \leq 1$$

gelten. Wählt man T und F gerade so, dass das Gleichheitszeichen gilt, spricht man von „kritischer" Abtastung. Dies ist der Grenzfall, bei dem noch keine notwendige Information verloren geht. Wählt man das Produkt $T \cdot F$ kleiner als eins, so wird die Zeit-Frequenz-Ebene an mehr Stellen abgetastet als unbedingt nötig wäre. Der Grad der Überabtastung beträgt dann

$$\alpha = \frac{M \cdot K}{N} = \frac{\text{Anzahl der Abtaststellen in der Zeit-Frequenz-Ebene}}{\text{Anzahl der Abtastpunkte der zeitdiskreten Funktion}} \geq 1\,.$$

Diskrete Rekonstruktion

Analog zu Gleichung (2.9) kann nun ein diskretes Synthesefenster mit diskreten Verschiebungen in Zeit und Frequenz definiert werden:

$$\tilde{\gamma}_{mk}(n) = \tilde{\gamma}(n - m\Delta M)\exp\left(j2\pi kn/K\right) \quad .$$

Damit ergibt sich aus Gleichung (2.7) die Rekonstruktionsformel

$$\hat{x}(n) = \sum_{m=0}^{M-1}\sum_{k=0}^{K-1} F_x^{\gamma}(m,k)\,\tilde{\gamma}_{mk}(n) \quad , \tag{2.10}$$

wobei diese nur dann exakt ist, wenn das Analyse- und Synthesefenster die Bedingung

$$\frac{N}{\Delta K \cdot \Delta M}\sum_{n=0}^{N-1}\tilde{\gamma}(n)\,\gamma^*(n - k\cdot K)\exp\left(-j2\pi mn/\Delta M\right) = \delta_m \cdot \delta_k$$

erfüllen, siehe [KSW08]. Diese Bedingung ist zwar restriktiver als die Bedingung (2.8) für die kontinuierliche STFT, bietet aber immer noch eine große Anzahl zulässiger Fenster. Auf die Berechnung soll aber nicht näher eingegangen werden, da im Folgenden lediglich zeitlich beschränkte Fenster betrachtet werden.

Analyse mit zeitlich beschränkter Fensterfunktion

Es beschleunigt die Berechnung in der Praxis, wenn die Fensterfunktionen auf ein bestimmtes Zeitintervall beschränkt sind. Daher wird nun angenommen, dass das zeitdiskrete Analysefenster $\gamma(n)$ eine ungerade Länge L besitzt und

$$\begin{aligned} \gamma(n) &= 0 \quad \forall |n| > \frac{L-1}{2} \quad , \\ \|\gamma(n)\| &= 1 \end{aligned}$$

gilt. Damit muss in Gleichung (2.9) nur noch über das Zeitintervall des Analysefensters summiert werden und man erhält:

$$F_x^{\gamma}(m,k) = \sum_{n=m\cdot\Delta M - \frac{L-1}{2}}^{m\cdot\Delta M + \frac{L-1}{2}} x(n)\gamma_{mk}^*(n) \quad . \tag{2.11}$$

Dabei kann durchaus die Anzahl der Fensterpositionen in Frequenzrichtung K (entspricht der Anzahl der Spektralwerte der DFT des gefensterten Signals) größer sein als die Länge L des Fensters. Da zur Berechnung der DSTFT eine K-Punkte-DFT des gefensterten Signals durchgeführt werden muss, ist in diesem Fall das Anhängen von $K-L$ Nullen nötig. Dieses sogenannte Zeropadding ändert das Spektrum eines zeitdiskreten Signals nicht, liefert allerdings eine DFT mit mehr Spektralwerten, siehe [KJ08].

Rekonstruktion mit zeitlich beschränkter Fensterfunktion

Das zur Rekonstruktion nötige Synthesefenster $\tilde{\gamma}(n)$ wird zunächst auf dem gleichen Zeitintervall von null verschieden und damit von gleicher Länge L wie das Analysefenster angenommen. Für diesen Fall lässt sich mittels des folgenden Satzes vergleichsweise einfach ein zu $\gamma(n)$ passendes Synthesefenster finden.

Satz 2.2 (Inverse DSTFT mit zeitlich beschränkten Fenstern)

Für eine gegebene DSTFT $F_x^\gamma(m,k)$ kann die inverse Transformation mittels

$$\hat{x}(n) = \frac{1}{\|M_n\|} \sum_{m\in M_n} \sum_{k=0}^{K-1} F_x^\gamma(m,k)\,\tilde{\gamma}(n-m\cdot\Delta M)\exp\left(j2\pi nk/K\right) \quad ,$$

$$\tilde{\gamma}(n) = \begin{cases} \dfrac{1}{K\cdot\gamma(n)}, & -\frac{L-1}{2} \leq n \leq \frac{L-1}{2} \\ 0 & sonst \end{cases}$$

berechnet werden. Dabei ist M_n die Menge aller Indizes der diskreten Zeitverschiebungen m, für die das verschobene Analyse- bzw. Synthesefenster zum Zeitpunkt n einen von null verschiedenen Wert annimmt. Die Kardinalität (Mächtigkeit) dieser Menge lässt sich durch

$$\|M_n\| = \left\lfloor \frac{n+\frac{L-1}{2}}{\Delta M} \right\rfloor - \left\lceil \frac{n-\frac{L-1}{2}}{\Delta M} \right\rceil$$

berechnen.

Beweis 2.2

Ausgehend von Gleichung (2.10) kann die Summation auf diejenigen Verschiebungen m beschränkt werden, für die bei gegebenem n das Fenster ungleich null ist. Dies ist für

$$-\frac{L-1}{2} \leq n-m\cdot\Delta M \leq \frac{L-1}{2}$$

$$\Rightarrow \frac{-\frac{L-1}{2}+n}{\Delta M} \leq m \leq \frac{\frac{L-1}{2}+n}{\Delta M}$$

erfüllt. Die Menge dieser m werde M_n genannt. Die Rekonstruktionsgleichung vereinfacht sich damit zu

$$\hat{x}(n) = \sum_{m \in M_n} \sum_{k=0}^{K-1} F_x^{\gamma}(m,k) \tilde{\gamma}(n - m \cdot \Delta M) \exp(j2\pi nk/K) \quad .$$

Durch Einsetzen der DSFTF nach Gleichung (2.11) erhält man nach dem Zusammenfassen der Exponentialterme und Vertauschen der Summationsreihenfolge:

$$\hat{x}(n) = \sum_{m \in M_n} \sum_{n'=m \cdot \Delta M - \frac{L-1}{2}}^{m \cdot \Delta M + \frac{L-1}{2}} x(n') \gamma(n' - m \cdot \Delta M) \, \tilde{\gamma}(n - m \cdot \Delta M) \sum_{k=0}^{K-1} \mathrm{e}^{j2\pi \frac{(n-n')k}{K}} \, .$$

Mit Hilfe der diskreten Poisson'schen Summenformel (siehe z.B. [KSW08])

$$\sum_{k=0}^{K-1} \mathrm{e}^{j2\pi nk/K} = K \cdot \sum_{q=-\infty}^{\infty} \delta(n - q \cdot K)$$

lässt sich dies zu

$$\hat{x}(n) = K \cdot \sum_{q=-\infty}^{\infty} \sum_{m \in M_n} \sum_{n'=m \cdot \Delta M - \frac{L-1}{2}}^{m \cdot \Delta M + \frac{L-1}{2}} x(n') \gamma(n' - m \cdot \Delta M) \cdot \tilde{\gamma}(n - m \cdot \Delta M) \, \delta(n - n' - q \cdot K)$$

umformen. Aufgrund der Ausblendeigenschaft des Dirac-Impulses und der Grenzen der Summation über n' ergibt sich schließlich:

$$\hat{x}(n) = x(n) \cdot K \cdot \sum_{m \in M_n} \gamma(n - m \cdot \Delta M) \, \tilde{\gamma}(n - m \cdot \Delta M) \quad .$$

Für eine perfekte Rekonstruktion muss also

$$K \cdot \sum_{m \in M_n} \gamma(n - m \cdot \Delta M) \, \tilde{\gamma}(n - m \cdot \Delta M) \stackrel{!}{=} 1$$

gelten. Der Ansatz

$$\tilde{\gamma}(n) = \frac{1}{K \cdot \gamma(n)}$$

liefert

$$\hat{x}(n) = \|M_n\| \cdot x(n) \quad ,$$

wobei $\|M_n\|$ die Kardinalität von M_n bezeichnet. Der rekonstruierte Signalwert unterscheidet sich also vom tatsächlichen Wert lediglich durch den Faktor $\|M_n\|$, der vom Zeitpunkt n der Rekonstruktion abhängt. Wird $\|M_n\|$ kompensiert, erhält man die Gleichungen des Satzes 2.2.

2.3 Kontinuierliche Wavelet-Transformation

Die Kurzzeit-Fourier-Transformation hat aufgrund ihrer Anschaulichkeit und der Einfachheit ihrer Implementierung die weiteste Verbreitung zur Zeit-Frequenz-Analyse gefunden. Wie alle Analysemethoden, die ein Signal mit einer zeit- und frequenzverschobenen Basisfunktion vergleichen, muss bei der STFT ein Kompromiss aus Zeit- und Frequenzschärfe gewählt werden. Bei Verwendung einer Basisfunktion (moduliertes Analysefenster bei der STFT) mit konstanter Zeitdauer bzw. Bandbreite wird dieser Kompromiss allerdings für die gesamte Zeit-Frequenz-Ebene gleich getroffen. So ist es in Beispiel 2.2 nicht möglich, gleichzeitig eine Signalkomponente mit kurzer Zeitdauer bei hohen Frequenzen als auch eine Signalkomponente mit kleiner Bandbreite bei niedrigen Frequenzen aufzulösen. Gerade die Klasse der Signale, deren hohe Frequenzanteile zeitlich stark lokalisiert und deren niedrige Frequenzanteile scharf in der Frequenz sind, ist in der Praxis sehr groß. Beispielsweise sind Kanten in Bildern räumlich lokalisiert und entsprechen den hohen Ortsfrequenzen, während die von den Kanten eingeschlossenen Flächen eher niedrige Ortsfrequenzen aufweisen. Andere Beispiele sind seismologische Messungen oder auch menschliche Sprache, siehe Abschnitt 4.1. Aus diesem Grund ist die Idee der Wavelet-Transformation, hohe Frequenzen zeitlich scharf und niedrige Frequenzen frequenzscharf aufzulösen.

Zunächst wird in Abschnitt 2.3.1 die Wavelet-Transformation definiert und Bedingungen für zulässige Wavelets aufgestellt. Anschließend werden beispielhaft einige häufig verwendete Wavelets vorgestellt. Abschließend wird die Rekonstruktion des Signals im Zeitbereich aus der Wavelet-Transformierten hergeleitet.

2.3.1 Definition und zulässige Wavelets

Wie bei der STFT, so wird auch die Wavelet-Transformation als Projektion des zu analysierenden Signals auf Basisfunktionen berechnet, deren Energien in bestimmten Bereichen der Zeit-Frequenz-Ebene lokalisiert sind. Bei der Änderung der mittleren Frequenz der Basisfunktion soll sich nun allerdings, im Gegensatz zur STFT, auch die Bandbreite ändern. Dies wird erreicht, indem die mittlere Frequenz nicht durch Modulation, sondern durch Skalierung der Basisfunktionen verändert wird.

Definition 2.9 (Wavelet-Transformation)

Die Wavelet-Transformation ist das Innenprodukt des zu analysierenden Signals $x(t)$ *mit skalierten und zeitverschobenen Basisfunktionen (Wavelets):*

$$W_x^{\psi}(a,b) = \langle x(t), \psi_{a,b}(t) \rangle = \frac{1}{\sqrt{|a|}} \int_{-\infty}^{\infty} x(t)\, \psi^* \left(\frac{t-b}{a} \right) dt \quad , \tag{2.12}$$

$$\psi_{a,b}(t) = \frac{1}{\sqrt{|a|}} \psi \left(\frac{t-b}{a} \right) \quad .$$

$\psi(t)$ *wird Mutter-Wavelet genannt. Es muss mittelwertfrei sein und die Zulässigkeitsbedingung (s. Definition 2.10) erfüllen.*

Der Vorfaktor $1/\sqrt{|a|}$ garantiert dabei, dass sich die Energie der Wavelets bei der Skalierung nicht ändert. Diese Darstellung in der Zeit-Skalierungs-Ebene ist allerdings deutlich weniger anschaulich als die Darstellung in der Zeit-Frequenz-Ebene. Daher soll auf eine entsprechende Repräsentation übergegangen werden.

Besitzt das Mutter-Wavelet $\psi(t)$ die mittlere Zeit $t_\psi = 0$ und eine mittlere Frequenz $f_\psi \neq 0$, so ergeben sich mittlere Zeit und Frequenz des skalierten und verschobenen Wavelets zu

$$t_{\psi_{a,b}} = b \quad , \qquad f_{\psi_{a,b}} = \frac{f_\psi}{a} \quad .$$

Damit erhält man eine Zeit-Frequenz-Darstellung der Wavelet-Transformation, indem man $f := f_{\psi_{a,b}}$ und $\tau := t_{\psi_{a,b}}$ setzt:

$$W_x^{\psi}(\tau,f) = \sqrt{\left| \frac{f}{f_\psi} \right|} \int_{-\infty}^{\infty} x(t) \cdot \psi^* \left(\frac{f}{f_\psi} (t-\tau) \right) dt \quad .$$

Abbildung 2.5 veranschaulicht die Zusammenhänge in der Zeit-Frequenz-Ebene. Die Skalierung a verändert die mittlere Frequenz, Zeitdauer und Bandbreite des Wavelets. Für $t_\psi = 0$ ändert sich die mittlere Zeit jedoch nicht. Diese wird durch die Zeitverschiebung b beeinflusst.

Beispiel 2.3 (Vergleich STFT und Wavelet-Transformation)

Es wird nun ein Vergleich zwischen der STFT und der Wavelet-Transformation angestellt. Dazu wird das gleiche Testsignal wie in Beispiel 2.2 auf Seite 17 analysiert. In diesem Beispiel wurde gezeigt, dass je nach Wahl der Breite des Analysefensters der STFT eine Signalkomponente scharf dargestellt werden kann, nicht jedoch beide gleichzeitig. Das Spektrogramm für ein langes Analysefenster ist nochmals in Abbildung 2.6a gezeigt. Daneben ist das sogenannte Skalogramm in Zeit-Frequenz-Darstellung $|W_x^{\psi}(\tau,f)|^2$ zu sehen. Verwendet wurde dabei ein

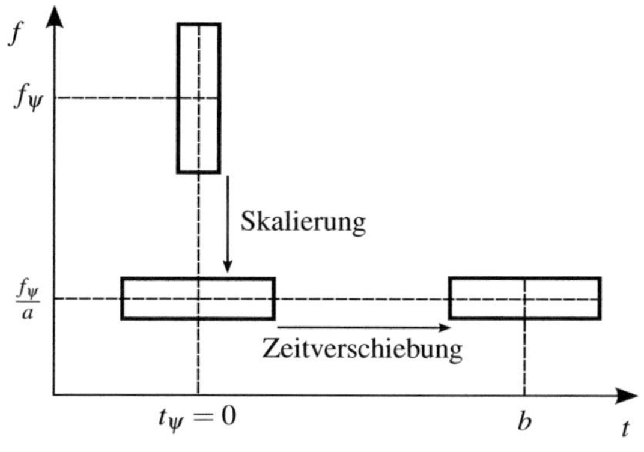

Abbildung 2.5: Skalierte und zeitverschobene Basisfunktionen (Wavelets) $\psi_{a,b}(t) = \frac{1}{\sqrt{|a|}} \psi\left(\frac{t-b}{a}\right)$ bei der Wavelet-Transformation

Gabor-Wavelet (siehe Abschnitt 2.3.3) mit $\sigma^2 = 3000$ und $f_\psi = 375\,\text{Hz}$. Man erkennt, dass beide Signalkomponenten scharf dargestellt werden können. Dies liegt daran, dass die Wavelet-Transformation hohe Frequenzen zeitlich scharf und niedrige Frequenzen frequenzscharf auflöst, was gerade der Lokalisation der Signalenergie des Testsignals entspricht.

2.3.2 Rekonstruktion

In Definition 2.9 wurde bereits erwähnt, dass Wavelets notwendigerweise mittelwertfrei sein müssen, das heißt es gilt $f_\psi \neq 0$. Ansonsten wäre die mittlere Frequenz der skalierten Wavelets unabhängig von der Skalierung immer null. Des Weiteren ist es natürlich wünschenswert, dass das ursprüngliche Signal aus der Wavelet-Transformierten rekonstruiert werden kann. Daher wird nun eine Bedingung eingeführt, die beides gewährleistet.

Definition 2.10 (Zulässigkeitsbedingung)

Ein stückweise stetiges Energiesignal $\psi(t)$, das die Bedingung

$$C_\psi = \int_{-\infty}^{\infty} \frac{|\Psi(f)|^2}{|f|}\, df < \infty \tag{2.13}$$

erfüllt, ist ein gültiges Wavelet.

Diese Bedingung schließt die Mittelwertfreiheit des Wavelets mit ein. Des Weiteren zeigten Grossmann und Morlet [GM84] im Jahr 1984, dass die Einhaltung der

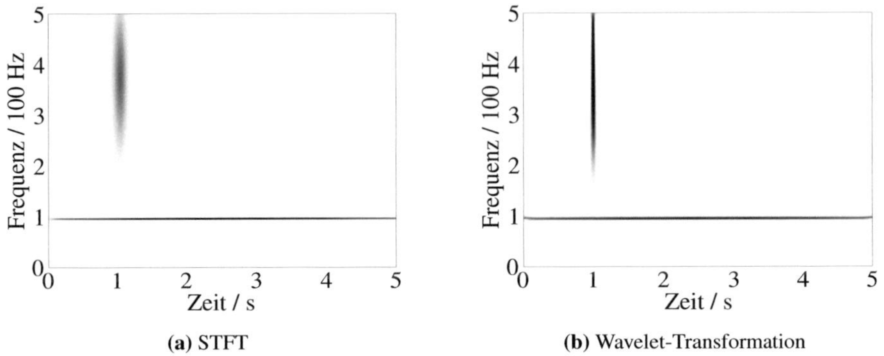

Abbildung 2.6: Vergleich zwischen STFT und Wavelet-Transformation anhand der Energieverteilung in der Zeit-Frequenz-Ebene für ein Testsignal

Zulässigkeitsbedingung die Rekonstruktion des Signals ermöglicht sowie Energieerhaltung garantiert.

Satz 2.3 (Rekonstruktion und Energieerhaltung bei reellen Wavelets)
Eine reellwertige Wavelet-Funktion $\psi(t)$ erfülle die Zulässigkeitsbedingung (2.13). Jedes Energiesignal $x(t)$ kann dann gemäß

$$x(t) = \frac{1}{C_\psi} \int_0^\infty \int_{-\infty}^\infty W_x^\psi(a,b) \frac{1}{\sqrt{a}} \psi\left(\frac{t-b}{a}\right) db \frac{da}{a^2} \tag{2.14}$$

rekonstruiert werden. Des Weiteren gilt für die Energieerhaltung:

$$\int_{-\infty}^\infty |x(t)|^2 dt = \frac{1}{C_\psi} \int_0^\infty \int_{-\infty}^\infty |W_x^\psi(a,b)|^2 db \frac{da}{a^2} \quad .$$

2.3.3 Ausgewählte Wavelet-Funktionen

Ein gültiges Wavelet muss lediglich die Zulässigkeitsbedingung (2.13) einhalten. Diese ist nicht sehr restriktiv und so werden weitere Bedingungen aus den Bedürfnissen der Praxis abgeleitet, um für die Anwendung interessante Wavelets zu entwerfen. Dies sind zum Beispiel ein endliches Trägerintervall[2] oder ein möglichst kleines Zeitdauer-Bandbreite-Produkt. Da der Wavelet-Entwurf jedoch nicht Teil dieser Arbeit ist, wird an dieser Stelle nicht näher darauf eingegangen, sondern es werden lediglich zwei der am häufigsten verwendeten kontinuierlichen Wavelets vorgestellt.

[2]Gemeint ist die Zeitdauer, in der die Wavelet-Funktion von null verschiedene Werte aufweist.

Haar-Wavelet

Das älteste Wavelet wurde 1910 von Alfred Haar vorgestellt [Haa10], auch wenn damals der Begriff „Wavelet“ noch nicht verwendet wurde. Haar entdeckte, dass die Funktion

$$\psi(t) = \begin{cases} 1 & \text{für } 0 \leq t < 1/2 \\ -1 & \text{für } 1/2 \leq t < 1 \\ 0 & \text{sonst} \end{cases}$$

durch dyadische Skalierungen und Verschiebungen gemäß

$$\psi_{2^k,2^k m}(t) = \frac{1}{\sqrt{2^k}}\,\psi\left(\frac{t-2^k m}{2^k}\right)$$

eine orthonormale Basis des Raums der Energiesignale aufspannt. Wird die Haar-Funktion als Wavelet verwendet, ergibt sich eine Konstante entsprechend der Zulässigkeitsbedingung von $C_\psi = 2\sqrt{2\pi}\ln 2$.

Der Vorzug des Haar-Wavelets ist seine leichte Realisierbarkeit, vor allem auch sein endliches Träger-Intervall. Nachteilig ist jedoch, dass die Sprünge des Haar-Wavelets mit einem nur langsamen Abfall des Spektrums $\Psi(f)$ einhergehen. Dies führt zu einer schlechten Frequenzschärfe gegenüber anderen Wavelets. Bei der Diskreten Wavelet-Transformation (Abschnitt 2.4) ist das Haar-Wavelet mit dem Daubechies-1-Wavelet identisch.

Gabor-Wavelet

In Abschnitt 2.1.1 wurde das Gauß-Fenster als die Funktion mit dem idealen Zeitdauer-Bandbreite-Produkt vorgestellt. Es liegt daher nahe, ein moduliertes Gauß-Fenster

$$\psi(t) = \left(\frac{1}{\pi\sigma^2}\right)^{\frac{1}{4}} \exp\left(\frac{-t^2}{2\sigma^2}\right) \exp\left(j2\pi f_\psi t\right)$$

als Wavelet zu verwenden. Dieses wird dann Gabor- oder auch Morlet-Wavelet genannt. In dieser Form ist das Gabor-Wavelet allerdings nur näherungsweise mittelwertfrei. In manchen Anwendungen kann dies toleriert werden. Andernfalls muss man den Gleichanteil subtrahieren, um ein zulässiges Wavelet zu erhalten.

2.4 Diskrete Wavelet-Transformation

Wie auch bei der Fourier-Transformation oder der STFT, so ist die kontinuierliche Wavelet-Transformation für die Verarbeitung mit Digitalrechnern ungeeignet.

Daher soll in diesem Abschnitt die Diskrete Wavelet-Transformation (DWT) eingeführt werden, indem zuerst die Skalierungen und Zeitverschiebungen diskretisiert werden (Abschnitt 2.4.1). Das Prinzip der Mehrfachauflösung (Multiresolution Analysis, MRA) wird in Abschnitt 2.4.2 vorgestellt. Dies führt in Abschnitt 2.4.3 zur Realisierung der DWT mittels Multiraten-Filterbänken. Damit ist eine effiziente Implementierung auf Digitalrechnern möglich. Abschließend geht Abschnitt 2.4.4 auf einige Belange der praktischen Anwendung der DWT ein.

2.4.1 Diskretisierung von Skalierung und Zeitverschiebung

Da die Wavelet-Transformierte in Gleichung (2.12) in der Praxis nicht für das Kontinuum aller Skalierungen a und Zeitverschiebungen b berechnet werden kann, müssen diese diskretisiert werden. Die diskreten Skalierungen a_k werden dazu dyadisch gestaffelt. Die diskreten Zeitverschiebungen werden mit zunehmender Skalierung entsprechend größer. Damit erhält man

$$a_k = 2^k \quad , \qquad\qquad b_{m,k} = m\,T_k = m \cdot 2^k \cdot T \quad ,$$

wobei T die diskrete Zeitverschiebung für $a = 1$ bezeichnet. Der Grund für das Anwachsen der Zeitverschiebung mit der Skalierung liegt anschaulich darin, dass sich unabhängig von der Skalierung die verschobenen und skalierten Wavelet-Funktionen gleich stark überlappen sollen. Damit ist der Entwurf orthonormaler Waveletsysteme möglich, siehe [Mal99]. Die Wavelet-Transformation für diskrete Skalierungen und Verschiebungen ergibt sich somit zu:

$$\begin{aligned} W_x^{\psi}(m,k) &= \langle x(t), \psi_{m,k}(t) \rangle \quad , \\ \psi_{m,k}(t) &= 2^{-k/2}\, \psi(2^{-k}t - mT) \quad . \end{aligned}$$

Bilden die Wavelet-Funktionen $\{\psi_{m,k}(t)\}_{m,k\in\mathbb{Z}}$ eine orthonormale Basis des Raums der Energiesignale, so vereinfacht sich die Rekonstruktion zu

$$\hat{x}(t) = \sum_{k=-\infty}^{\infty} \sum_{m=-\infty}^{\infty} W_x^{\psi}(m,k) \cdot \psi_{m,k}(t) \quad .$$

2.4.2 Mehrfachauflösungsanalyse

Im Jahr 1989 gelang es Mallat [Mal89] die Berechnung der Diskreten Wavelet-Transformation auf Multiraten-Filterbänke zurückzuführen. Dazu führte er zunächst den Begriff der Mehrfachauflösungsanalyse (MRA) ein.

Definition 2.11 (Mehrfachauflösungsanalyse, MRA)
Eine Folge $\{\mathcal{V}_k\}_{k\in\mathbb{Z}}$ *von abgeschlossenen Unterräumen des Raums der*

quadratisch-integrierbaren Funktionen $L^2(\mathbb{R})$ (Energiesignale) bildet eine Mehrfachauflösungsanalyse, wenn die folgenden sechs Eigenschaften erfüllt sind:

1. *Verschiebungsinvarianz: Funktionen des Raumes $\mathcal{V}_k$ sind invariant gegenüber Zeitverschiebungen um $m \cdot 2^k \cdot T$:*

$$\forall m,k \in \mathbb{Z}, \quad x(t) \in \mathcal{V}_k \Leftrightarrow x(t - m2^k T) \in \mathcal{V}_k \quad .$$

2. *Hierarchie: Die Unterräume sind einander untergeordnet gemäß:*

$$\forall k \in \mathbb{Z}, \quad \mathcal{V}_{k+1} \subset \mathcal{V}_k \quad .$$

3. *Skalierung: Die Skalierung einer Funktion $x(t)$ um den Faktor zwei bewirkt, dass sie nun in dem eine Stufe niedrigeren Raum liegt:*

$$\forall k \in \mathbb{Z}, \quad x(t) \in \mathcal{V}_k \Leftrightarrow x\left(\frac{t}{2}\right) \in \mathcal{V}_{k+1} \quad .$$

4. *Abwärtsvollständigkeit: Der Durchschnitt aller Unterräume ist das Nullsignal:*

$$\lim_{k \to +\infty} \mathcal{V}_k = \cap_{k=-\infty}^{\infty} = \{0\} \quad .$$

5. *Aufwärtsvollständigkeit: Die Vereinigung aller Unterräume entspricht dem Raum der quadratisch-integrierbaren Funktionen $L^2(\mathbb{R})$:*

$$\lim_{k \to -\infty} \mathcal{V}_k = \cup_{k=-\infty}^{\infty} \mathcal{V}_k = L^2(\mathbb{R}) \quad .$$

6. *Basis: Es existiert eine Funktion $\varphi(t)$, deren zeitliche Verschiebungen $\{\varphi(t - mT)\}_{m \in \mathbb{Z}}$ eine Basis des Unterraums $\mathcal{V}_0$ bilden.*

Die Ordnung der Unterräume ist in Abbildung 2.7 dargestellt. Die Projektion eines Signals $x(t)$ auf einen Unterraum $\mathcal{V}_k$ wird mit $x_k(t)$ bezeichnet. Im Folgenden wird angenommen, dass das zu analysierende Signal $x(t)$ vollständig im Raum $\mathcal{V}_0$ liegt, der somit den höchsten Raum darstellt. Damit lässt es sich nach Abschnitt 2.1.2 durch Linearkombination der Basisfunktionen des Raums $\mathcal{V}_0$ gemäß

$$x(t) = x_0(t) = \sum_{m=-\infty}^{\infty} c(m)\varphi(t - mT), \quad c(m) = \langle x(t), \varphi(t - mT)\rangle$$

darstellen. Die untergeordneten Räume können mittels der skalierten Basisfunktionen des Raums $\mathcal{V}_0$

$$\varphi_{m,k} = 2^{-k/2}\,\varphi(2^{-k}t - mT)$$

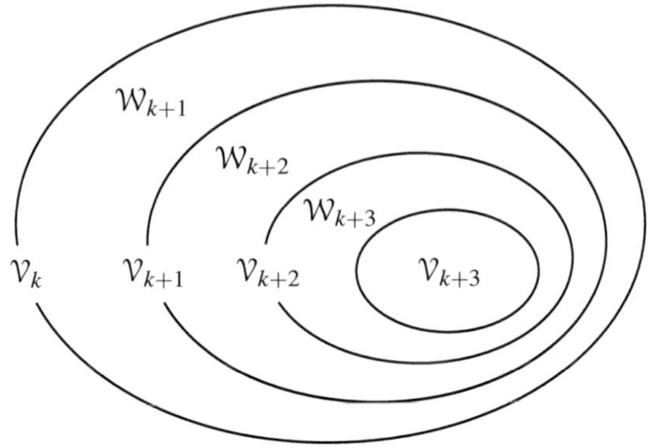

Abbildung 2.7: Beziehungen zwischen den Räumen $\mathcal{V}_k$ und $\mathcal{W}_k$ für verschiedene k

aufgespannt werden, wobei sinnvollerweise die Energie dieser neuen Basisfunktionen wieder durch einen Vorfaktor konstant gehalten wird. Die Funktion $\varphi(t)$ wird daher auch Skalierungsfunktion genannt. Damit kann die Projektion des zu analysierenden Signals auf einen Unterraum $\mathcal{V}_k$ durch

$$x_k(t) = \sum_{m=-\infty}^{\infty} c_k(m)\varphi_{m,k}(t), \quad c_k(m) = \langle x(t), \varphi_{m,k}(t) \rangle$$

dargestellt werden. Beispielhaft zeigt Abbildung 2.8 die Symmlet-4-Skalierungsfunktion für drei verschiedene Skalierungsstufen und mehrere Zeitverschiebungen (es wurde aus Gründen der Übersichtlichkeit nur jede vierte Verschiebung eingezeichnet).

Der Name Mehrfachauflösungsanalyse rührt daher, dass sich die zeitliche Auflösung der Basisfunktionen durch die Skalierung mit jeder Stufe der Unterräume halbiert. Das Signal wird also mit verschiedenen zeitlichen Auflösungen analysiert. Die Projektionen $x_k(t)$ des Signals auf die Unterräume des Raums $\mathcal{V}_0$ werden daher auch als Approximation interpretiert. Die Differenz zwischen der Approximation der Stufe k und der Approximation der nächsten Stufe kann dementsprechend als Detailinformation angesehen werden. Für die Detailsignale y_k gilt der Zusammenhang:

$$x_k = x_{k+1} + y_{k+1} \quad .$$

Die Detailsignale liegen in Räumen $\mathcal{W}_k$, die wie Zwiebelschichten um den Raum $\mathcal{V}_{\max}$ mit der gröbsten zeitlichen Auflösung liegen. Dies ist schematisch in Abbil-

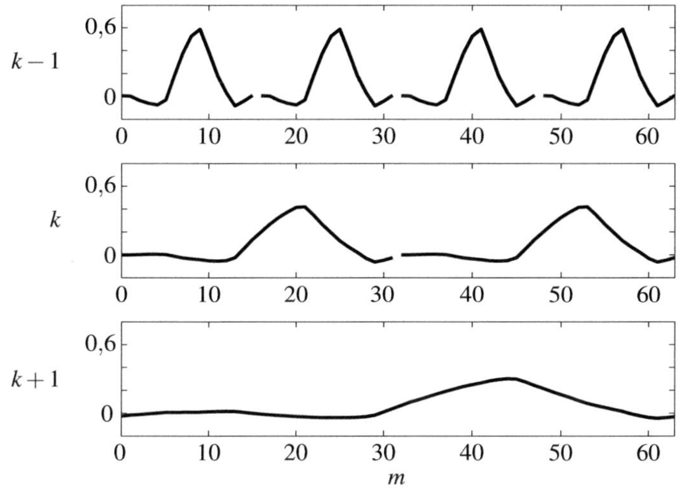

Abbildung 2.8: Symmlet-4-Skalierungsfunktion

dung 2.7 dargestellt. Ähnlich den Voraussetzungen der Mehrfachauflösungsanalyse gilt für diese Räume:

$$\mathcal{W}_k \perp \mathcal{V}_k, \qquad \mathcal{W}_k \perp \mathcal{W}_j, \quad k \neq j,$$
$$\mathcal{V}_k = \mathcal{V}_{k+1} \cup \mathcal{W}_{k+1}, \qquad \lim_{k \to -\infty} \mathcal{V}_k = \cup_{k \in \mathbb{Z}} \mathcal{W}_k = L^2(\mathbb{R}) \quad .$$

Der Raum $\mathcal{W}_0$ werde von den Basisfunktionen $\{\psi(t - mT)\}_{m \in \mathbb{Z}}$ aufgespannt. Analog zu den Skalierungsfunktionen bilden die dyadisch skalierten und verschobenen Funktionen

$$\psi_{m,k}(t) = 2^{-k/2}\, \psi\left(2^{-k} t - mT\right) \tag{2.15}$$

dann die Basisfunktionen des Raumes $\mathcal{W}_k$. Dies sind aber gerade die Wavelet-Funktionen für diskrete Verschiebungen und Skalierungen aus Abschnitt 2.4.1, da die Räume $\mathcal{V}_k$ Tiefpassräume[3] sind und die Differenzräume $\mathcal{W}_k$ dementsprechend Bandpasssignale enthalten und von solchen aufgespannt werden.

Mit Hilfe der Wavelets als Basisfunktionen lassen sich die Detailsignale als Reihenentwicklung

$$y_k(t) = \sum_{m=-\infty}^{\infty} d_k(m)\, \psi_{m,k}(t)$$

[3] Signalräume, die auch Tiefpasssignale enthalten.

mit den Entwicklungskoeffizienten $d_k(m)$ darstellen. Das zu analysierende Signal $x(t) = x_0(t)$ wird nun als Summe der Projektion $x_{k_1}(t)$ auf den Unterraum $\mathcal{V}_{k_1}$ und der Differenzsignale aller darüberliegenden Differenzräume $\{\mathcal{W}_k\}_{k\in[0,k_1]}$ angegeben:

$$\begin{aligned} x(t) &= x_{k_1}(t) + \sum_{k=0}^{k_1} y_k(t) \\ &= \sum_{m=-\infty}^{\infty} c_{k_1}(m)\, \varphi_{m,k_1}(t) + \sum_{k=0}^{k_1} \sum_{m=-\infty}^{\infty} d_k(m)\, \psi_{m,k}(t) \quad . \end{aligned} \tag{2.16}$$

Damit muss die Wavelet-Transformierte nicht mehr für unendlich viele Skalierungsstufen $k = 0 \dots \infty$, sondern nur noch für $k_1 + 1$ Skalierungen berechnet werden. Dies kann darüber hinaus rekursiv erfolgen, indem zuerst von $x_0(t)$ die Details $y_1(t)$ abgespalten werden, von $x_1(t)$ die Details $y_2(t)$ usw. bis zur gewünschten gröbsten Auflösungsstufe k_1. Das verbleibende Signal $x_{k_1}(t)$ wird Approximation der Stufe k_1 von $x(t)$ genannt.

2.4.3 Realisierung mittels Multiraten-Filterbänken

In Abschnitt 2.1.2 wurden die vorteilhaften Eigenschaften orthonormaler Basen angesprochen. Daher soll im Folgenden davon ausgegangen werden, dass die Wavelet-Funktionen $\psi_{m,k}(t)$ so entworfen wurden, dass sie zueinander orthonormal sind. Unter dieser Voraussetzung hat Stéphane Mallat aus dem Ansatz der MRA (Abschnitt 2.4.2) die effiziente Berechnung mittels Filterbänken hergeleitet. Sind die Wavelets nicht orthogonal, so müssen zur Analyse und Synthese zwei verschiedene Sätze von Wavelets verwendet werden, die dann zueinander orthogonal sein müssen (man spricht von Biorthogonalität). Für den Entwurf biorthogonaler Wavelet-Basen sei auf [CDF92] und [Dau92] verwiesen.

Zunächst müssen noch die Begriffe Upsampling und Downsampling definiert werden.

Definition 2.12 (Downsampling, Upsampling)

Der Operator $\downarrow_2\{\cdot\}$ bezeichnet die Downsampling-Operation, die von einem zeitdiskreten Signal lediglich die Werte mit geradem Zeitindex bewahrt, die anderen werden verworfen. Dies lässt sich mathematisch durch

$$x_d(m) = \downarrow_2\{x(n)\} = x(2m)$$

ausdrücken. Entsprechend ist die Upsampling-Operation $\uparrow_2 \{\cdot\}$*, die jeweils zwischen zwei benachbarten Signalwerten eine Null einfügt, durch*

$$x_u(m) = \uparrow_2 \{x(n)\} = \begin{cases} x(n) & \text{für } m = 2n \\ 0 & \text{sonst} \end{cases}$$

definiert.

Mit diesen Begriffen lässt sich der folgende Satz angeben.

Satz 2.4 (Berechnung der DWT durch eine Multiraten-Filterbank)
Die Skalierungs- und Wavelet-Koeffizienten $c_k(m)$ *bzw.* $d_k(m)$ *einer orthogonalen DWT lassen sich durch Filterung der Koeffizienten der vorherigen Stufe mit linearen Tiefpassfiltern* $g_{TP}(n)$ *bzw. Hochpassfiltern* $g_{HP}(n)$ *und Downsampling berechnen:*

$$c_{k+1}(m) = \sum_{n=-\infty}^{\infty} g_{TP}(2m-n)\, c_k(n) = \downarrow_2 \{g_{TP}(n) * c_k(n)\} \tag{2.17}$$

$$d_{k+1}(m) = \sum_{n=-\infty}^{\infty} g_{HP}(2m-n)\, c_k(n) = \downarrow_2 \{g_{HP}(n) * c_k(n)\} \quad . \tag{2.18}$$

Analog zur Analyse erfolgt die Rekonstruktion mittels einer inversen Filterbank, die aus Upsampling-Operationen sowie aus den Synthese-Tiefpassfiltern $h_{TP}(n)$ *und Hochpassfiltern* $h_{HP}(n)$ *besteht:*

$$\begin{aligned} c_k(m) &= \sum_{n=-\infty}^{\infty} h_{TP}(m-2n)\, c_{k+1}(n) + \sum_{n=-\infty}^{\infty} h_{HP}(m-2n)\, d_{k+1}(n) \qquad (2.19) \\ &= \uparrow_2 \{c_{k+1}(n)\} * h_{TP}(m) + \uparrow_2 \{d_{k+1}(n)\} * h_{HP}(m) \quad . \end{aligned}$$

Diese Berechnungen lassen sich rekursiv mittels Multiraten-Filterbänken realisieren, siehe Abbildung 2.9. Der Zusammenhang zwischen den Analyse- und Synthesefiltern ist

$$g_{TP}(n) = h^*_{TP}(-n)\,, \qquad g_{HP}(n) = h^*_{HP}(-n) \quad . \tag{2.20}$$

Der zugehörige Beweis ist in Anhang B.1 zu finden.

Conjugate Mirror Filter

Filterbänke der Struktur in Abbildung 2.9 wurden von Mallat nicht neu erfunden, sondern waren in der digitalen Signalverarbeitung schon länger bekannt. Bereits

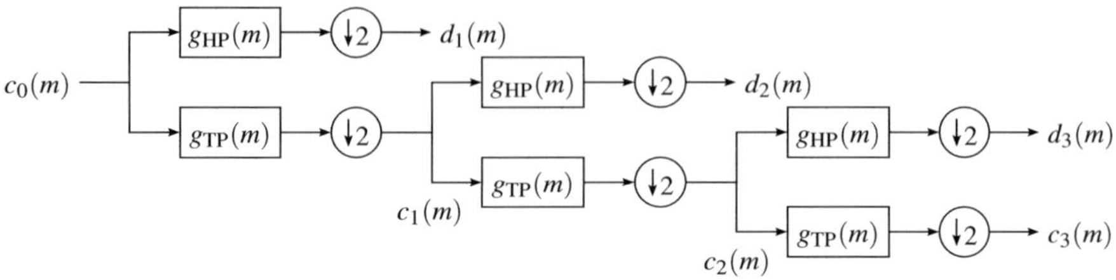

(a) Analyse-Filterbank

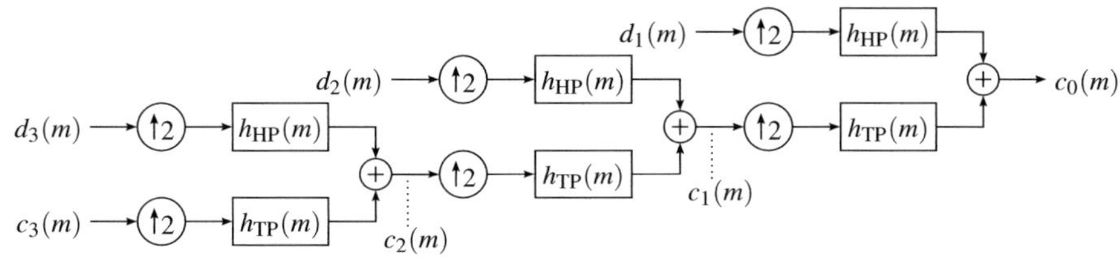

(b) Synthese-Filterbank

Abbildung 2.9: Multiraten-Filterbänke zur Berechnung der DWT und deren Rekonstruktion

1976 entdeckten Croisier, Esteban und Galand [CEG76], dass die Zerlegung und perfekte Rekonstruktion unter Verwendung von Tiefpass- und Hochpassfiltern sowie Down- und Upsampling-Operationen möglich ist. Sie nannten die entsprechenden Filter Quadrature Mirror Filter (QMF), die allerdings bis auf das Haar-Filter keine endlich lange Impulsantwort besaßen. Später zeigten Smith und Barnwell [SBI84] sowie Mintzer [Min85], welche Bedingungen für FIR-Filter gelten müssen, um eine Filterbank mit perfekter Rekonstruktion zu erhalten. Diese Filter werden Conjugate Mirror Filter (CMF) genannt, wobei in der Literatur nicht immer zwischen den Begriffen QMF und CMF unterschieden wird.

Es kann gezeigt werden, dass für eine Multiraten-Filterbank nach Satz 2.4 mit perfekter Rekonstruktion die Bedingungen

$$\begin{aligned} &|H(\Omega)|^2 + |H(\Omega+\pi)|^2 = 2 \quad , \\ &h_{HP}(n) = (-1)^n h_{TP}(-n+(1+2l)), \quad l \in \mathbb{Z} \end{aligned} \tag{2.21}$$

erfüllt sein müssen, wobei $\Omega = 2\pi f / f_A$ die normierte Kreisfrequenz darstellt. In Gleichung (2.21) kann die Modulation des Tiefpass-Filters auch mit $(-1)^{n+1}$ vollzogen werden. Dies hat auf die perfekte Rekonstruktion keinen Einfluss, da sich der zusätzliche Faktor -1 durch die Berechnung der zugehörigen Analysefilter mittels (2.20) in der gesamten Filterbank aufhebt. Die gleiche Begründung rechtfertigt, warum Verschiebungen um $2l$ erlaubt sind, wobei l frei gewählt werden

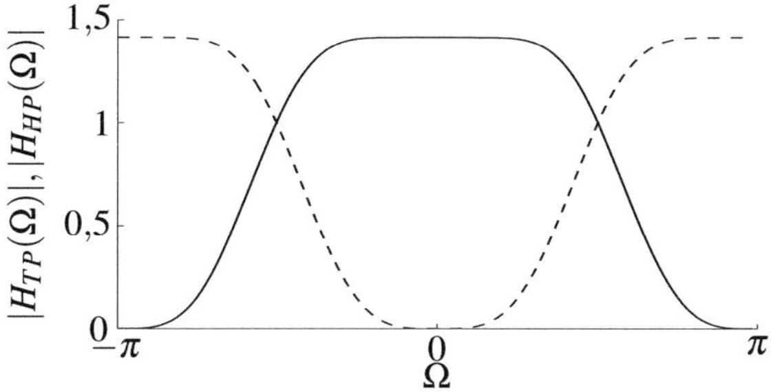

Abbildung 2.10: Amplitudengänge der Filter $h_{\mathrm{TP}}(n)$ und $h_{\mathrm{HP}}(n)$ für das Symmlet-4-Wavelet; durchgezogene Linie: $|H_{\mathrm{TP}}(\Omega)|$, gestrichelte Linie: $|H_{\mathrm{HP}}(\Omega)|$

kann. Die Verschiebung muss allerdings eine gerade Zahl sein, da ansonsten die Downsampling-Operationen das Ergebnis verfälschen würden. In der Regel wird l so gewählt, dass das Tiefpass- und Hochpassfilter auf dem gleichen Zeitintervall von null verschieden sind.

Zusätzlich zu den obigen Bedingungen müssen Voraussetzungen eingehalten werden, damit die Multiraten-Filterbank eine Mehrfachauflösungsanalyse nach Definition 2.11, also eine gültige DWT, berechnet. Auf die genauen mathematischen Bedingungen wird an dieser Stelle jedoch nicht näher eingegangen, da der Filterentwurf nicht Teil der vorliegenden Arbeit war, sondern es wird auf [BGG98] oder [KSW08] verwiesen. Wichtig ist jedoch, dass das Filter $h_{\mathrm{TP}}(n)$ der Skalierungsräume ein Tiefpassfilter ist, während es sich bei dem Filter $h_{\mathrm{HP}}(n)$ der Wavelet-Räume um ein Hochpassfilter handelt. Dies ist beispielhaft für das Symmlet-4-Wavelet in Abbildung 2.10 gezeigt.

Zeit-Frequenz-Darstellung

Damit kann den DWT-Koeffizienten in Abbildung 2.9 für jede Skalierungsstufe ein bestimmtes Frequenzband zugeordnet werden. Dies ist schematisch in Abbildung 2.11 dargestellt. Die Frequenz F bezeichnet dabei die höchste Frequenz, die von der Skalierungsfunktion $\varphi(t)$ erfasst wird, also die höchste Frequenz der Signale des Raums $\mathcal{V}_0$. Die Bandbreite der Frequenzbänder halbiert sich mit jeder Filterbankstufe. Dies kann zum Beispiel dadurch erklärt werden, dass die Analyse- bzw. Synthesefilter wie in Abbildung 2.10 zu sehen den vorhandenen Frequenzbereich in einen Tiefpass- und einen Hochpassbereich aufteilen. Das erste Hochpassfilter spaltet also vom Frequenzintervall $[0, F]$ des Raums $\mathcal{V}_0$ die hochfrequente Hälfte $[F/2, F]$ ab. Das Hochpassfilter der nächsten Stufe spaltet ebenfalls die hochfrequente Hälfte des verfügbaren Spektrums ab. Dies ist dann aber nur noch der Frequenzbereich $[0, F/2]$. Dies führt zu der gezeigten Frequenzbandstruktur.

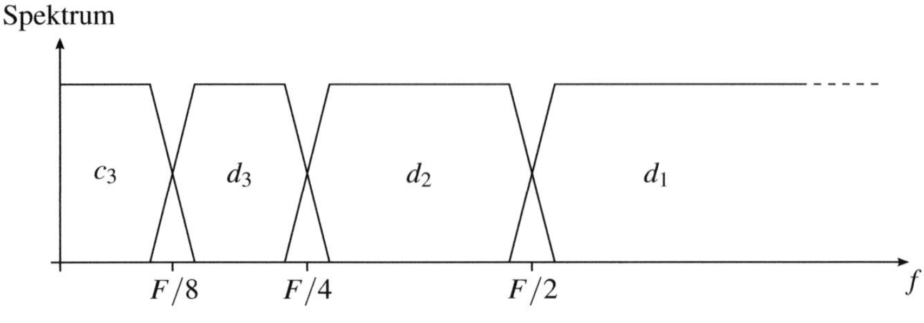

Abbildung 2.11: Frequenzbänder der einzelnen Koeffizienten (schematisch)

Während die Breite der Frequenzbänder mit jeder Stufe um den Faktor zwei kleiner wird, nimmt die Dichte der Koeffizienten in zeitlicher Richtung um den Faktor zwei ab. Dies entspricht der Tatsache, dass die diskreten Zeitverschiebungen der Wavelets der Skalierungsstufe k zu $T_k = 2^k T$ festgesetzt wurden. Damit lässt sich eine idealisierte Aufteilung der Zeit-Frequenz-Ebene mittels der DWT zeichnen, wie sie in Abbildung 2.12 dargestellt ist. Die Rechtecke besitzen dabei nicht zwangsweise als Seitenlängen die doppelte Zeitdauer bzw. Bandbreite der entsprechenden Wavelet- oder Skalierungsfunktion wie in Abschnitt 2.1.1, sondern veranschaulichen lediglich, wie die Zeit-Frequenz-Ebene durch die Multiraten-Filterbank aufgeteilt wird.

2.4.4 Praktische Anwendung

Wahl des Filtertyps

Die am weitesten verbreiteten Filter wurden von Ingrid Daubechies entwickelt [Dau92]. Für FIR-Filter einer festen Länge N erreichen sie die schärfste Trennung zwischen Hochpass- und Tiefpassbereich. Des Weiteren sind die Filter minimalphasig. Die resultierenden Wavelets werden dadurch allerdings stark unsymmetrisch innerhalb ihres Trägerintervalls. Die Eigenschaft der Symmetrie ist allerdings für viele Anwendungen wünschenswert. Beispielsweise werden die Wavelet-Koeffizienten oft als Energie des Signals innerhalb eines bestimmten Bereichs der Zeit-Frequenz-Ebene interpretiert. Ist die Energie des Wavelets um die mittlere Zeit des Trägerintervalls konzentriert, kann der entsprechende Koeffizient diesem Zeitpunkt in der Zeit-Frequenz-Ebene zugeordnet werden. Des Weiteren sind FIR-Filter mit symmetrischen Impulsantworten linearphasig, was beispielsweise im Audiobereich eine wünschenswerte Eigenschaft ist.

Es kann gezeigt werden, dass das Haar-Filter das einzige CMF ist, das perfekte Symmetrie besitzt. Daubechies entwickelte aber aus der Berechnung der

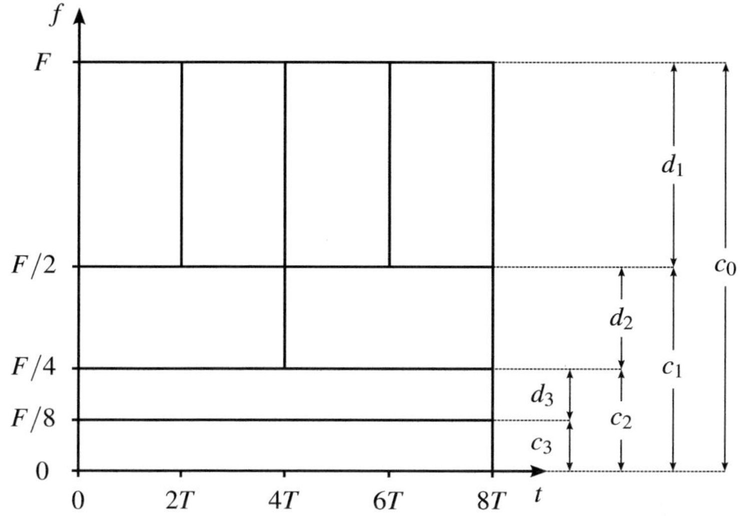

Abbildung 2.12: Zeit-Frequenz-Aufteilung der DWT

Daubechies-Filter heraus eine weitere Art von Filtern, die sogenannten Symmlets, die nahezu linearphasig sind.

Weitere Filtertypen sind Coiflets, das Battle-Lemarié-Filter oder das Vaidyanathan-Hoang-Filter [VH88]. Da die Wahl des Filtertyps aber für die meisten Anwendungen von untergeordneter Bedeutung ist, soll auf diese nicht weiter eingegangen werden.

Wahl der Filterlänge

Die meisten Filtertypen können mit verschiedenen Längen der Impulsantwort entworfen werden. Je länger die FIR-Impulsantwort ist, desto mehr Nullstellen besitzt deren z-Transformierte und desto steiler kann der Übergang zwischen Hoch- und Tiefpassbereich realisiert werden. Die Wahl der Filterlänge hat damit also direkten Einfluss auf die Zeit-Frequenz-Schärfe der Wavelets. Je kürzer die Filterimpulsantworten, desto schärfer ist die Signalrepräsentation in der Zeit, aber desto unschärfer ist sie in der Frequenz. Der beste Kompromiss aus Filterlänge und Steilheit der Tiefpass-/Hochpasstrennung muss je nach Anwendung individuell gefunden werden.

Abtastwerte als Eingangskoeffizienten

In Satz 2.4 wurde beschrieben, wie die Koeffizienten $c_0(m)$ mittels einer Multiraten-Filterbank zerlegt und rekonstruiert werden können. In der digitalen Signalverarbeitung besteht aber normalerweise nicht die Möglichkeit, diese Koeffizienten durch Innenproduktbildung des zeitkontinuierlichen Signals mit den Skalierungsfunktionen $\varphi(t-mT)$ zu berechnen. Stattdessen steht das abgetastete, zeitdiskrete Signal $x(n)$ zur Verfügung. Die Abtastwerte werden daher oft direkt als Skalierungskoeffizienten verwendet:

$$c_0(n) \approx x(n) \quad .$$

Dies lässt sich damit rechtfertigen, dass die Abtastwerte einfach als Skalierungskoeffizienten $c_0(n)$ interpretiert werden können, die aus der Innenproduktbildung des zeitkontinuierlichen Signals mit einer bestimmten Skalierungsfunktion hervorgegangen sind. Bei der Rekonstruktion wird dann das zeitkontinuierliche Signal $x_0(t)$ nicht über die Reihenentwicklung

$$x_0(t) = \sum_{n=-\infty}^{\infty} x(n)\,\varphi(t-nT)$$

rekonstruiert, sondern mittels eines herkömmlichen Rekonstruktionsfilters, siehe [KJ08]. Voraussetzung ist natürlich, dass das Abtasttheorem eingehalten wurde. In Abbildung 2.12 wird damit $T = t_A$ und $F = f_A/2$.

Die Rechenkomplexität der DWT bei der Analyse eines zeitdiskreten Signals der Länge N beträgt lediglich $O(N)$, siehe Anhang B.3.1, und ist damit geringer als die Rechenkomplexität der FFT (Fast Fourier Transform), die $O(N\operatorname{ld}(N))$ beträgt.

Zyklische Faltung

Die Multiraten-Filterbänke sind zwar prinzipiell in der Lage, ein Signal ohne beschränkte Länge fortlaufend zu filtern während die Messung erfolgt, jedoch ist in vielen Anwendungen die Verarbeitung eines bereits aufgezeichneten Signals, das dann eine endliche Länge von N Werten aufweist, notwendig.

In [Mal99] sind drei Verfahren vorgestellt, die dieses Problem behandeln. So wird zum Beispiel die Faltung der Wavelet-Funktionen (im Falle symmetrischer Wavelets) oder der Entwurf spezieller Rand-Wavelets vorgeschlagen. Die einfachste Methode ist allerdings, das zeitdiskrete Signal $x(n)$ außerhalb des Intervalls $[0, N-1]$ bzw. die Koeffizienten $c_k(m)$ und $d_k(m)$ außerhalb des Intervalls

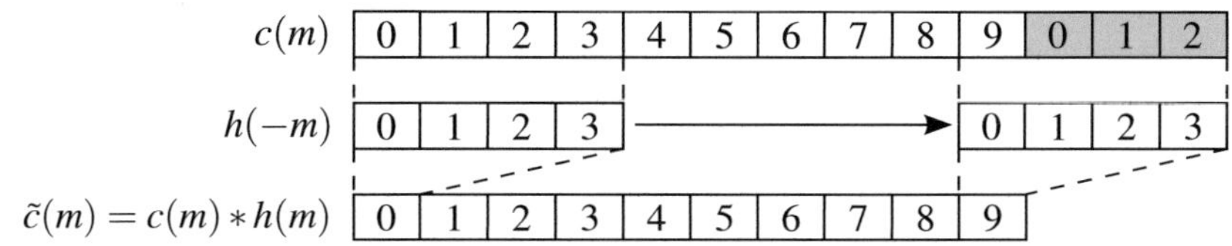

(a) Einseitige Erweiterung

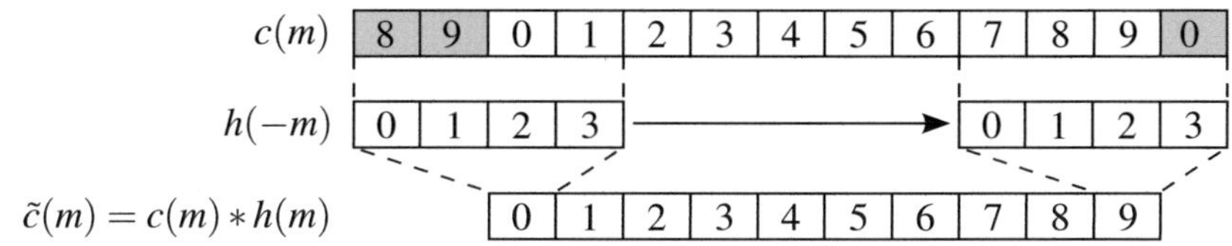

(b) Symmetrische Erweiterung

Abbildung 2.13: Zyklische Faltung mit verschiedenen Möglichkeiten der Fortsetzung (grau)

$[0, N/2^k - 1]$ periodisch fortzusetzen. Es gibt dabei allerdings mehrere Möglichkeiten diese zyklische Faltung umzusetzen. Eine diskrete Faltung ist durch

$$c(m) * h(m) = \sum_{n=0}^{N-1} h(m-n)\,c(n)\,, \quad 0 \leq m < N \tag{2.22}$$

gegeben, wobei $c(m)$ die zu filternden Koeffizienten, $h(m)$ die Filter-Impulsantwort und N die Länge der Koeffizienten sind. Bei Verwendung von FIR-Filtern der Länge N_f muss allerdings nur über N_f Werte summiert werden. Es stellt sich nun die Frage, auf welchem Intervall die inverse Impulsantwort $h(-m)$ ungleich null ist. Ist dies beispielsweise das Intervall $[0, N_f - 1]$, so muss die Koeffizientenfolge $c(m)$ am Ende mit $N_f - 1$ Werten erweitert werden, wie es in Abbildung 2.13a gezeigt ist. Dies führt allerdings dazu, dass ein Koeffizient $\tilde{c}(m')$ der gefilterten Wertefolge Informationen über die ursprünglichen Koeffizienten $c(m)$ im Intervall $m \in [m', m' + N_f - 1]$ enthält. Wäre die Energie des Filters $h(m)$ gleichmäßig über dessen Trägerintervall verteilt, so ergäbe sich eine Linksverschiebung der Information. Eine andere Möglichkeit ist daher, die zyklische Erweiterung der Koeffizientenfolge nicht einseitig (Abbildung 2.13a), sondern symmetrisch vorzunehmen. Da bei Filtern gerader Länge eine ungerade Anzahl an Koeffizienten wiederholt werden muss, ist die symmetrische Erweiterung in diesem Fall nicht exakt möglich. In Abbildung 2.13b wurden $N_f/2$ Werte links und $N_f/2 - 1$ Werte rechts erweitert. Damit erhält man für die Annahme einer gleichmäßig verteilten Energie eine minimale zeitliche Verschiebung.

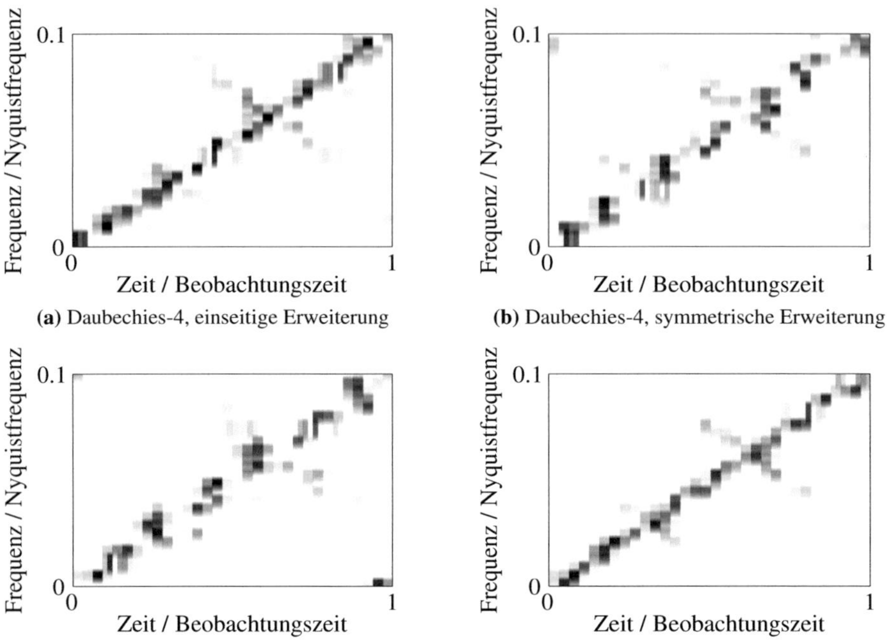

(a) Daubechies-4, einseitige Erweiterung

(b) Daubechies-4, symmetrische Erweiterung

(c) Symmlets-4, einseitige Erweiterung

(d) Symmlets-4, symmetrische Erweiterung

Abbildung 2.14: Vergleich der Darstellungen der Koeffizientenenergien eines Chirps in der Zeit-Frequenz-Ebene

Es hängt allerdings von den verwendeten Filtern ab, welche Art der Erweiterung eine bessere Repräsentation darstellt. Die Energie der Daubechies-Wavelets (und Filter) ist beispielsweise zu Beginn des Trägerintervalls konzentriert. Daher liefert die Verwendung der einseitigen Erweiterung gute Ergebnisse. Dies ist in Abbildung 2.14a für ein Daubechies-4-Filter (Länge 8) am Beispiel eines linearen Chirp-Signals gezeigt. Um das Chirp-Signal allerdings anschaulicher darstellen zu können, wurden Wavelet Packets verwendet, die eine Verallgemeinerung der DWT darstellen, siehe Abschnitt 2.5. Im Gegensatz zur einseitigen Erweiterung verschlechtert die Verwendung der symmetrischen Erweiterung sogar die Darstellung geringfügig, siehe Abbildung 2.14b. Das Symmlet-4-Wavelet verhält sich dem entgegengesetzt. Die Abbildungen 2.14(c) und (d) zeigen, dass die symmetrische Erweiterung hier ein deutlich befriedigenderes Resultat bringt.

Die Art der zu verwendenden zyklischen Erweiterung hängt daher von den verwendeten Filtern ab. Jedoch ist zu sagen, dass für viele Anwendungen dies gar keine Rolle spielt, nämlich dann, wenn der zeitliche Zusammenhang der Informationen mehrerer Frequenzbänder nicht relevant ist. Dies ist beispielsweise bei der Filterung stationären weißen Rauschens der Fall. Demgegenüber ist die Beachtung der zeitlichen Ausrichtung bei der Detektion von Sprechpausen unerlässlich [WS08].

2.4.5 Verschiebungsinvariante Wavelet-Transformation

Verschiebungsinvarianz

In vielen Anwendungen ist es wünschenswert, dass eine Transformation verschiebungsinvariant ist. Das heißt, dass eine Verschiebung des Eingangssignals lediglich eine entsprechende Verschiebung der Transformierten zur Folge hat. Es kann gezeigt werden, dass die kontinuierliche Wavelet-Transformation verschiebungsinvariant ist, siehe [KSW08]. Für die DWT gilt diese Eigenschaft nicht mehr, da die Wavelet- bzw. Skalierungs-Koeffizienten der Unterräume für $k > 0$ durch die Downsampling-Operationen nicht mehr die gleiche zeitliche Auflösung besitzen und daher nicht jede beliebige zeitliche Verschiebung darstellen können.

Wird beispielsweise die Folge der Eingangskoeffizienten $c_0(m)$ um einen Koeffizienten verschoben, so sind die Koeffizienten der folgenden Stufen vollkommen andere als ohne Verschiebung, da die Downsampling-Operation der ersten Stufe gerade diejenigen Koeffizienten behält, die sie ohne Verschiebung verworfen hätte. Werden die Eingangskoeffizienten um zwei verschoben, so verschieben sich die Koeffizienten $c_1(m)$ bzw. $d_1(m)$ um eins, die Koeffizienten aller weiteren Stufen sind aber wiederum völlig verschieden. Allgemein kann daher folgender Satz angegeben werden.

Satz 2.5 (Verschiebungsinvarianz der Multiraten-Filterbänke)

Werden die Eingangskoeffizienten $c_0(m)$ einer Multiraten-Filterbank nach Abbildung 2.9 um $m' = 2^{k'}$ Werte verschoben, so verschieben sich die Koeffizienten $c_k(m)$ bzw. $d_k(m)$ entsprechend:

$$
\begin{aligned}
& c'_0(m) = c_0(m - m') = c_0\left(m - 2^{k'}\right) \\
& \Rightarrow c'_k(m) = c_k\left(m - 2^{k'-k}\right), \qquad d'_k(m) = d_k\left(m - 2^{k'-k}\right)
\end{aligned}
$$

falls $k \leq k'$. Ansonsten sind die Koeffizienten nicht verschiebungsinvariant.

Beispiel 2.4 (Verschiebungsvarianz)

Dieses Beispiel zeigt die Verschiebungsvarianz der Multiraten-Filterbänke anhand eines Dirac-Impulses:

$$
c_0(m) = \delta(m - 2248) \quad .
$$

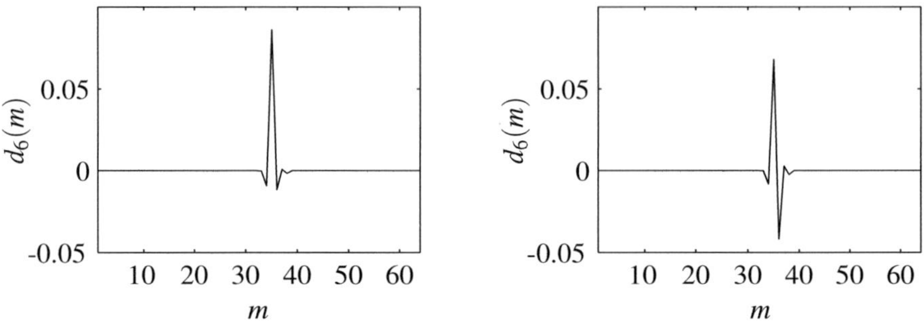

(a) $c_0(m) = \delta(m - 2248)$ **(b)** $c_0(m) = \delta(m - 2251)$

Abbildung 2.15: Auswirkung der Verschiebung eines Dirac-Impulses um drei Abtastwerte nach rechts auf die Wavelet-Koeffizienten $d_k(m)$

Die Wavelet-Koeffizienten $d_6(m)$ der sechsten Stufe sind in Abbildung 2.15a dargestellt. Wird nun die Folge der Koeffizienten $c_0(m)$ um lediglich drei Werte nach rechts verschoben, so ergeben sich die Wavelet-Koeffizienten in Abbildung 2.15a. Es zeigt sich, dass die Form der Wavelet-Koeffizienten durch die Verschiebung der Eingangsfolge verändert wurde. Anstelle eines einzigen deutlichen Maximums bei ca. $2048/2^6 \approx 35$, erhält man zwei vergleichbar ausgeprägte Spitzen.

Undecimated Wavelet Transform (Algorithme à trous)

Um das oben beschriebene Problem der Verschiebungvarianz zu lösen, kann die sogenannte Undecimated Wavelet Transform (UWT), auch Algorithme à trous genannt, verwendet werden, siehe [Bän05, Mal99, LGO$^+$95]. Um Verschiebungsinvarianz der Analyse zu erreichen, wird beim Übergang von der ersten Stufe $k = 0$ zur zweiten Stufe $k = 1$ nach der Filterung kein Downsampling angewandt. Während also durch Downsampling lediglich die Koeffizienten mit geradem oder ungeradem Index in die zweite Stufe gelangen würden, bleiben somit beide gültigen Teilfolgen erhalten. Damit aber bei der folgenden Faltung mit den Filter-Impulsantworten die korrekten Koeffizienten miteinander verarbeitet werden, muss Upsampling auf die Impulsantworten dieser Stufe angewandt werden. Anstelle eines Downsamplings der Koeffizienten wurde also ein Upsampling der Filter durchgeführt. Verallgemeinert man dies, lauten die Filter-Impulsantworten der Stufen $k > 0$:

$$\begin{aligned} g_{\mathrm{TP},k}(n) &= \uparrow_2^k \{g_{\mathrm{TP}}(n)\} \quad , & g_{\mathrm{HP},k}(n) &= \uparrow_2^k \{g_{\mathrm{HP}}(n)\} \quad , \\ h_{\mathrm{TP},k}(n) &= \uparrow_2^k \{h_{\mathrm{TP}}(n)\} \quad , & h_{\mathrm{HP},k}(n) &= \uparrow_2^k \{h_{\mathrm{HP}}(n)\} \quad . \end{aligned}$$

Es wird damit bei der Analyse die Anzahl der Koeffizienten von einer Stufe zur nächsten verdoppelt, da die Wavelet- und Skalierungs-Koeffizienten einer Stufe jeweils soviele Koeffizienten besitzen wie die Skalierungskoeffizienten der vorherigen Stufe. Die Energie bleibt damit nicht mehr erhalten, sondern wird mit jeder Stufe verdoppelt. Bei der Rekonstruktion tritt daher ein Faktor $1/2$ hinzu, der dies korrigiert:

$$c_k(m) = \frac{1}{2}\left(c_{k+1}(m) * h_{\mathrm{TP},k}(m) + d_{k+1}(m) * h_{\mathrm{HP},k}(m)\right) \quad .$$

Dies kann auch als Rücktransformation der Koeffizienten von $c_{k+1}(m)$ und $d_{k+1}(m)$ mit ungeradem und geradem Index und anschließender Mittelung interpretiert werden. Ein Schaubild der resultierenden Filterbank ist in Abbildung 2.16 gezeigt.

Beispiel 2.5 (Verschiebungsinvarianz der UWT)

Abschließend wird erneut als Eingangskoeffizientenfolge der Dirac-Impuls aus Beispiel 2.4 betrachtet. Ein Ausschnitt der Wavelet-Koeffizienten $d_6(m)$, die mittels der UWT berechnet wurden, ist in Abbildung 2.17 zu sehen. Man erkennt, dass die Form des Koeffizientenverlaufs sich trotz Verschiebung der Eingangsfolge nicht ändert, sondern sich um die gleiche Anzahl an Werten verschiebt.

Der Nachteil der UWT stellt ihre erhöhte Rechenkomplexität im Vergleich zur DWT dar. Diese beträgt $O(N \,\mathrm{ld}\,(N))$ und ist damit genauso groß wie die der FFT [LGO+96].

2.5 Wavelet Packets

In Abschnitt 2.3 wurde die kontinuierliche Wavelet-Transformation eingeführt, um eine bestimmte Klasse von Signalen gegenüber der STFT schärfer in der Zeit-Frequenz-Ebene darstellen zu können. Für die diskrete STFT bzw. diskrete Wavelet-Transformation bedeutet eine hohe Zeit-Frequenz-Schärfe, dass die Signalenergie in möglichst wenigen, betragsmäßig großen Koeffizienten konzentriert ist. Diese Eigenschaft ist allerdings nicht nur zu einer anschaulichen Signalanalyse in der Zeit-Frequenz-Ebene, sondern auch für Anwendungen wie Datenkompression und Filterung wünschenswert.

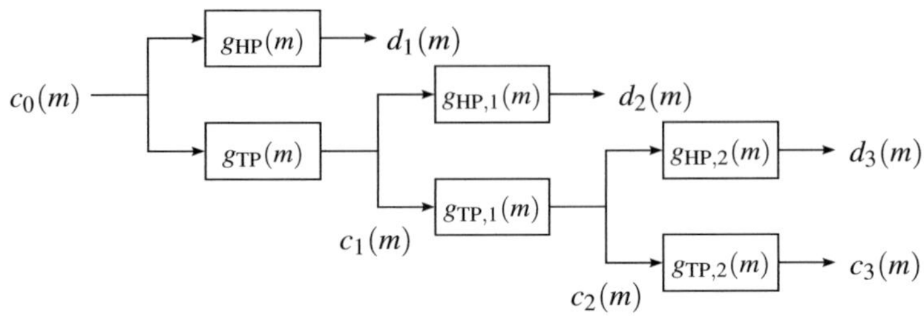

(a) Analyse-Filterbank

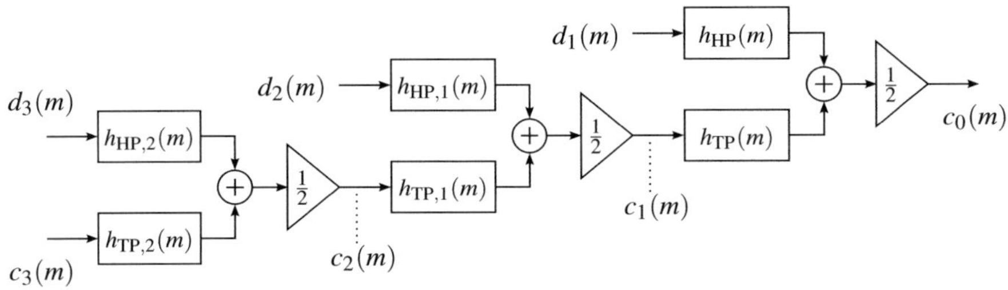

(b) Synthese-Filterbank

Abbildung 2.16: Filterbänke der Undecimated Wavelet Transform

In Beispiel 2.3 wurde gezeigt, dass die Wavelet-Transformation zur Darstellung von Signalen geeignet ist, deren hochfrequente Spektralanteile lediglich in kurzen Zeitbereichen auftreten. Das folgende Gegenbeispiel zeigt, dass die DWT für Signale außerhalb dieser Klasse keine zufriedenstellende Darstellung liefert.

Beispiel 2.6 (Ungeeignete DWT-Analyse)

Es werde eine Sinusschwingung

$$x(t) = \sin(2\pi f_0 t)$$

mit konstanter Frequenz f_0 mit der Abtastfrequenz f_A abgetastet. Die Eigenfrequenz der Sinusschwingung sei dabei $f_0 = \frac{3}{8} f_A$, womit das Abtasttheorem eingehalten wird. Die Abtastwerte werden nun gemäß Abschnitt 2.4.4 als DWT-Koeffizienten $c_0(m)$ interpretiert und mittels einer Multiraten-Filterbank analysiert. Trägt man die Koeffizientenenergien in der Zeit-Frequenz-Ebene auf, wobei eine dunklere Färbung eine höhere Energie repräsentiert, so erhält man die Darstellung in Abbildung 2.18. Die Frequenz f_0 liegt innerhalb des Frequenzbandes $f_N/2 < f_0 < f_N$, das den Koeffizienten $d_1(m)$ zuzuordnen ist. Andere Koeffizienten enthalten ebenfalls ein wenig Signalenergie, da die verwendeten

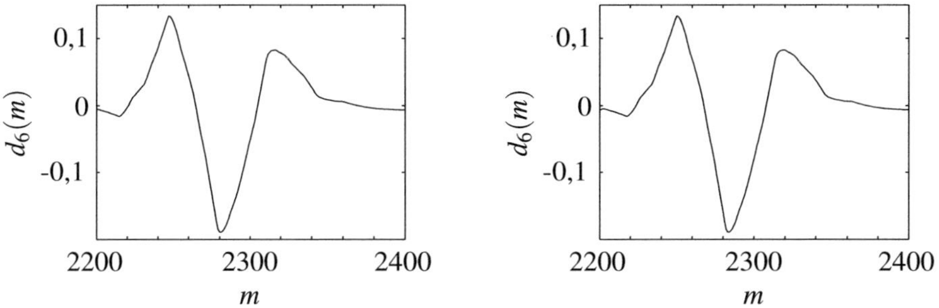

(a) $c_0(m) = \delta(m - 2248)$ **(b)** $c_0(m) = \delta(m - 2251)$

Abbildung 2.17: Auswirkung der Verschiebung eines Dirac-Impulses um drei Abtastwerte nach rechts auf die Wavelet-Koeffizienten $d_6(m)$ der UWT

FIR-Filter (Daubechies-4) keine idealen Tiefpass- bzw. Hochpassfilter sind. Man erkennt nun, dass die feine Frequenz des Signals $x(t)$ mit der DWT nicht aufgelöst werden kann, da die zu den Koeffizienten $d_1(m)$ zugehörigen Wavelet-Funktionen zeitlich scharf lokalisiert sind. Daher führt die hochfrequente Sinusschwingung zu dem schwarz-weißen Muster in der oberen Hälfte der Abbildung 2.18. Die Signalenergie verteilt sich über sehr viele Koeffizienten und die DWT ist somit keine geeignete Transformation zur Analyse oder Verarbeitung dieses Signals.

Wie das obige Beispiel zeigt, ist die DWT nicht allgemein als brauchbare Darstellung einsetzbar. Das Gleiche gilt für die Kurzzeit-Fourier-Transformation, die in der gesamten Zeit-Frequenz-Ebene die gleiche Zeit-Frequenz-Schärfe aufweist. Um Signale unterschiedlicher Charakteristiken möglichst scharf darzustellen wird daher eine Darstellung benötigt, die nicht von vornherein eine feste Aufteilung der Zeit-Frequenz-Ebene vornimmt, sondern die sich an die Eigenschaften des Signals (Energieverteilung in der Zeit-Frequenz-Ebene) anpasst. Eine solche Darstellung sind Wavelet Packets, eine einfache aber mächtige Erweiterung der Multiraten-Filterbänke.

2.5.1 Erweiterung der Multiraten-Filterbänke

In Beispiel 2.6 wurde gezeigt, dass die hohe Zeitauflösung der DWT bei hohen Frequenzen nicht immer optimal ist. Um die gegebene Sinusschwingung kompakt in der Zeit-Frequenz-Ebene darzustellen, müsste die Eigenfrequenz f_0 der Schwingung möglichst scharf aufgelöst werden. Zu diesem Zweck liegt es nahe, die Wavelet-Koeffizienten $d_1(m)$ weiter zu zerlegen, da diese maßgeblich die Fre-

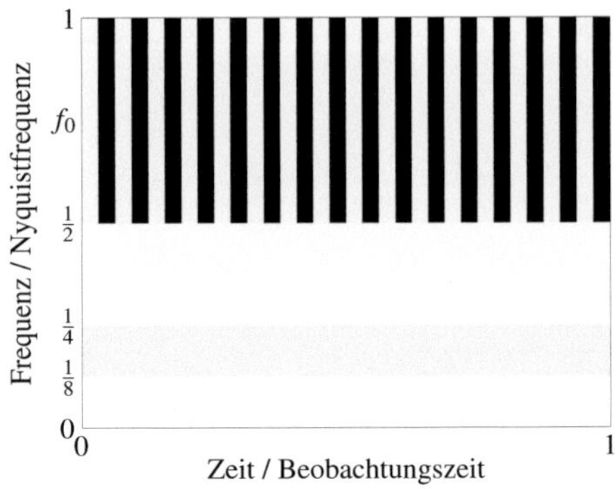

Abbildung 2.18: Koeffizienten-Energieverteilung in der Zeit-Frequenz-Ebene für eine Sinus-Schwingung der Frequenz f_0 durch Diskrete Wavelet-Transformation

quenz f_0 erfassen. Dies geschieht wiederum mittels der Filter g_{TP} und g_{HP} bei der Analyse, bzw. mittels der Filter h_{TP} und h_{HP} bei der Synthese. Verallgemeinert man diesen Ansatz, können alle Tiefpass- und Hochpasskoeffizienten rekursiv aufgespaltet werden, womit man eine Filterbank nach Abbildung 2.19 erhält. Die Koeffizienten der Filterbank lassen sich gemäß Abbildung 2.20 in einem binären Baum anordnen und werden mit

$$c_{k,b}(m), \quad 0 \leq k \leq K, \quad 0 \leq b \leq 2^k - 1$$

bezeichnet. Dabei ist k die Stufe bzw. Tiefe des Knotens im Baum (bzw. in der Filterbank), b ist der Index des Knotens innerhalb dieser Tiefe, wobei die Mittenfrequenzen der zugehörigen Frequenzbänder entsprechend geordnet seien (siehe Abbildung 2.6) und m ist der zeitliche Index innerhalb eines einzelnen Knotens bzw. Frequenzbandes. Die Menge aller Koeffizienten $c_{k,b}(m)$ wird als Wavelet Packet bezeichnet. Mit zunehmender Tiefe k wird nun, genau wie bei der DWT, die Frequenzauflösung durch die sukzessive Aufspaltung der Frequenzbänder mit jeder Stufe um den Faktor zwei feiner, während gleichzeitig die Zeitauflösung mit jeder Stufe aufgrund des Downsamplings um den Faktor zwei gröber wird.

Bei Betrachtung der Filterbank in Abbildung 2.19 fällt auf, dass bei der Aufspaltung eines Knotens, der die hohen Frequenzanteile seines übergeordneten Knotens repräsentiert, das Hoch- und Tiefpassfilter vertauscht wird. So stellen beispielsweise die Koeffizienten $c_{1,1}(m)$ die hohen Frequenzanteile der Koeffizienten $c_{0,0}(m)$ dar. Bei der Aufspaltung der Koeffizienten $c_{1,1}(m)$ wird das Ergebnis der Tiefpassfilterung den höherfrequenten Koeffizienten $c_{2,3}(m)$ und das Ergebnis der Hochpassfilterung den niederfrequenten Koeffizienten $c_{2,2}(m)$ zugewiesen. Die Notwendigkeit dieser Vertauschung macht Abbildung 2.21 deutlich. Ein schema-

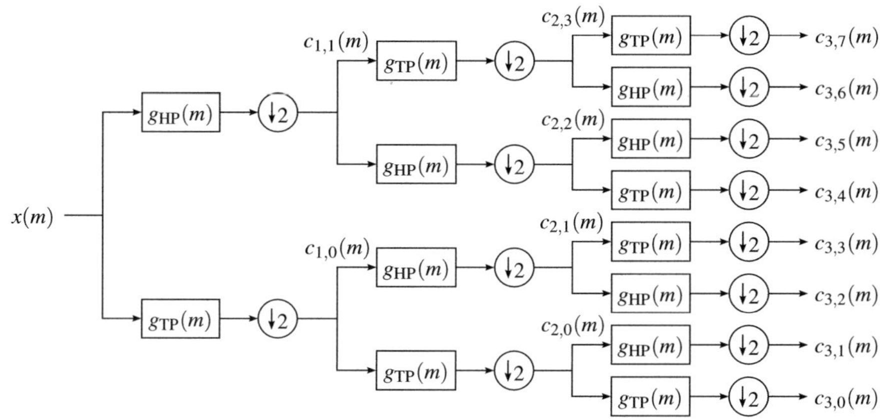

Abbildung 2.19: Dreistufige Wavelet-Packet-Filterbank

tisches Spektrum $C_{0,0}(f)$ der zugehörigen Koeffizienten mit Nyquistfrequenz f_N ist in Abbildung 2.21a dargestellt. Die hohen Frequenzen sind mit H, die tiefen mit T gekennzeichnet. Zur Berechnung der Koeffizienten $c_{1,1}(m)$ wird das Spektrum $C_{0,0}(f)$ zunächst mit einem Hochpass $G_{\mathrm{HP}}(f)$ gefiltert. Das Ergebnis ist in Abbildung 2.21b dargestellt. Der zweite Schritt ist die Downsampling-Operation. Diese kann im Frequenzbereich als ideale Rekonstruktion mit einem Rechteckfilter der Breite $2 \cdot f_N$ und anschließender Abtastung mit der halbierten Abtastfrequenz $\tilde{f}_A = f_A/2 = \tilde{f}_N/2$ interpretiert werden. Es ergibt sich das Spektrum in Abbildung 2.21c. Man erkennt, dass die hohen Frequenzanteile der Koeffizienten $c_{0,0}(m)$ in den tieffrequenten Bereich der Koeffizienten $c_{1,1}(m)$ abgebildet wurden. Aus diesem Grund liefert eine Tiefpassfilterung der Koeffizienten $c_{1,1}(m)$ die hohen Frequenzanteile des ursprünglichen Signals. Analog erhält man die tiefen Frequenzanteile der Koeffizienten $c_{0,0}(m)$ durch Hochpassfilterung der Koeffizienten $c_{1,1}(m)$. Dies lässt sich auf alle Knoten verallgemeinern, welche die hohen Frequenzanteile ihres übergeordneten Knotens darstellen.

Beispiel 2.7 (Wavelet-Packet-Koeffizienten eines Chirp-Signals)

Es wird nun anhand eines linearen Chirp-Signals gezeigt, dass die vorgestellte Vertauschung der Tiefpass- und Hochpassfilter korrekt ist. Ein lineares Chirp-Signal ist eine Kosinusschwingung, deren Frequenz linear mit der Zeit anwächst. In Abbildung 2.22 sind die Wavelet-Packet-Koeffizienten der dritten Stufe zu sehen. Man erkennt, wie mit fortschreitendem Zeitindex die Signalenergie gemäß der Ordnung nach dem Index b von einem Knoten auf den nächsten übergeht. Die Vertauschung der Hochpass- und Tiefpassfilter gemäß Abbildung 2.19 hat also

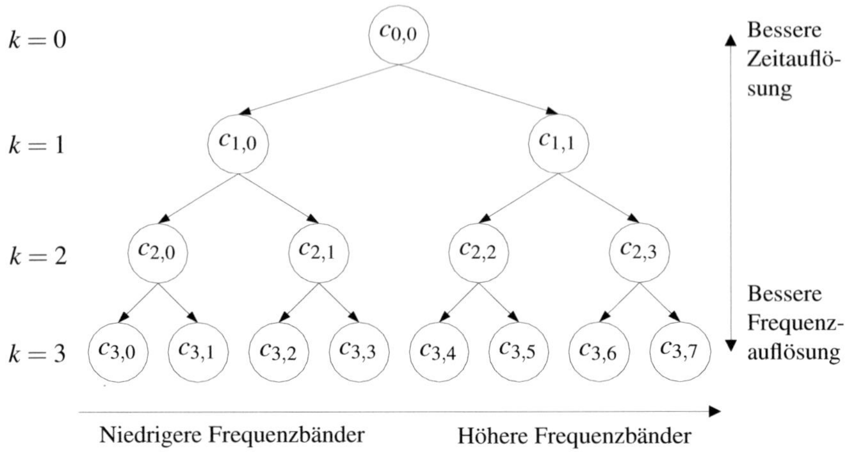

Abbildung 2.20: Wavelet-Packet-Baum

den gewünschten Effekt erbracht. Die Frequenzbänder sind gemäß dem Index b von niedrigen zu hohen Frequenzen angeordnet.

Im Gegensatz zu den Basisfunktionen der Diskreten Wavelet-Transformation (2.15) gehen die Basisfunktionen der Wavelet Packets nicht mehr alleine durch Verschiebung und Skalierung aus einem Mutter-Wavelet hervor. Sie können berechnet werden, indem ein einzelner Koeffizient $c_{k,b}(m')$ zu eins gesetzt wird, alle anderen zu null. Die Rücktransformation ergibt dann die zugehörigen Koeffizienten $c'_{0,0}(m)$ des Raumes $\mathcal{V}_0$. Bei Verwendung des zeitdiskreten Signals $x(m)$ als Eingangskoeffizientenfolge $c'_{0,0}(m)$ können diese direkt als zeitdiskrete Basisfunktionen interpretiert werden. Andernfalls lässt sich die zum Koeffizienten $c_{k,b}(m')$ zugehörige zeitkontinuierliche Basisfunktion $\varphi_{k,b,m'}(t)$ mittels

$$\varphi_{k,b,m'}(t) = \sum_{m=-\infty}^{\infty} c'_{0,0}(m)\,\varphi(t)$$

berechnen. Dabei ist $\varphi(t)$ die herkömmliche Skalierungsfunktion, deren zeitverschobene Varianten den Raum $\mathcal{V}_0$ aufspannen. Da eine explizite Kenntnis der Basisfunktionen $\varphi_{k,b,m'}(t)$ für die Berechnung eines Wavelet Packtes mittels Multiraten-Filterbänken nicht nötig ist, wird für die Berechnung der Skalierungsfunktionen $\varphi(t)$ aus der Tiefpass-Impulsantwort $h_{\mathrm{TP}}(n)$ auf [KSW08] und [BGG98] verwiesen.

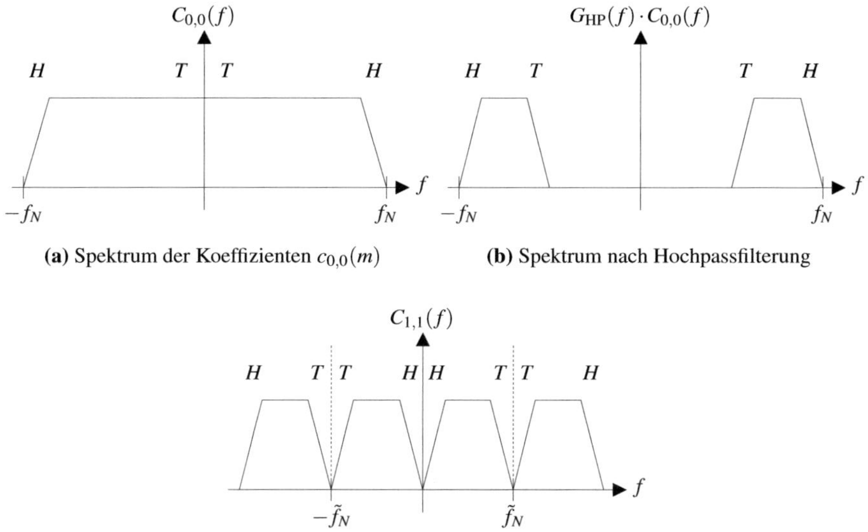

(a) Spektrum der Koeffizienten $c_{0,0}(m)$

(b) Spektrum nach Hochpassfilterung

(c) Spektrum nach Hochpassfilterung und Downsampling

Abbildung 2.21: Schematische Anschauung der TP/HP-Vertauschung bei Hochpasssignalen

2.5.2 Redundanz des Wavelet-Packet-Baums

Im Gegensatz zu anderen Darstellungen wie der FFT oder der DWT stellen Wavelet Packets eine redundante Signalrepräsentation dar. Liegen sämtliche Koeffizienten eines kompletten Wavelet Packets der maximalen Tiefe K vor, so ist das ursprüngliche Signal $x(n)$ aus den Koeffizienten $c_{k',b}(n)$ jeder Ebene k' für sich genommen rekonstruierbar. Ausgedrückt mit den Begriffen der Frame-Theorie (siehe Abschnitt 2.1.2) handelt es sich bei Wavelet Packets um einen $(K+1)$-fach redundanten Tight Frame, da die Signalenergie E_x durch die Aufspaltungen der Filterbank nicht verändert wird und daher in jeder Ebene enthalten ist.

Einerseits stellt Redundanz einen Nachteil dar, da zur Berechnung oder Speicherung einer erhöhten Menge an Koeffizienten mehr Rechenzeit bzw. mehr Speicherplatz von Nöten ist. Die Redundanz erlaubt aber andererseits, eine orthonormale (nicht-redundante) Basis aus dem Frame zu wählen, die ein zu analysierendes Signal möglichst scharf in der Zeit-Frequenz-Ebene darstellt. Die zu wählende orthonormale Basis stellt eine Untermenge des kompletten Baums dar, die dennoch die Information des Signals vollständig erfasst. Ein Beispiel im Falle eines zweistufigen

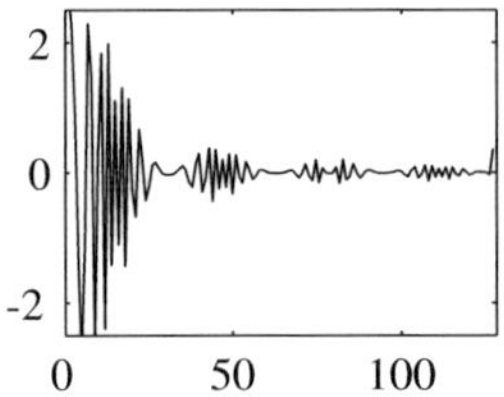

(a) $c_{3,0}(m)$

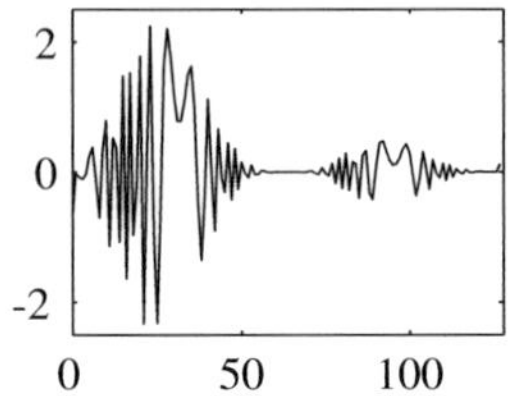

(b) $c_{3,1}(m)$

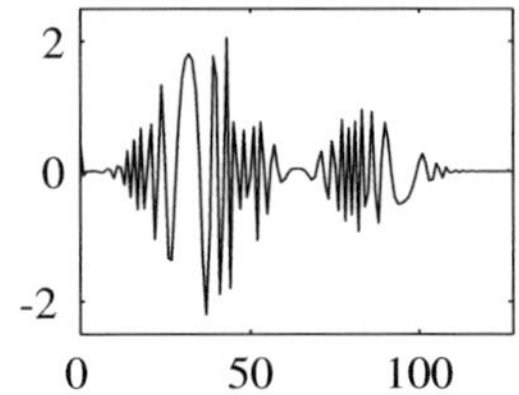

(c) $c_{3,2}(m)$

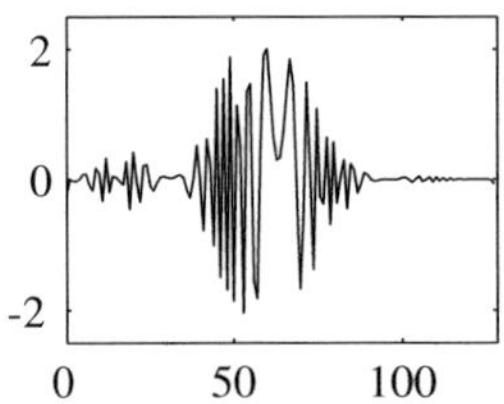

(d) $c_{3,3}(m)$

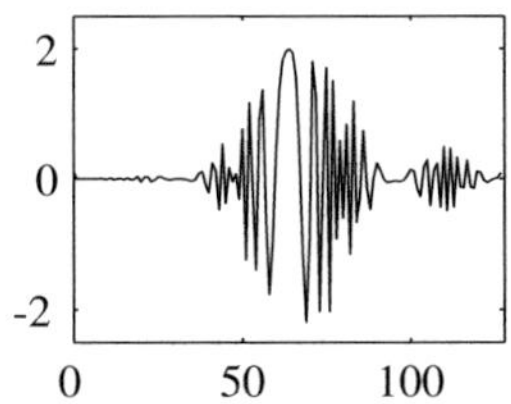

(e) $c_{3,4}(m)$

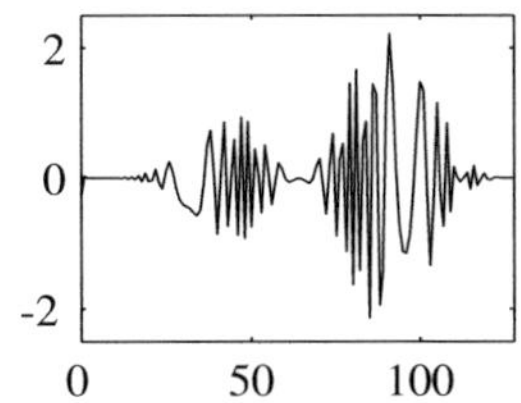

(f) $c_{3,5}(m)$

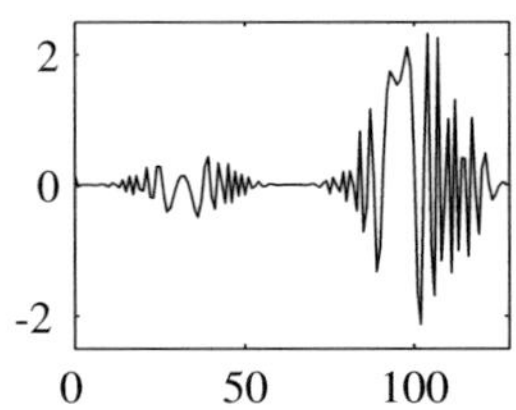

(g) $c_{3,6}(m)$

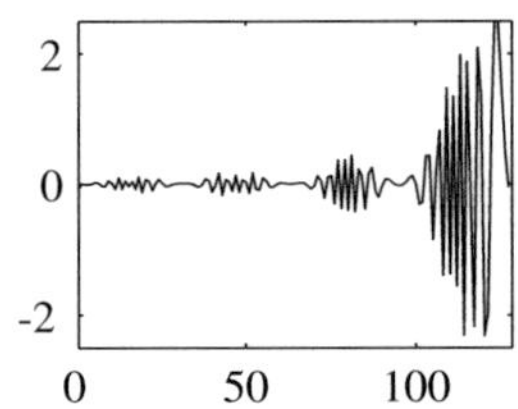

(h) $c_{3,7}(m)$

Abbildung 2.22: Wavelet-Packet-Koeffizienten eines Chirp-Signals nach der dritten Stufe

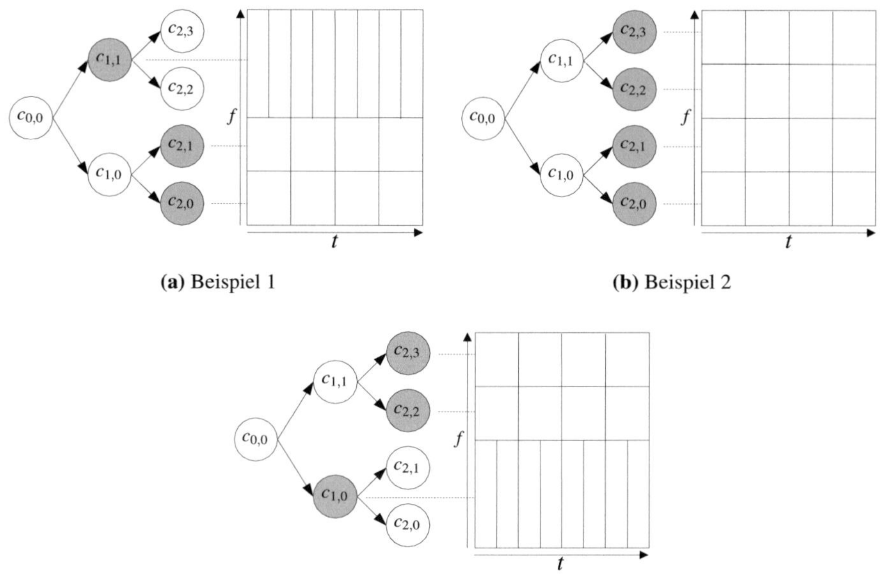

(a) Beispiel 1 **(b)** Beispiel 2 **(c)** Beispiel 3

Abbildung 2.23: Beispiele für mögliche Zeit-Frequenz-Aufteilungen einer zweistufigen WP-Filterbank

Wavelet-Packet-Baums ist in Abbildung 2.23 zu sehen. Mit jeder Basiswahl korrespondiert eine bestimmte Aufteilung der Zeit-Frequenz-Ebene. Abbildung 2.23a zeigt die herkömmliche Wavelet-Aufteilung, bei der hohe Frequenzbereiche frequenzscharf aufgelöst werden. Demgegenüber sind in Abbildung 2.23b alle Knoten der untersten Ebene gewählt, womit die maximale mit diesem Wavelet Packet erreichbare Frequenzauflösung gewählt wird. Dies ähnelt der Aufteilung mittels der STFT. Wäre es dagegen günstiger, tiefe Frequenzbereiche zeitscharf und hohe Frequenzbereiche frequenzscharf aufzuteilen, würde sich die Basis in Abbildung 2.23c eignen. Dies wäre in Beispiel 2.6 wünschenswert.

Bei zwei Stufen sind insgesamt fünf Basen möglich. Diese Anzahl wächst rapide mit der Baumtiefe K an. Dies ist für die Baumtiefen $0 \leq K \leq 8$ in Tabelle 2.1 gezeigt. Der Beweis zur Berechnung befindet sich in Anhang B.2. Die Rechenkomplexität von Wavelet Packets beträgt dennoch lediglich $O(N \,\mathrm{ld}\,(N))$ (siehe Anhang B.3.2) und ist damit gleich hoch wie die der FFT und UWT.

Wie eingangs erwähnt ist für die meisten Anwendungen wie Signalanalyse, Kompression und Filterung eine möglichst scharfe bzw. kompakte Darstellung des

K	0	1	2	3	4	5	6	7	8
B_K	1	2	5	26	677	458330	$210 \cdot 10^9$	$44 \cdot 10^{21}$	$1{,}9 \cdot 10^{45}$

Tabelle 2.1: Anzahl möglicher Basen B_K bei maximaler Tiefe K

Signals gewünscht. Es kann daher aus der Vielzahl der möglichen Basen eines Wavelet Packets diejenige ausgewählt und verwendet werden, welche die Signalenergie in möglichst wenigen, großen Koeffizienten repräsentiert.

2.5.3 Wahl einer besten Basis

Gemäß den bisherigen Überlegungen soll eine "beste" Basis die Signalenergie in möglichst wenigen, betragsmäßig großen Koeffizienten konzentrieren. Dies führt zur folgenden Definition [Mal99]:

Definition 2.13 (Beste Basis)

Ein gegebenes Signal $x(t)$ soll mittels einer der Basen $\mathcal{B}^\lambda, \lambda \in \mathbb{N}$ dargestellt werden. Die Basisfunktionen der Basis $\mathcal{B}^\lambda$ seien mit $\varphi_m^\lambda(t), 0 \leq m < N$ bezeichnet, wobei λ der Index der Basis und m der Index der Basisfunktion innerhalb der entsprechenden Basis ist. Die Indexmenge I_M^λ enthalte die Indizes m der M größten Koeffizienten $\langle x(t), \varphi_m^\lambda(t)\rangle$ der Basis $\mathcal{B}^\lambda$. Der Approximationsfehler unter ausschließlicher Verwendung der M größten Koeffizienten ist damit:

$$\varepsilon^\lambda(M) = \|x(t)\|^2 - \sum_{m \in I_m^\lambda} \left|\left\langle x(t), \varphi_m^\lambda(t)\right\rangle\right|^2 \quad .$$

Als beste Basis wird diejenige Basis bezeichnet, für die der Approximationsfehler für alle $M \geq 1$ am kleinsten ist.

In der Praxis lässt sich die beste Basis finden, indem eine Kostenfunktion definiert wird, bezüglich der die optimale Basis ausgewählt wird. Da lediglich orthonormale Basen betrachtet werden, kann ein additives Gütemaß verwendet werden, bei dem jeder Koeffizient einzeln bewertet wird:

$$J(x(t),\lambda) = \sum_{m=0}^{N-1} \Phi\left(\frac{|\langle x(t), \varphi_m^\lambda(t)\rangle|^2}{\|x(t)\|^2}\right) \quad . \tag{2.23}$$

Die normierten Koeffizientenenergien werden mit der Funktion $\Phi(z)$ bewertet und zum Gesamtgütemaß J addiert. Nach [Mal99] liefert die Minimierung dieses Gütemaßes die beste Basis, falls die Bewertungsfunktion $\Phi(z)$ konkav ist, wie beispielsweise die Funktion in Abbildung 2.24. Anschaulich kann dies gemacht werden,

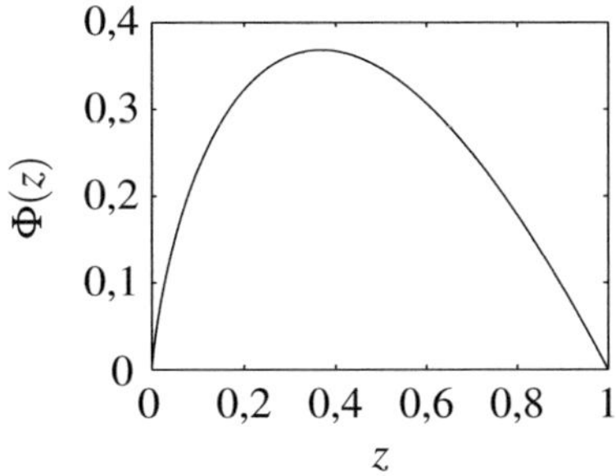

Abbildung 2.24: Entropie-Funktion als Beispiel für eine konkave Gütefunktion

indem lediglich zwei normierte Koeffizienten betrachtet werden. Wird der größere der beiden Koeffizienten noch größer, so muss der kleinere Koeffizient aufgrund der Energieerhaltung dafür kleiner werden. Werden diese neuen Koeffizienten mit einer konkaven Funktion (s. Abbildung 2.24) bewertet, ist die Summe kleiner als für die ursprünglichen normierten Koeffizienten. Diese Überlegung lässt sich auf mehrere Koeffizienten übertragen, für den formalen Beweis sei auf [Mal99] verwiesen.

Eine häufig verwendete konkave Funktion ist die Entropie-Funktion

$$\Phi(z) = \begin{cases} -z \ln z, & 0 < z \leq 1 \\ 0, & z = 0 \end{cases} \quad ,$$

die in Abbildung 2.24 dargestellt ist. Damit ergibt sich das Gütemaß in Gleichung (2.23) zu

$$J\left(x(t),\lambda\right) = -\sum_{m=0}^{N-1} \frac{\left|\left\langle x(t),\varphi_m^\lambda(t)\right\rangle\right|^2}{\|x(t)\|^2} \ln\left(\frac{\left|\left\langle x(t),\varphi_m^\lambda(t)\right\rangle\right|^2}{\|x(t)\|^2}\right) \quad . \tag{2.24}$$

Aufgrund der rasch anwachsenden Anzahl an möglichen Basen wäre es mit hohem Rechenaufwand verbunden, wenn die obige Gütefunktion für jede Basis berechnet und anschließend die Basis mit dem kleinsten Gütemaß gewählt würde. Ein von Coifman und Wickerhauser vorgestelltes Verfahren ermöglicht allerdings eine sehr viel schnellere Basissuche [CW92]. Dabei bedient man sich des Prinzips der Dynamischen Programmierung, bei dem mehrere gleichartige Probleme gelöst werden, die Teil eines übergeordneten Problems sind. Im Falle der Basissuche ist das Teilproblem die Entscheidung, ob es günstiger ist einen Knoten $c_{k,b}$ oder dessen Folgeknoten $c_{k+1,2b}$ und $c_{k+1,2b+1}$ zu verwenden. Dazu werden zunächst die Kosten für jeden einzelnen Knoten (k,b) analog zu Gleichung (2.24) mittels

$$C_{k,b}\left(x(t)\right) = -\sum_{m} \frac{\left|c_{k,b}(m)\right|^2}{E_x} \ln\left(\frac{\left|c_{k,b}(m)\right|^2}{E_x}\right) \tag{2.25}$$

berechnet. Es wird nun sukzessive von der tiefsten bis zur obersten Ebene entschieden, ob ein Knoten oder dessen Folgeknoten verwendet werden soll. Dazu werden zunächst die Knoten der untersten Stufe K betrachtet. Ein solcher Knoten für sich genommen lässt sich auf keine andere Weise darstellen, da keine Folgeknoten existieren, die ihn repräsentieren könnten. Die optimalen Kosten $O_{K,b}$ für die Knoten der untersten Stufe K entsprechen daher den Kosten $C_{K,b}$. Für die Knoten der vorletzten Stufe muss nun jeweils entschieden werden, ob es günstiger ist die entsprechenden Folgeknoten zu verwenden oder nicht. Aufgrund des additiven Gütemaßes und da die beiden Folgeknoten denselben Funktionenraum wie der betrachtete Knoten (k,b) repräsentieren, werden die Kosten des betrachteten Knotens $C_{k,b}$ mit der Summe der optimalen Kosten der Folgeknoten $O_{k+1,2b} + O_{k+1,2b+1}$ verglichen. Ist die Verwendung des betrachteten Knotens günstiger, werden die beiden Folgeknoten eliminiert und die optimalen Kosten des Knotens (k,b) entsprechen seinen eigenen Kosten. Im anderen Fall sind die Folgeknoten die bessere Repräsentation und die optimalen Kosten des Knotens (k,b) entspricht der Summe der optimalen Kosten der beiden Folgeknoten. Zusammengefasst erhält man:

$$O_{k,b} = \begin{cases} C_{k,b}, & \text{falls } C_{k,b} \leq O_{k+1,2b} + O_{k+1,2b+1} \\ O_{k+1,2b} + O_{k+1,2b+1}, & \text{falls } C_{k,b} > O_{k+1,2b} + O_{k+1,2b+1} \end{cases} .$$

Die schrittweise Durchführung dieses Verfahrens liefert schließlich die optimale Basis mit den minimalen Kosten. Dies soll anhand eines Beispiels veranschaulicht werden.

Beispiel 2.8 (Basiswahl mittels Dynamischer Programmierung)

Es sei eine zweistufige Wavelet-Packet-Filterbank gegeben, deren Kosten aller Knoten in Abbildung 2.25a dargestellt ist. Im ersten Schritt muss entschieden werden, ob es günstiger ist die Knoten der vorletzten Stufe $(1,b)$ oder ihre Folgeknoten zu verwenden. Dies ist durch die gestrichelten Linien angedeutet. Für den linken Knoten gilt, dass die optimalen Kosten der Folgeknoten

$$O_{2,0} + O_{2,1} = 5 + 6 = 11$$

größer ist als die Kosten des betrachteten Knotens $C_{1,0} = 3$. Die Folgeknoten werden also eliminiert und die optimalen Kosten des Knotens $(1,0)$ entsprechen

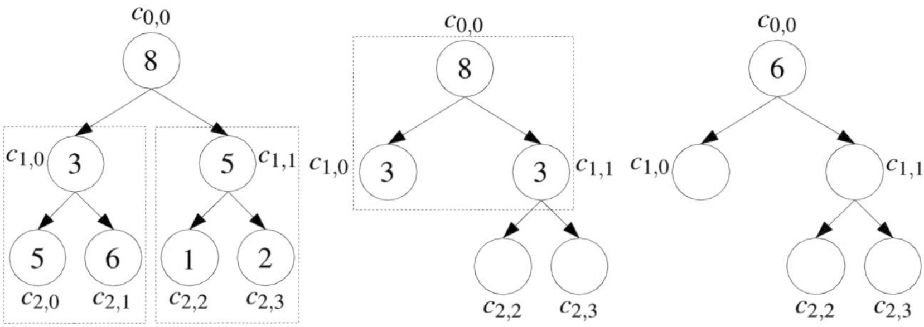

(a) Schritt 1: Unterste Ebene (b) Schritt 2 (c) Ergebnis

Abbildung 2.25: Beispiel zur Wahl der besten Basis. In den Knoten sind die jeweiligen Kosten (kumulierte Entropien) angegeben.

seinen eigenen Kosten $C_{1,0}$, siehe Abbildung 2.25b. Für den Knoten $(1,1)$ gilt jedoch, dass die (optimalen) Kosten der Folgeknoten kleiner sind als seine eigenen Kosten:

$$O_{2,2} + O_{2,3} = 1 + 2 = 3 < 5 = C_{1,1} \quad .$$

Daher sind die Knoten (2,2) und (2,3) Teil der besten Basis und die optimalen Kosten des Knotens $(1,1)$ entsprechen $O_{2,2} + O_{2,3} = 3$.

Im zweiten Schritt werden die Knoten der nächsthöheren Ebene betrachtet, was in diesem Falle bereits der Wurzelknoten ist. Da die Summe der optimalen Kosten der Knoten (1,0) und (1,1) kleiner ist als die Kosten des Wurzelknotens, wird der Baum nicht weiter beschnitten. Das Ergebnis ist in Abbildung 2.25c dargestellt. Die optimalen Kosten entsprechen

$$O_{0,0} = O_{1,0} + O_{1,1} = 6 \quad .$$

Damit bilden die Knoten $(1,0)$, (2,2) und (2,3) die beste Basis.

Zum Abschluss dieses Abschnitts soll das einführende Beispiel 2.6 nochmals aufgegriffen werden, um daran den Vorteil der Wavelet Packets zu demonstrieren.

Beispiel 2.9 (Analyse einer Sinusschwingung mittels Wavelet Packets)
Es werde wie in Beispiel 2.6 eine Sinussschwingung

$$x(t) = \sin\left(2\pi f_0 t\right)$$

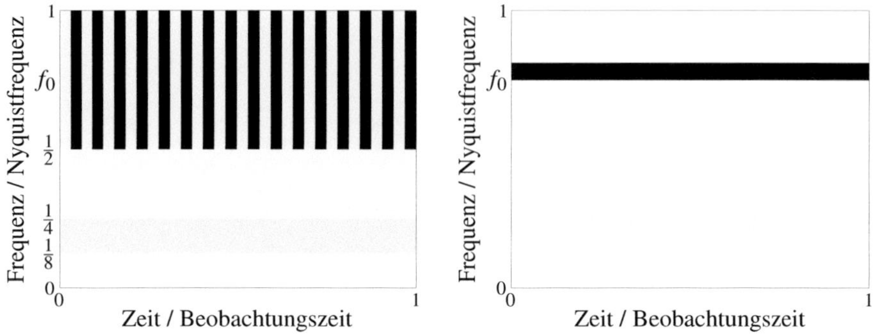

(a) DWT-Darstellung **(b)** WP-Darstellung

Abbildung 2.26: Koeffizienten-Energieverteilung in der Zeit-Frequenz-Ebene für eine Sinus-Schwingung

mit konstanter Frequenz f_0 abgetastet. Die Eigenfrequenz der Sinusschwingung sei dabei wie zuvor $f_0 = \frac{3}{8} f_A$. Die Analyse mittels der diskreten Wavelet-Transformation (DWT) lieferte keine befriedigende Darstellung. Die Energieverteilung der Koeffizienten in der Zeit-Frequenz-Ebene ist nochmals in Abbildung 2.26a gezeigt. Die zugehörigen Koeffizienten sind in Abbildung 2.27a zu sehen. Die Analyse mittels einer vierstufigen WP-Filterbank und die Darstellung in der besten Basis ergibt dagegen die Energieverteilung und die Koeffizienten in den Abbildungen 2.26b bzw. 2.27b. Man erkennt, dass die Sinus-Schwingung so fein wie möglich aufgelöst wurde. Die Energieanteile bei etwa $f_N/4$ rühren von den nicht-idealen Filtern her. Man erkennt des Weiteren, dass es nur noch wenige große Koeffizienten gibt.

Bei der DWT-Darstellung werden 32 Koeffizienten benötigt, um 95% der Signalenergie zu erfassen. In der WP-Darstellung sind lediglich sechs Koeffizienten dafür notwendig. Sie eignet sich daher besser für die Kompression wie auch für die Filterung, wie im folgenden Abschnitt gezeigt wird.

2.6 Zeit-Frequenz-Filterung

Nachdem in den vergangenen Abschnitten ausführlich auf die Signaldarstellung mittels der STFT, der Wavelet-Transformation und Wavelet Packets eingegangen wurde, sollen diese nun zur Filterung verrauschter Signale angewandt werden. Zunächst wird verdeutlicht, welche Vorteile sich bei der Filterung basierend auf Zeit-Frequenz-Darstellungen gegenüber der Filterung im Frequenzbereich ergeben. An-

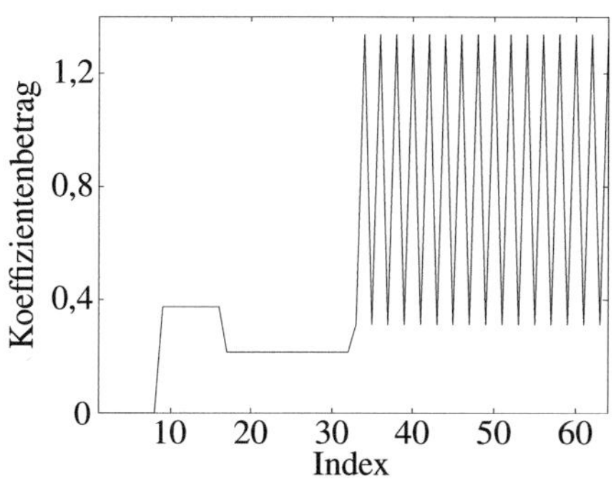

(a) Wavelet-Koeffizienten

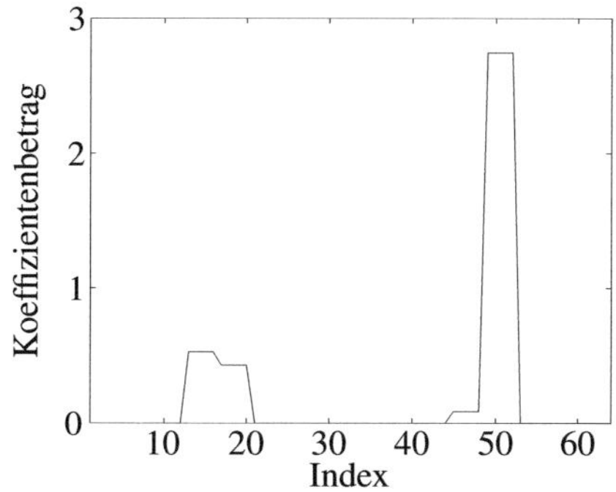

(b) Wavelet-Packet-Koeffizienten

Abbildung 2.27: Betrag der Koeffizienten bei Analyse des Sinus-Signals

schließend werden die beiden verbreitetsten Verfahren vorgestellt: die Spektrale Subtraktion mittels der STFT und Wavelet-Schwellwertfilterung mit Wavelets und Wavelet Packets.

2.6.1 Vorteile der Zeit-Frequenz-Darstellung für die Filterung

In dieser Arbeit wird davon ausgegangen, dass ein gemessenes Signal $y(t)$ die Summe aus dem Nutzsignal $x(t)$ und einer additiven Störung $d(t)$ ist:

$$y(t) = x(t) + d(t) \quad .$$

Die Aufgabe der Filterung ist es nun, das Nutzsignal von der Störung wieder zu trennen. Klassisch werden dazu frequenzselektiven Filter eingesetzt, deren Frequenzgang so entworfen wurde, dass sie die Spektren von Nutzsignal und Störung voneinander trennen [KJ08, KK02]. Dies ist allerdings nur dann effektiv möglich, wenn sich Störung und Nutzsignal spektral nicht wesentlich überlappen. Dies ist beispielhaft in Abbildung 2.28 dargestellt. In diesem Fall ergibt sich durch Zeit-Frequenz-Filterung kein Vorteil. Jedoch überlappen sich Nutzsignal und Störung spektral in vielen praktischen Anwendungen. Die zusätzliche Berücksichtigung der Zeit kann dann eine bessere Trennung ermöglichen. Dies ist für ein Beispiel in Abbildung 2.29 dargestellt. Das Nutzsignal und die Störung überlappen sich vollständig, wenn lediglich der Frequenz- oder der Zeitbereich betrachtet wird. Damit wäre eine effektive Filterung nicht möglich. Eine Berücksichtung von Zeit und Frequenz gleichzeitig erlaubt aber eine Trennung in der Zeit-Frequenz-Ebene, da in diesem Fall die Energie der Störung scharf lokalisiert ist. Ein Teil der Nutzsignalenergie wird zwar bei der Entfernung der Störung beeinflusst, der größte Anteil braucht

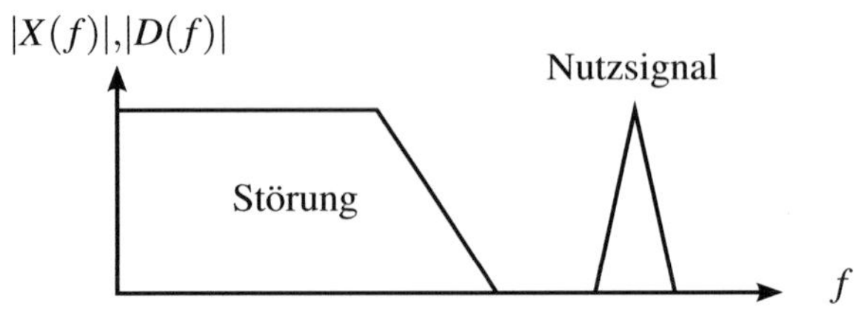

Abbildung 2.28: Geeignete Spektren zur Filterung im Frequenzbereich

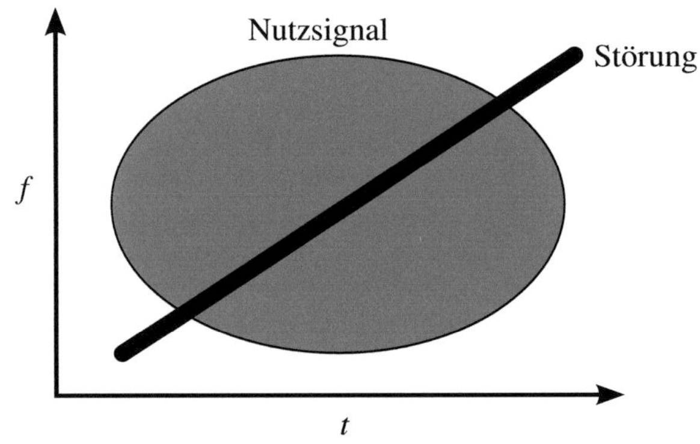

Abbildung 2.29: Energieverteilung in der Zeit-Frequenz-Ebene; Trennung allein im Frequenzbereich ist nicht möglich, dafür aber unter Berücksichtigung von Frequenz und Zeit.

allerdings nicht verändert zu werden. Damit ergibt sich eine sehr viel bessere Filterung als im Frequenz- oder Zeitbereich.

Der zweite Vorteil der Zeit-Frequenz-Darstellungen ist die explizite Berücksichtigung der Zeit, womit eine Filterung nichtstationärer Störungen möglich wird. Nichtstationäre Störungen sind Störsignale, deren statistische Eigenschaften (bzw. der "Kurzzeit-Frequenzgehalt") sich im Laufe der Zeit ändert. Findet diese Veränderung sehr langsam statt, so können auch adaptive Filter zum Einsatz kommen [TCRJL87, Bel87]. Diese verwenden zur eigentlichen Filterung normalerweise digitale FIR-Filter, deren Impulsantworten basierend auf einem Gütemaß adaptiert werden. Dafür wird allerdings meistens ein Referenzsignal benötigt, das in der Realität nicht immer verfügbar ist. Ein weiterer Nachteil der adaptiven Filter gegenüber Zeit-Frequenz-Darstellungen besteht darin, dass die Adaption vergleichsweise langsam stattfindet, da die Nichtstationarität der Störung nicht explizit berücksichtigt wird.

Zusammenfassend ist der Einsatz von Zeit-Frequenz-Darstellungen zur Filterung unter folgenden Bedingungen sinnvoll:

- Nutzsignal und Störung überlappen sich zeitlich und spektral.
- Durch die Wahl einer geeigneten Darstellung ist das Nutzsignal, die Störung oder beide Anteile in der Zeit-Frequenz-Ebene lokalisierbar und überlappen sich dort nur noch geringfügig.
- Es handelt sich um eine schnell veränderliche, nichtstationäre Störung.

Für eine möglichst effektive Entfernung der Störung bei gleichzeitig möglichst geringer Beeinflussung des Nutzsignals muss die Energieverteilung der Störung in der Zeit-Frequenz-Ebene geschätzt werden.

2.6.2 Spektrale Subtraktion mittels der STFT

In Abschnitt 2.2 wurde die Kurzzeit-Fourier-Transformation (STFT) vorgestellt. Das bekannteste Verfahren zur Filterung mit Kurzzeit-Spektren heißt Spektrale Subtraktion (Spectral Subtraction) und wird bereits seit Jahrzehnten angewandt [Bol79]. Wie der Name schon andeutet, wird die Störung vom gemessenen, gestörten Signal im STFT-Bereich subtrahiert. Dazu wird angenommen, dass eine Schätzung des Betrags der STFT-Koeffizienten der Störung

$$D(m,k) = \mathrm{E}\left\{|F_d^\gamma(m,k)|\right\}$$

bekannt ist. In der Sprachsignalfilterung kann beispielsweise das Störspektrum in Sprechpausen geschätzt und dann während der Dauer des nächsten Sprachsegments als stationär angenommen werden. Die Filterung erfolgt dann durch

$$F_{\hat{x}}^\gamma(m,k) = \begin{cases} \left(|F_y^\gamma(m,k)| - D(m,k)\right) \mathrm{e}^{j\angle F_y^\gamma(m,k)}, & |F_y^\gamma(m,k)| > D(m,k) \\ 0, & \text{sonst} \end{cases} .$$

Die gestörte Phase wird also nicht verändert, sondern lediglich der Betrag. Des Weiteren soll der Betrag der gefilterten STFT natürlich nicht negativ werden. Dies ist in Abbildung 2.30a beispielhaft für ein Sprachsignal bei einer bestimmten Zeitverschiebung $\tilde{m}$ gezeigt. Das geschätzte Rauschspektrum ist gestrichelt und das verrauschte Spektrum in grau gezeichnet. Man erkennt anhand des gefilterten Spektrums in Abbildung 2.30b ein typisches Problem dieses Verfahrens. Aufgrund der stochastischen Natur der Störung liegen einzelne Spektralwerte über dem entsprechenden Schätzwert $D(\tilde{m},k)$. Das gefilterte Signal weist daher Störanteile bei isolierten Frequenzen auf, die nicht mehr rauschähnlich, sondern tonhaft sind. Man spricht daher in der Sprachfilterung von sogenanntem *Musical Noise*, das sich trotz

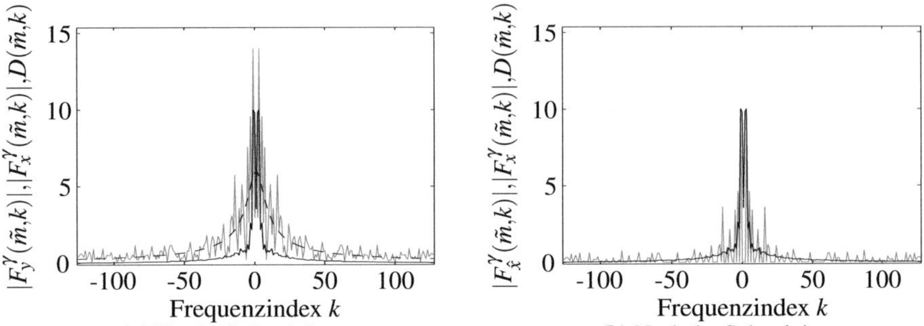

(a) Vor der Subtraktion

(b) Nach der Subtraktion

Abbildung 2.30: Spektrale Subtraktion: Kurzzeit-Skektren zu einem festen Zeitpunkt $\tilde{m}$; hell: verrauschtes Spektrum, dunkel: Spektrum des Nutzsignals, gestrichelt: geschätztes Rauschspektrum

relativ geringer Leistung für den Menschen unangenehm anhört. Es besteht die Möglichkeit, nicht die Schätzung $D(m,k)$, sondern ein Vielfaches davon zu subtrahieren. Dies führt im Gegenzug allerdings zu mehr Verzerrungen des Nutzsignals.

2.6.3 Wavelet-Schwellwertfilterung

Ähnlich wie beim Verfahren der Spektralen Subtraktion im STFT-Bereich, so wird bei der Wavelet-Schwellwertfilterung (auch Wavelet Thresholding genannt) die Störenergie basierend auf einer Schätzung unterdrückt. Dazu stehen verschiedene Schwellwertfunktionen zur Auswahl. Dabei wird zunächst von weißem, normalverteiltem Rauschen als Störung ausgegangen. Es ist in Anhang B.4 gezeigt, dass additives weißes, normalverteiltes Rauschen mit Varianz σ^2 auf einem Signal zu wiederum weißem, normalverteiltem Rauschen mit Varianz σ^2 in jeder orthonormalen Basiszerlegung führt. Die Störenergie, die jeder Wavelet-Koeffizient enthält, ist also in diesem Fall im Mittel konstant gleich σ^2. Dies ist anschaulich, da das Spektrum von weißem Rauschen konstant ist und sich aufgrund der Stationarität über der Zeit nicht verändert. Die beste Basis der Wavelet Packets aus Abschnitt 2.5.3 eignet sich daher gut zur Filterung, da dann die Nutzsignalenergie in wenigen Koeffizienten konzentriert wird und diese wahrscheinlicher über dem Energieniveau der Störung liegen.

Dies ist anschaulich in Abbildung 2.31 gezeigt. Die beiden Abbildungen in der ersten Zeile zeigen ein Sprachsignal im Zeitbereich bzw. die Koeffizienten der zugehörigen besten Basis. In Abbildung 2.31c wird ein weißes, Gaußsches Rauschen dem Sprachsignal überlagert. Man erkennt anhand der Koeffizienten mit hohem

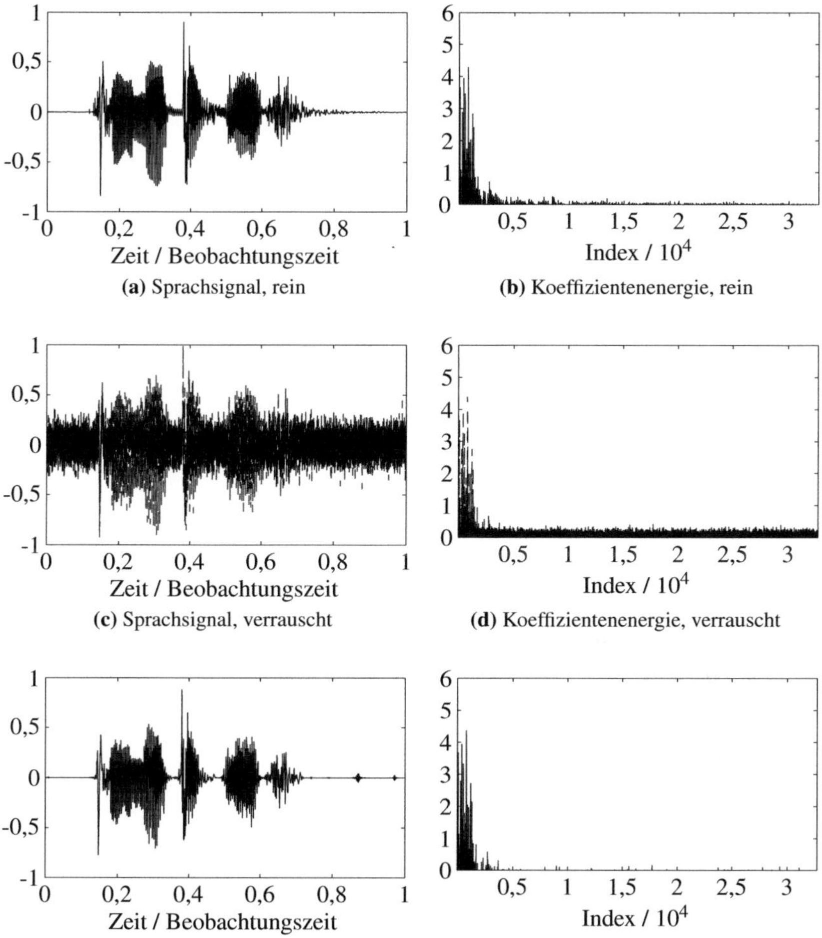

(a) Sprachsignal, rein (b) Koeffizientenenergie, rein

(c) Sprachsignal, verrauscht (d) Koeffizientenenergie, verrauscht

(e) Sprachsignal, gefiltert (f) Koeffizientenenergie, gefiltert

Abbildung 2.31: Wavelet-Schwellwertfilterung am Beispiel eines Sprachsignals und additivem weißem, Gaußschem Rauschen

Index in Abbildung 2.31d, für die das Sprachsignal nur geringe Signalanteile aufweist, dass die Störenergie in den Koeffizienten der besten Basis im Mittel wie behauptet konstant ist. Werden alle Koeffizienten unter einer gewissen Schwelle (ca. 0,3) unterdrückt, kann damit die Störung fast vollständig entfernt werden. Das Ergebnis zeigt Abbildung 2.31f und die Rücktransformation in den Zeitbereich liefert Abbildung 2.31e. Das ursprüngliche Sprachsignal wurde sehr gut rekonstruiert.

Es werden nun verschiedene Funktionen vorgestellt, mit denen die Störenergie in den Koeffizienten der besten Basis unterdrückt werden kann.

Hard Thresholding

Nach der Zerlegung in die beste Basis sind alle Koeffizienten mit $|c_{k,b}(n)| < \sigma$ mit hoher Wahrscheinlichkeit der Störung zuzurechnen. Daher wird ein Schwellwert T in Abhängigkeit von σ gewählt. Üblich ist $\sigma \leq T \leq 3\sigma$. Alle Koeffizienten mit Beträgen unterhalb des Schwellwertes werden als reine Störung interpretiert und vollständig unterdrückt. Alle Koeffizienten mit Beträgen oberhalb des Schwellwertes werden dagegen dem Nutzsignal zugeordnet und nicht verändert. Dies lässt sich mathematisch durch

$$\rho_T(x) = \begin{cases} 0, & |x| \leq T \\ x, & |x| > T \end{cases}$$

ausdrücken, siehe Abbildung 2.32a. Die Mathematiker Donoho und Johnstone analysierten formal den mittleren quadratischen Fehler dieser Filtermethode und zeigten ihre Effektivität verglichen mit einer theoretischen optimalen Dämpfungsfunktion [DJ94]. In der Praxis entsteht allerdings durch Hard Thresholding besonders viel Musical Noise, da jeder Koeffizient, der den Schwellwert überschreitet, nicht verändert wird. Enthält ein solcher Koeffizient allerdings häuptsächlich Störenergie, so wird diese nicht gefiltert und macht sich stark bemerkbar.

Soft Thresholding

Als Fortführung des Hard Thresholding werden beim Soft Thresholding ebenfalls alle Koeffizienten unterhalb des Schwellwerts unterdrückt. Jedoch werden zusätzlich alle anderen Koeffizienten um den Schwellwert vermindert:

$$\rho_T(x) = \begin{cases} 0, & |x| \leq T \\ \operatorname{sign}(x)\,(|x| - T), & |x| > T \end{cases} \quad .$$

Dies ist in Abbildung 2.32b dargestellt. Soft Thresholding entspricht der Spektralen Subtraktion bei der STFT. Eine mathematische Analyse ist in [Don95] zu finden.

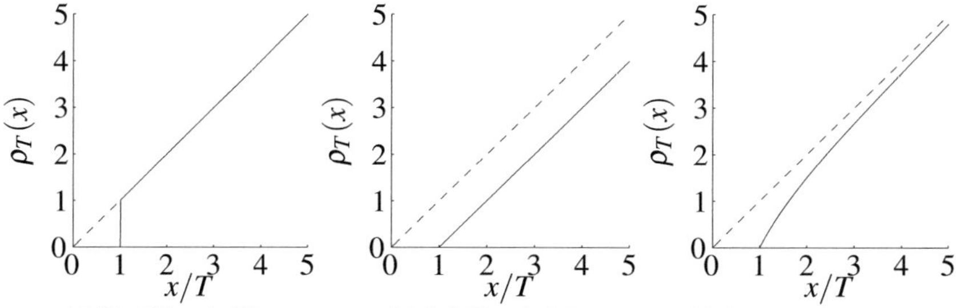

(a) Hard Thresholding **(b)** Soft Thresholding **(c)** Garrotte Thresholding

Abbildung 2.32: Vergleich der Dämpfungsfunktionen

Das Musical Noise wird im Vergleich zu Hard Thresholding zwar gemildert, jedoch wird auch von großen Koeffizienten der Schwellwert subtrahiert. Dies muss nicht immer eine Verbesserung des Signals bedeuten. Betrachtet man einen Koeffizienten, dessen Nutzsignalanteil dem Betrage nach groß ist, so kann der Störanteil diesen Betrag vergrößern oder vermindern. Eine generelle Subtraktion des Schwellwerts ist also nicht sinnvoll, sondern würde in manchen Fällen sogar eine Verschlechterung durch die Filterung bedeuten.

Garrotte Thresholding

Basierend auf den vorangegangenen Überlegungen zum Soft Thresholding wird nun eine Dämpfungsfunktion vorgestellt, die einen Kompromiss zwischen Hard und Soft Thresholding bietet. Zum einen sollen sämtliche Koeffizienten unterhalb des Schwellwertes unterdrückt werden. Des Weiteren soll die Funktion an der Stelle des Schwellwertes stetig sein, um kein zu deutliches Musical Noise zu erzeugen. Schließlich soll die Funktion Koeffizienten immer weniger dämpfen, je weiter sie über dem Schwellwert liegen. Diese drei Eigenschaften erfüllt die sogenannte (nicht-negative) Garrotte-Funktion [AMD04]:

$$\rho_T(x) = \begin{cases} 0, & |x| \leq T \\ x - \frac{T^2}{x}, & |x| > T \end{cases} . \tag{2.26}$$

Abbildung 2.32c zeigt den graphischen Verlauf der Funktion. Sie eignet sich insbesondere auch zur Filterung von Sprachsignalen, da bei großen Koeffizientenenergien der Maskierungseffekt des menschlichen Gehörs Fehler teilweise verdeckt, siehe Abschnitt 4.6.

Farbiges und nichtstationäres Rauschen

Die vorgestellten Dämpfungsfunktionen eigenen sich prinzipiell auch zur Filterung von farbigem und nichtstationärem Rauschen. Für farbiges Rauschen muss lediglich ein separater Schwellwert für jedes Frequenzband gewählt werden, siehe [JS97]. Da sich bei nichstationären Störungen die Statistik des Rauschens mit der Zeit verändert, muss in diesem Fall der Schwellwert nicht nur frequenzabhänging, sondern auch zeitabhängig sein. Da der Schwellwert aber von der Verteilung der Störenergie abhängt, muss diese für nichtstationäre Störungen zeit- und frequenzabhängig geschätzt werden. Verschiedene Verfahren für diesen Zweck zur Anwendung auf Sprachsignale werden in den Abschnitten 4.3 bis 4.5 vorgestellt.

3 Erweiterte Wavelet-Packet-Darstellung

Im vorangegangenen Kapitel wurde in die Analyse und Filterung mittels Zeit-Frequenz-Darstellungen eingeführt. Für beide Zwecke erwies sich eine scharfe Darstellung des Signals in der Zeit-Frequenz-Ebene als wünschenswert. Aufgrund ihrer Anpassungsfähigkeit an unbekannte Signalcharakteristiken eignen sich daher Wavelet Packets besonders gut für diese Anwendungen. Im folgenden Kapitel wird die Wavelet-Packet-Darstellung erweitert, um einige ihrer Schwächen zu beheben und damit die spätere Analyse und Filterung zu verbessern. Zuerst werden dazu in Abschnitt 3.1 die reellen Wavelet Packets auf analytische Wavelet Packets erweitert. Damit werden zwei typische Nachteile bei Verwendung reeller Basisfunktionen behoben, nämlich die Verschiebungsvarianz und Oszillationen der Koeffizientenverläufe. In Abschnitt 3.2 wird anschließend auf das Problem der optimalen Basiswahl unter Störeinfluss eingegangen, da das reine Nutzsignal im Normalfall nicht für die Basiswahl zur Verfügung steht. Dazu wird ein Schätzer für den mittleren quadratischen Fehler nach der Filterung entworfen, der die Entropie als Gütemaß der Basiswahl ersetzt. Schließlich wird in Abschnitt 3.3 untersucht, wie ohne Wahl einer orthonormalen Basis, sondern unter Berücksichtigung des gesamten Wavelet-Packet-Frames eine Filterung durchgeführt werden kann.

3.1 Analytische DWT und Wavelet Packets

Alle herkömmlichen Filter für die DWT oder Wavelet Packets, wie Daubechies-Filter, Symmlets, Coiflets etc., besitzen reelle Impulsantworten. Dies hat den Vorteil, dass keine komplexe Arithmetik implementiert werden muss. Im Gegensatz zu Transformationen mit analytischen Basisfunktionen, wie der DFT und der STFT, ergeben sich dadurch allerdings einige Nachteile. Diese werden in Abschnitt 3.1.1 näher beschrieben. Anschließend bietet Abschnitt 3.1.2 einen Lösungsansatz mit Hilfe analytischer Basisfunktionen. Daraufhin wird in Abschnitt 3.1.3 die von Kingsbury entwickelte Dual-Tree Complex Wavelet Transform (DTCWT) vorgestellt. Diese berechnet in zwei unabhängigen Filterbänken ("Dual Trees") Real- und Imaginärteil einer komplexen Wavelet-Transformation mit analytischen Wavelets [Kin98, Kin00, SBK05]. Die Prinzipien der DTCWT werden anschließend in Abschnitt 3.1.4 verallgemeinert und erweitert, um Analytische Wavelet Packets (AWP) zu konstruieren. Deren bessere Eignung zur Filterung zeigt die Untersuchung der stochastischen Eigenschaften in Abschnitt 3.1.5. Abschließend verdeutlichen mehrere Simulationen die erreichten Verbesserungen gegenüber reellen Wavelet Packets.

3.1.1 Probleme reeller Basisfunktionen

In [SBK05] wurden vier Probleme reeller Wavelets (allgemeiner: reeller Basisfunktionen) aufgeführt, von denen zwei in dieser Arbeit näher betrachtet werden, da sie für die Filterung besonders relevant sind.

Verschiebungsvarianz

In Abschnitt 2.4.5 wurde bereits erläutert, dass die DWT im Gegensatz zur kontinuierlichen Wavelet-Transformation im Allgemeinen nicht verschiebungsinvariant ist. Grund dafür sind die Downsampling- bzw. Upsampling-Operatoren der Filterbänke. Eine zeitliche Verschiebung des Eingangssignals resultiert dadurch nicht in einer zeitlichen Verschiebung der Wavelet-(Packet)-Koeffizienten, sondern es findet auch eine Veränderung der Form der Koeffizientenverläufe statt. Dies wurde anschaulich in Beispiel 2.4 auf Seite 42 gezeigt.

Die Verschiebungsvarianz wirkt sich negativ auf Signalanalyse und Filterung aus. Sollen beispielsweise bestimmte Ereignisse aus den Koeffizientenverläufen detektiert werden, so darf deren Form nicht vom Auftrittszeitpunkt des Ereignisses abhängen. Für die nichtstationäre Filterung muss eine Schätzung der Energieverteilung der Störung in der Zeit-Frequenz-Ebene vorgenommen werden. Bei Verwendung einer verschiebungsvarianten Transformation führen dann aber bereits kleine zeitliche Abweichungen der Störung zu einer vergleichsweise ungenauen Störschätzung.

Oszillationen der Koeffizientenverläufe

Bei Wavelets muss es sich nach der Zulässigkeitsbedingung (2.13) um Bandpasssignale handeln. Dies gilt auch für die Basisfunktionen der Wavelet Packets $\varphi_{k,b,m}(t)$ für $b > 0$. Reellwertige Bandpasssignale führen allerdings Oszillationen aus. Dies ist beispielhaft in Abbildung 3.1 anhand des Daubechies-8-Wavelets gezeigt. Die Projektion eines Signals auf oszillierende Basisfunktionen erzeugt allerdings wellige bzw. „oszillierende“ Koeffizientenverläufe. Würde beispielsweise ein Signal mit Unstetigkeit mittels der DWT analysiert, so würden die Wavelet-Koeffizienten $d_1(m)$ in der Umgebung der Unstetigkeitsstelle oszillieren. Dies ist ungünstig für die Aufgabe der Signalanalyse, da die Koeffizienten normalerweise als Energiegehalt des Signals in einem bestimmten Bereich der Zeit-Frequenz-Ebene interpretiert werden. In diesem Fall sollte der Betrag der Koeffizienten allerdings monoton abfallen, je weiter man sich von der Unstetigkeitsstelle entfernt. Durch die Oszillatio-

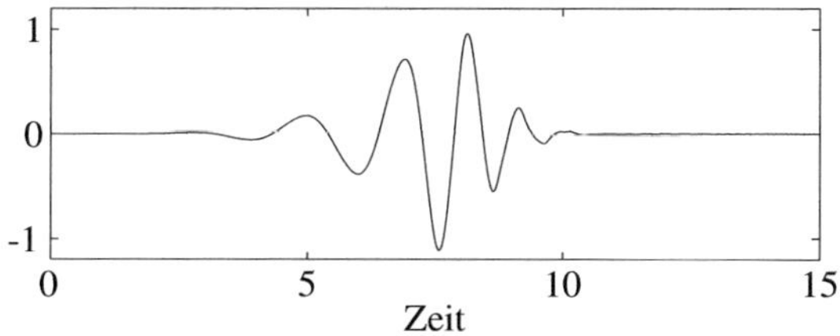

Abbildung 3.1: Daubechies-8-Wavelet

nen dagegen können die Koeffizientenbeträge auch nahe an der Unstetigkeitsstelle sehr klein werden.

Beispiel 3.1 (Schwingungsanalyse mittels reeller Basisfunktionen)
Es werde ein Signal bestehend aus zwei Sinusschwingungen gleicher Frequenz aber unterschiedlicher Amplitude analysiert:

$$x(t) = \sin(2\pi f_0 t)\, \mathrm{r}_{0{,}2\,\mathrm{s}}(t - 0{,}15\,\mathrm{s}) + \frac{1}{2}\sin(2\pi f_0 t)\, \mathrm{r}_{0{,}2\,\mathrm{s}}(t - 0{,}4\,\mathrm{s}) \quad .$$

Es ist in Abbildung 3.2a dargestellt. Das Signal werde mittels einer fünfstufigen Wavelet-Packet-Filterbank analysiert. Die Beträge der Koeffizienten $c_{5,4}(m)$, die mit einem Frequenzbereich korrespondieren, in dem die Frequenz f_0 liegt, sind in Abbildung 3.2b aufgetragen. Interpretiert man die Koeffizienten als Energie des Signals in einem bestimmten Bereich der Zeit-Frequenz-Ebene, so müssten die Koeffizientenbeträge für $m < 9$ und $m > 9$ jeweils näherungsweise konstant und durch eine kurze Pause getrennt sein. Des Weiteren müssten die Koeffizientenbeträge des ersten Zeitabschnitts doppelt so groß sein wie die Koeffizientenbeträge des zweiten Abschnitts, da auch die Amplituden der Sinusschwingungen sich um den Faktor zwei unterscheiden. Abbildung 3.2b zeigt allerdings ein völlig anderes Verhalten. Die Koeffizientenbeträge sind weder in der linken ($m < 9$), noch in der rechten Hälfte ($m > 9$) konstant. Darüber hinaus gibt es Koeffizienten nahe null bei $m = 4$ und $m = 14$, obwohl diese genau im Trägerintervall der jeweiligen Sinusschwingung liegen. Die Pause zwischen beiden Schwingungen ist damit als solche nicht mehr aus den Koeffizientenverläufen detektierbar.

3.1.2 Analytische Basisfunktionen

Es muss nun eine Signaldarstellung gewählt werden, die beide erläuterten Probleme behebt. In Abschnitt 2.4.5 wurde die *Undecimated Wavelet Transform* (UWT) vorgestellt. Durch den Verzicht auf Downsampling-Operatoren kann dabei eine verschiebungsinvariante Darstellung erreicht werden. Es ist zwar möglich, dieses Prin-

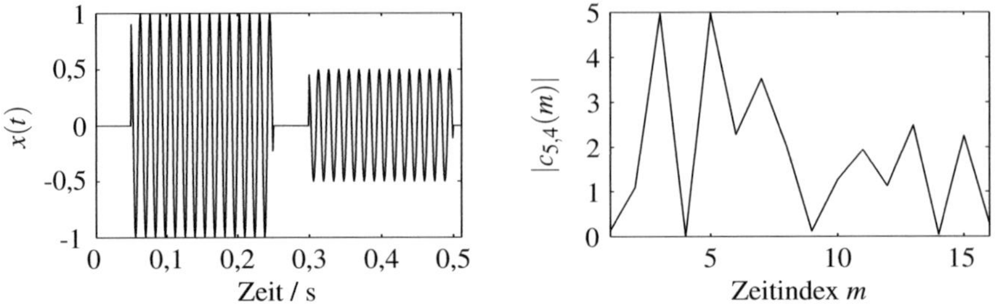

(a) Signal $x(t)$ im Zeitbereich

(b) Koeffizientenverlauf $|c_{5,4}(m)|$

Abbildung 3.2: Signalanalyse mit reellen Basisfunktionen

zip auf Wavelet Packets zu übertragen (Undecimated Wavelet Packets, UWP), jedoch führt dies zu einer hohen Rechenkomplexität von $O(N^2)$, wie in Anhang B.3.3 gezeigt ist. Des Weiteren wird durch die UWT das Problem der oszillierenden Koeffizientenverläufe nicht gelöst.

Es wurde bereits erwähnt, dass die beschriebenen Probleme mittels analytischer Basisfunktionen gelöst werden können. Dies kann mittels der Fourier-Transformation anschaulich gemacht werden. Zuerst wird das Problem der oszillierenden Koeffizientenverläufe betrachtet. Die Integralkerne der Fourier-Transformation sind komplexe harmonische Schwingungen:

$$\varphi_{f_0}(t) = \exp(j2\pi f_0 t) \quad \circ\!\!-\!\!\bullet \quad \Phi_{f_0}(f) = \delta(f - f_0) \quad .$$

Die Kerne sind also für $f_0 \neq 0$ analytisch bzw. anti-analytisch, da sie lediglich einen Spektralanteil für positive bzw. negative Frequenzen besitzen. Der Betrag von $\varphi_{f_0}(t)$ ist nicht nur glatt (oszillationsfrei), sondern sogar konstant. Allerdings sind Real- bzw. Imaginärteil der Kernfunktionen wieder reelle Schwingungen. Umgekehrt kann aus einem reellen Wavelet (bzw. einer Wavelet-Packet-Basisfunktion) das zugehörige analytische Signal berechnet werden. Dessen Betrag weist einen glatten Verlauf auf und entspricht der komplexen Einhüllenden des reellen Wavelets.

Das Problem der Verschiebungsvarianz kann durch Verwendung analytischer Basisfunktionen nicht vollständig gelöst werden. Dazu müsste jeder Signalunterraum der Wavelet Packets die gleiche zeitliche Auflösung besitzen, was aber gerade den rechenaufwändigen Undecimated Wavelet Packets entspricht. Dennoch mildern analytische Basisfunktionen die Verschiebungsvarianz erheblich, da aufgrund der glatteren Koeffizientenverläufe eine Verschiebung des Signals nur noch eine mäßige Änderung der Koeffizientenbeträge zur Folge hat. Dies lässt sich auch

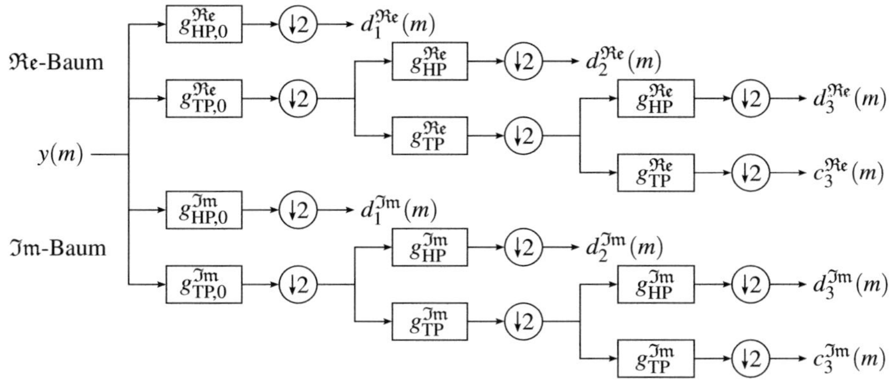

Abbildung 3.3: Multiraten-Filterbank der Dual-Tree Complex Wavelet Transform

so interpretieren, dass die Verschiebung des Signals sich auch auf die Phase der komplexwertigen Koeffizienten auswirkt und nur noch teilweise auf den Betrag.

3.1.3 Dual-Tree Complex Wavelet Transform (DTCWT)

Zur Vermeidung bzw. Milderung der Probleme aus Abschnitt 3.1.1 sollen nun analytische Wavelets

$$\psi_{m,k}^{\mathbb{C}}(t) = \psi_{m,k}^{\mathfrak{Re}}(t) + j\,\psi_{m,k}^{\mathfrak{Im}}(t)$$

für die DWT verwendet werden. Das Imaginärteil-Wavelet $\psi_{m,k}^{\mathfrak{Im}}(t)$ muss dazu die Hilbert-Transformierte des Realteil-Wavelets $\psi_{m,k}^{\mathfrak{Re}}(t)$ sein. Die Verwendung komplexwertiger Wavelets führt zu komplexwertigen Koeffizienten:

$$d_k^{\mathbb{C}}(m) = d_k^{\mathfrak{Re}}(m) + j\,d_k^{\mathfrak{Im}}(m) \quad . \tag{3.1}$$

Aufgrund der Linearität der obigen Gleichung (3.1) können die Koeffizienten des Realteils und des Imaginärteils unabhängig voneinander in zwei Filterbänken berechnet werden. Dieser Ansatz wurde ursprünglich von Kingsbury entwickelt und nennt sich *Dual-Tree Complex Wavelet Transform* [Kin98, SBK05]. Man spricht auch von zwei Filterbank-„Bäumen", aus denen sich der englische Name ableitet. Eine solche Filterbank ist in Abbildung 3.3 gezeigt. Damit die erhaltenen Koeffizienten zu analytischen Basisfunktionen gehören, müssen bestimmte Bedingungen für die Beziehung der Filter des Imaginär-Baums zu den Filtern des Real-Baums gelten [Sel01, SBK05]. Diese werden später in diesem Abschnitt behandelt. Des Weiteren unterscheiden sich die Filter der obersten Stufe von den übrigen Filtern und sind daher mit dem zusätzlichen Index 0 gekennzeichnet.

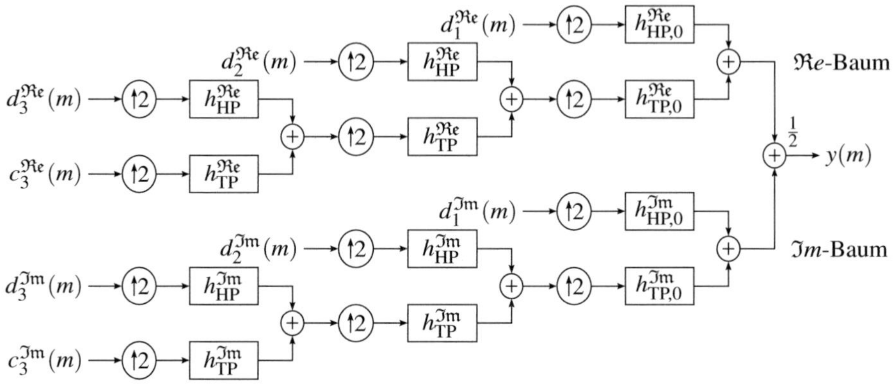

Abbildung 3.4: Multiraten-Filterbank der Inversen Dual-Tree Complex Wavelet Transform

Inverse Dual-Tree Complex Wavelet Transform (IDTCWT)

Bei der DTCWT nach Abbildung 3.3 handelt es sich im Prinzip um zwei einzelne Multiraten-Filterbänke, deren Berechnung unabhängig voneinander möglich ist. Das ursprüngliche Signal lässt sich damit aus den Realteil-Koeffizienten $d_k^{\mathfrak{Re}}(m)$ oder Imaginärteil-Koeffizienten $d_k^{\mathfrak{Im}}(m)$ allein durch Verwendung der entsprechenden inversen Filterbank rekonstruieren. Man erhält also aus beiden Anteilen je eine Rekonstruktion, die anschließend gemittelt werden können. Dies ist in Abbildung 3.4 dargestellt.

Da bei der Hintransformation mit orthonormalen Multiraten-Filterbänken Real- und Imaginärbaum beide die Signalenergie erhalten, bewahren in diesem Fall die komplexen Koeffizienten nicht die Signalenergie, sondern diese wächst um den Faktor zwei an. Dies wird durch den Faktor $\frac{1}{2}$ der Mittelung am Ausgang der Synthesefilterbank kompensiert. Alternativ zur Mittelung kann der Faktor $\frac{1}{2}$ auch auf die Hin- und Rücktransformation aufgeteilt werden, indem die Filterkoeffizienten der Filter der obersten Stufe beider Bäume mit $\frac{1}{\sqrt{2}}$ multipliziert werden. Dadurch erhält die DTCWT insgesamt die Signalenergie. Diese Implementierung wird im Folgenden verwendet.

Eine andere Art der Inversen DTCWT wurde in [CDP06] vorgestellt. Dabei wird die Rücktransformierte nicht durch einfache Mittelung, sondern über eine Pseudo-Inverse berechnet, um die Berechnung robuster gegen Rechenungenauigkeiten zu machen. Diese Methode wurde in dieser Arbeit jedoch nicht verwendet, da keine derartigen Probleme auftraten.

Filterbankbedingungen für analytische Wavelets

Es wird nun betrachtet, welche Bedingungen für die Filter gelten müssen, damit die zugehörigen Wavelet-Funktionen analytisch sind. Dies entspricht der Forderung, dass das Imaginärteil-Wavelet die Hilbert-Transformierte des Realteil-Wavelets ist:

$$\psi_{m,k}^{\mathfrak{Im}}(t) = \mathcal{H}\left\{\psi_{m,k}^{\mathfrak{Re}}(t)\right\} \tag{3.2}$$

Dies bedeutet für die Filterbank, dass die Impulsantwort eines Filterbankpfades im Realbaum (z.B. von $y(m)$ nach $d_3^{\mathfrak{Re}}(m)$ in Abbildung 3.3) Hilbert-transformiert zum korrespondierenden Pfad im Imaginärbaum sein muss. Selesnick bewies in [Sel01], dass Gleichung (3.2) genau dann erfüllt ist, wenn die Synthese-Tiefpassfilter die sogenannte Half-Sample-Delay-Bedingung

$$h_{\text{TP}}^{\mathfrak{Im}}(n) = h_{\text{TP}}^{\mathfrak{Re}}(n-0{,}5) \tag{3.3}$$

einhalten. Dies gilt allerdings nur bei Verwendung unendlich vieler Tiefpassfilterstufen, da zum Beweis von (3.3) die Gleichung

$$\Phi^{\mathfrak{Re}}(\Omega) = \prod_{k=1}^{\infty}\left(\frac{1}{\sqrt{2}}H_{\text{TP}}^{\mathfrak{Re}}\left(\frac{\Omega}{2^k}\right)\right)$$

verwendet wurde, die die Skalierungsfunktion $\varphi(t)$ durch Verkettung unendlich vieler Tiefpassfilterstufen darstellt. Dabei ist Ω die auf die Abtastfrequenz f_A normierte Kreisfrequenz $2\pi f/f_A$. Bei Verwendung einer endlichen Anzahl an Filterstufen müssen die Filter der obersten Ebene die Bedingung

$$h_{\text{TP},0}^{\mathfrak{Im}}(n) = h_{\text{TP},0}^{\mathfrak{Re}}(n-1)$$

einhalten, wie später in diesem Abschnitt gezeigt wird. Dies ist eine einfache Verschiebung um einen Abtastwert. Daher eignen sich sämtliche der üblichen Filter, wie Daubechies oder Symmlets, für die obersten Stufen.

Die Half-Sample-Delay-Bedingung (3.3) ist dagegen im Zeitbereich schwierig zu interpretieren, da eine zeitdiskrete Impulsantwort nur um eine ganzzahlige Anzahl an Abtastwerten verschoben werden kann. Einfacher lässt sich diese Bedingung aber im Frequenzbereich interpretieren:

$$\begin{aligned}|H_{\text{TP}}^{\mathfrak{Im}}(\Omega)| &= |H_{\text{TP}}^{\mathfrak{Re}}(\Omega)| \quad ,\\ \angle H_{\text{TP}}^{\mathfrak{Im}}(\Omega) &= \angle H_{\text{TP}}^{\mathfrak{Re}}(\Omega) - 0{,}5\,\Omega \quad .\end{aligned}$$

Da bei der Herleitung der Bedingung (3.3) die Verwendung einer Hochpass- und einer unendlichen Anzahl an Tiefpassstufen angenommen wurde, sind allerdings die zu den Skalierungskoeffizienten $c_k(m)$ und zu den Waveletkoeffizienten $d_1(m)$ der ersten Stufe gehörenden Basisfunktionen nicht analytisch, da diese lediglich von Tiefpassstufen bzw. von einer Hochpassstufe verarbeitet werden. Damit lässt sich folgender Satz angeben:

Satz 3.1 (Dual-Tree Complex Wavelet Transform (DTCWT))
Mittels der Filterbank aus Abbildung 3.3 lassen sich Realteil $d_k^{\mathfrak{Re}}(m)$ und Imaginärteil $d_k^{\mathfrak{Im}}(m)$ der komplexen Koeffizienten

$$d_k^{\mathbb{C}}(m) = d_k^{\mathfrak{Re}}(m) + j\, d_k^{\mathfrak{Im}}(m)$$

berechnen. Die zugehörigen Wavelet-Funktionen sind analytisch, falls für die Filter der obersten Stufe

$$h_{TP,0}^{\mathfrak{Im}}(n) = h_{TP,0}^{\mathfrak{Re}}(n-1) \tag{3.4}$$

und für die Filter aller weiteren Stufen

$$|H_{TP}^{\mathfrak{Im}}(\Omega)| = |H_{TP}^{\mathfrak{Re}}(\Omega)| \tag{3.5}$$

$$\angle H_{TP}^{\mathfrak{Im}}(\Omega) - \angle H_{TP}^{\mathfrak{Re}}(\Omega) = -0{,}5\,\Omega \tag{3.6}$$

gilt. Nicht analytisch sind die zu den Skalierungskoeffizienten $c_k(m)$ und zu den Waveletkoeffizienten $d_1(m)$ der ersten Stufe gehörenden Basisfunktionen.

Bemerkung 3.1 (FIR-Filter für die DTCWT)
Beim Einsatz von Multiraten-Filterbänken wie der DWT oder auch Wavelet Packets ist es üblich, FIR-Filter zur praktischeren Implementierung einzusetzen. Dies korrespondiert mit der Verwendung von Basisfunktionen, die auf ein endliches Zeitintervall begrenzt sind. Nimmt man an, dass die Filter des Realbaums FIR-Filter sind, so sind die zugehörigen Wavelets $\psi_{m,k}^{\mathfrak{Re}}(t)$ zeitbegrenzt. Dann folgt allerdings, dass die Imaginärteil-Wavelets $\psi_{m,k}^{\mathfrak{Im}}(t)$ nicht zeitbegrenzt sein können, da sich die Hilbert-Transformation (3.2) im Zeitbereich durch die Faltung des Realteil-Wavelets mit dem Quadraturfilter $g_Q(t)$

$$\psi_{m,k}^{\mathfrak{Im}}(t) = g_Q(t) * \psi_{m,k}^{\mathfrak{Re}}(t)$$

ergibt [KJ08] und $g_Q(t)$ selbst nicht zeitbeschränkt ist. Es können daher niemals die Filter des Real- und Imaginärbaums beide gleichzeitig FIR-Filter sein, falls die Basisfunktionen perfekt analytisch sein sollen. In der Praxis gibt man aber der begrenzten Impulsantwort den Vorzug vor perfekt analytischen Wavelets und entwirft daher FIR-Filter, die die Gleichungen (3.5) und (3.6) möglichst genau einhalten.

Von Kingsbury und Selesnick wurden verschiedene FIR-Filter entwickelt, die die Bedingungen (3.5) und (3.6) näherungsweise einhalten [Kin98, Kin00, SBK05]. Kürzlich wurden auch IIR-Filter vorgestellt, die perfekt analytische Basisfunktionen besitzen [CU08]. In dieser Arbeit werden die sogenannten Q-Shift-14-Filter verwendet, bei denen es sich um FIR-Filter mit näherungsweiser Symmetrie handelt. Die Filterkoeffizienten finden sich in Anhang C.

Veranschaulichung des Frequenzgangs der IDTCWT

Bevor in Abschnitt 3.1.4 auf Analytische Wavelet Packets übergegangen wird, soll zunächst veranschaulicht werden, wie analytische Basisfunktionen bei der IDTCWT entstehen. Wenn das Imaginärteil-Wavelet die Hilbert-Transformierte des Realteil-Wavelets ist, dann muss im Frequenzbereich

$$|\psi^{\mathfrak{Im}}(\Omega)| = |\psi^{\mathfrak{Re}}(\Omega)| \qquad \text{und}$$

$$\angle\psi^{\mathfrak{Im}}(\Omega) - \angle\psi^{\mathfrak{Re}}(\Omega) = \begin{cases} \frac{1}{2}\pi + 2\pi l, & \Omega < 0 \\ 0, & \Omega = 0 \\ -\frac{1}{2}\pi + 2\pi l, & \Omega > 0 \end{cases} \tag{3.7}$$

mit $l \in \mathbb{Z}$ gelten. Für die Filterbänke bedeutet dies, dass die Amplitudengänge der Filterbankpfade von $y(m)$ bis $d_k(m)$ in beiden Bäumen identisch sein müssen, während die Phasengänge bei $\Omega = 0$ einen Sprung von $\pi/2$ nach $-\pi/2$ aufweisen. Die in den folgenden Simulationen verwendeten Q-Shift-14-Filter halten die Bedingung des Amplitudengangs (3.5) exakt ein. In Abbildung 3.5 liegen daher die Linien der Amplitudengänge des Real- und Imaginärteilfilters direkt aufeinander. Die Phasenbedingung (3.6) wird jedoch lediglich approximiert. Für das Synthese-Tiefpassfilter wäre die ideale Phasendifferenz

$$\Delta\phi^{H}_{\mathrm{TP}}(\Omega) = \angle H^{\mathfrak{Im}}_{\mathrm{TP}}(\Omega) - \angle H^{\mathfrak{Re}}_{\mathrm{TP}}(\Omega) = -0{,}5\,\Omega \quad .$$

Die Impulsantwort des Hochpassfilters geht nach Gleichung (2.21) aus der Impulsantwort des Tiefpassfilters durch Modulation mit $(-1)^n$, Zeitumkehr und Verschiebung hervor. Die Zeitumkehr bewirkt eine Negierung der Phasendifferenz, die Modulation eine Frequenzverschiebung um π. Die Zeitverschiebung der Impulsantwort bleibt in der Phasendifferenz ohne Folgen, da sie sich auf das Realteil- und Imaginärteilfilter gleichermaßen auswirkt und sich in der Differenz aufhebt. Damit ist die ideale Phasendifferenz für das Synthese-Hochpassfilter

$$\Delta\phi^{H}_{\mathrm{HP}}(\Omega) = -\Delta\phi^{H}_{\mathrm{TP}}(\Omega - \pi) = 0{,}5\,(\Omega - \pi) \quad .$$

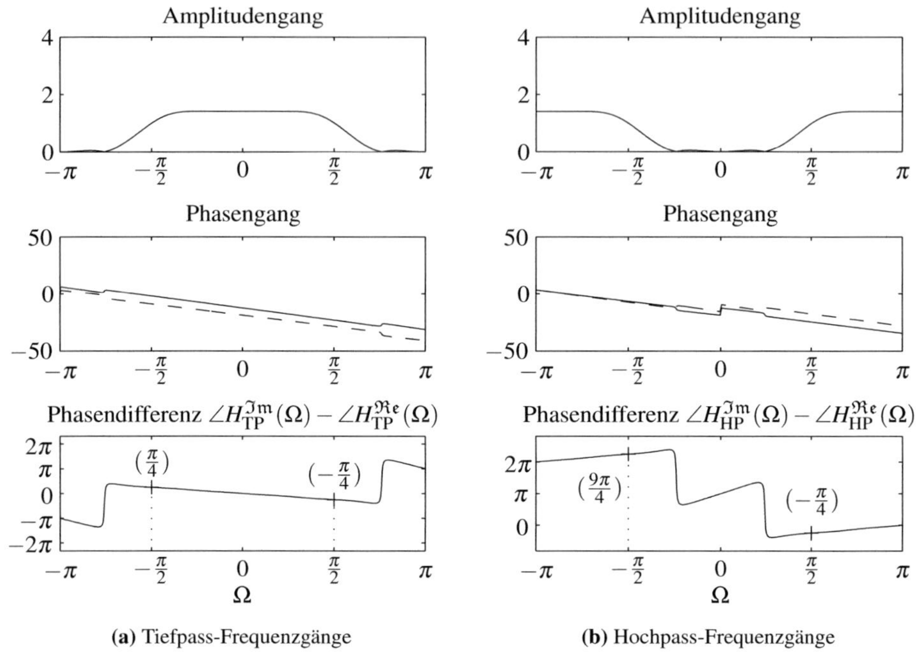

Abbildung 3.5: Frequenzgänge von Q-Shift-Filtern (Länge 14) der inversen DTCWT; gestrichelt: Baum $\mathfrak{Re}$, durchgehend: Baum $\mathfrak{Im}$

Obwohl die verwendeten Q-Shift-14-Filter die ideale Phasendifferenz nur annähern, wirkt sich dies bei den folgenden Simulationen nicht störend aus, da die Phasendifferenz im Durchlassbereich sehr gut approximiert wird, wie Abbildung 3.5 zeigt.

Zur Berechnung des Spektrums der Basisfunktionen wird nun folgendermaßen vorgegangen: Ein einzelner Wavelet-Koeffizient $d_3^{\mathfrak{Re}}(0)$ bzw. $d_3^{\mathfrak{Im}}(0)$ der dritten Stufe und Zeitverschiebung null wird in beiden Bäumen zu eins gesetzt, sämtliche anderen Koeffizienten zu null. Gemäß Gleichung (2.16) ergibt die Rücktransformation in den Zeitbereich dann gerade die zugehörige Wavelet-Funktion. Da in dieser Arbeit allerdings mit zeitdiskreten Signalen gearbeitet wird, entspricht die Ausgangs-Koeffizientenfolge $c_0(m)$ einer zeitdiskreten Wavelet-Funktion, die analytisch sein soll. Abbildung 3.6 zeigt nun Schritt für Schritt die Amplitude und Phasendifferenz der Koeffizientenfolge beim Durchlaufen der inversen Filterbank.

Wird ein einzelner Koeffizient der Skalierung $k' = 3$ und der Zeitverschiebung null in beiden Bäumen zu eins gesetzt, alle anderen zu null, so liefern alle Eingänge

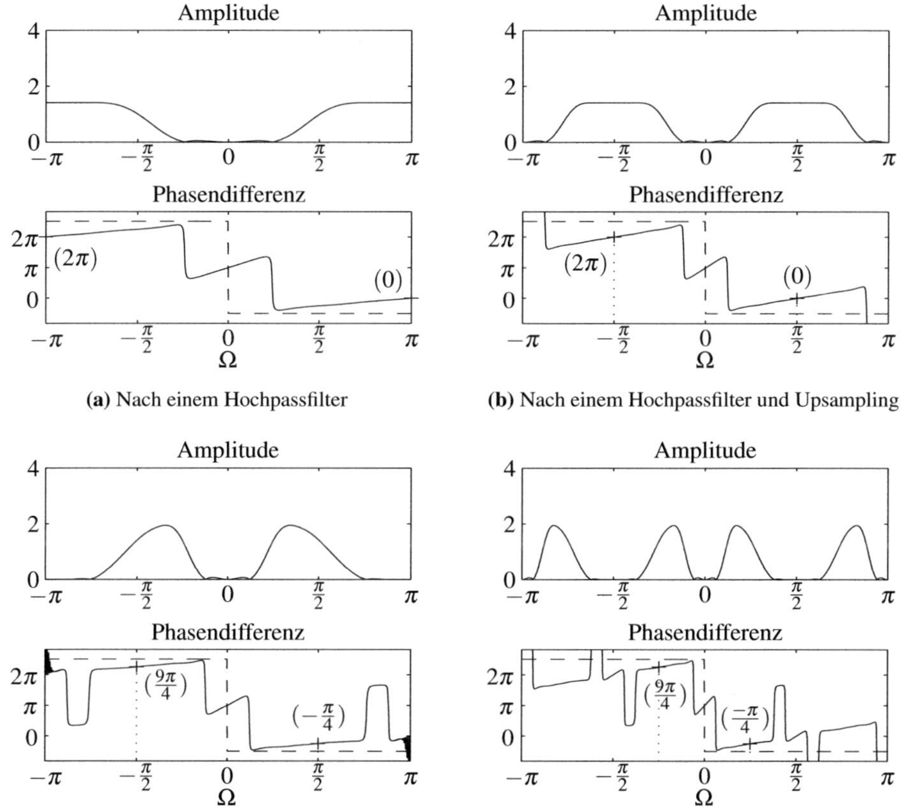

(a) Nach einem Hochpassfilter

(b) Nach einem Hochpassfilter und Upsampling

(c) Nach einem Hochpassfilter, Upsampling und einem Tiefpassfilter

(d) Nach einem Hochpassfilter, Upsampling, einem Tiefpassfilter und Upsampling

Abbildung 3.6: Frequenzgangsvergleich zwischen den Bäumen $\mathfrak{Im}$ und $\mathfrak{Re}$ bei der IDT-CWT nach verschiedenen Operationen; gestrichelt: Ziel-Phasendifferenz der Hilbert-Transformation, s. Gleichung (3.7), gepunktet: Mittenfrequenz des Durchlassbereichs der Filterbank bis zur entsprechenden Stufe.

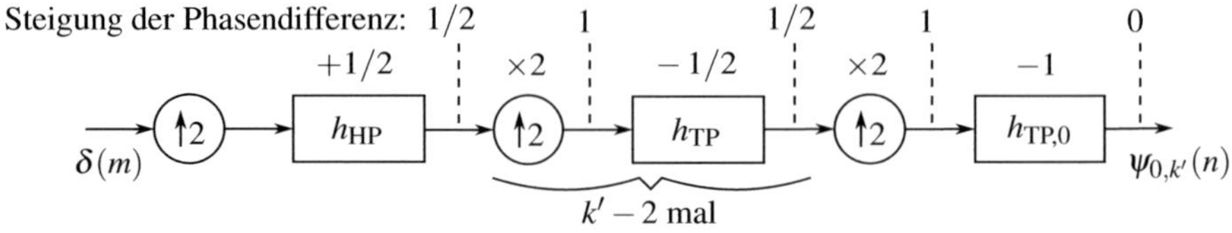

Abbildung 3.7: Steigung der Phasendifferenz innerhalb der Filterbank

der Filterbank mit $d_k(m), (k \neq k') \vee (k = k' \wedge m \neq 0)$ keine Beiträge zur Rekonstruktion und es muss lediglich ein einzelner Pfad in beiden Filterbänken betrachtet werden. Dieser relevante Pfad ist in Abbildung 3.7 gezeigt. Da sich die Pfade beider Bäume von der Struktur der Downsampler, Hochpass- und Tiefpassfilter gleichen, ist nur ein Pfad dargestellt. Im $\mathfrak{Re}$-Baum der Dual-Tree-Filterbank werden dabei die $\mathfrak{Re}$-Filter verwendet, im $\mathfrak{Im}$-Baum entsprechend die $\mathfrak{Im}$-Filter.

Das diskrete Eingangssignal des betrachteten Pfades ist ein diskreter Dirac-Impuls $\delta(m)$, da nur ein Wavelet-Koeffizient dieser Stufe ungleich null ist. Die erste Operation ist ein Upsampling, das den Dirac-Impuls nicht verändert. Als nächstes folgt die Filterung mit dem entsprechenden Synthese-Hochpassfilter $h_{\mathrm{HP}}^{\mathfrak{Re}}$ bzw. $h_{\mathrm{HP}}^{\mathfrak{Im}}$. Die Faltung eines Dirac-Impulses mit einer beliebigen Impulsantwort ergibt allerdings die Impulsantwort selbst. Damit ist das Spektrum der Koeffizienten $c_2^{\mathfrak{Re}}(m)$ bzw. $c_2^{\mathfrak{Im}}(m)$ nach der Hochpassfilterung in Abbildung 3.6a identisch mit dem Frequenzgang der Hochpassfilter, der in Abbildung 3.5b gezeigt ist. Die Steigung der Phasendifferenz beträgt $\frac{1}{2}$. Die gestrichelte Linie kennzeichnet die gewünschte Phasendifferenz, die durch die Phasendrehung der Hilbert-Transformation (3.7) gegeben ist. Man kann erkennen, dass die gewünschte Phasendifferenz bisher nur angenähert wird: Die Phasendifferenz ist nicht flach (Steigung näherungsweise gleich null) und ihr Abstand zur gewünschten Phasendifferenz in der Mitte des Durchlassbereichs (in dieser Stufe $\Omega = \pm\pi$) beträgt $\frac{\pi}{2}$. Allerdings ist die Rekonstruktion nach dieser Stufe noch nicht vollständig.

Die nächste Operation ist ein Upsampling. Dies führt zu einer Stauchung des Spektrums in Frequenzrichtung um den Faktor zwei und damit zu einer Verdopplung der Steigung der Phasendifferenz auf eins. Dies ist in Abbildung 3.6b dargestellt. Die folgenden Tiefpassfilter $h_{\mathrm{TP}}^{\mathfrak{Re}}$ bzw. $h_{\mathrm{TP}}^{\mathfrak{Im}}$ besitzen eine Phasendifferenz der Steigung $-\frac{1}{2}$, so dass die Koeffizienten $c_1^{\mathfrak{Re}}(m)$ bzw. $c_1^{\mathfrak{Im}}(m)$ nach der Filterung eine Phasendifferenz von $1 - 0{,}5 = 0{,}5$ aufweisen. Die von der Downsampling-Operation erhöhte Steigung der Phasendifferenz wird damit gerade kompensiert, wie Abbildung 3.6c zeigt. Des Weiteren halbiert sich der Abstand der tatsächlichen zur gewünschten Phasendifferenz in der Mitte des Durchlassbereichts ($\Omega = \pm\frac{\pi}{2}$) auf $\frac{\pi}{4}$. In der gegebenen dreistufigen Filterbank ist damit bereits die letzte Stufe erreicht. Würden stattdessen weitere Stufen aus Upsampling-Operatoren und Tiefpassfiltern folgen, so würde sich der Abstand zwischen tatsächlicher und gewünschter Phasendifferenz jeweils halbieren. Für unendlich viele Stufen konvergiert daher die tatsächliche zur gewünschten Phasendifferenz. Für eine endliche Anzahl an Stufen wird allerdings der Abstand immer größer null sein. Des Weiteren wird die Steigung der Phasendifferenz nach jedem Tiefpassfilter $\frac{1}{2}$ betragen (s. Abbildung 3.7) und damit nicht flach sein.

Aus diesem Grund werden nun in der obersten Stufe der Filterbank nach der letzten Upsampling-Operation (Abbildung 3.6d) von der Half-Sample-Delay-Bedingung abweichende Filter eingesetzt. Die Tiefpassfilter $h^{\mathfrak{Re}}_{\mathrm{TP},0}$ bzw. $h^{\mathfrak{Im}}_{\mathrm{TP},0}$ der obersten Stufe müssen den Abstand der tatsächlichen zur gewünschten Phasendifferenz nicht nur halbieren, sondern vollständig beseitigen. Außerdem muss die Steigung der Phasendifferenz von $+1$ vollständig ausgeglichen werden. Dies wird erreicht, indem die Filter $h^{\mathfrak{Re}}_{\mathrm{TP},0}$ bzw. $h^{\mathfrak{Im}}_{\mathrm{TP},0}$ eine Phasendifferenz mit doppelter Steigung hinzufügen, verglichen mit den Filtern nach der Half-Sample-Delay-Bedingung. Dies führt zu Bedingung (3.4):

$$h^{\mathfrak{Im}}_{\mathrm{TP},0}(n) = h^{\mathfrak{Re}}_{\mathrm{TP},0}(n-1) \quad .$$

Die zugehörigen Frequenzgänge sind in Abbildung 3.8 gezeigt. Damit wird die Steigung der Phasendifferenz zwischen Real- und Imaginär-Tiefpassfilter gleich -1 und die Steigung der Phasendifferenz der Koeffizienten nach der letzten Upsampling-Operation wird vollständig korrigiert. Dies ist in Abbildung 3.9a gezeigt. Behandelt man die erhaltenen Koeffizientenfolgen aus beiden Bäumen als zeitdiskrete Wavelet-Funktionen, so lässt sich ein komplexes Wavelet durch

$$\psi^{\mathbb{C}}_{0,3}(n) = \psi^{\mathfrak{Re}}_{0,3}(n) + j\,\psi^{\mathfrak{Im}}_{0,3}(n)$$

bilden. Dessen Spektrum ist in Abbildung 3.9b zu sehen. Man erkennt, dass es nahezu analytisch ist, da es kaum Spektralanteile bei negativen Frequenzen enthält.

Es wurden auf gleiche Weise die Amplitudenspektren der Wavelet-Funktionen der Stufen $k = 1, 2, 3$ und 4 sowie der Skalierungsfunktion für $k = 4$ berechnet. Die Wahl der Zeitverschiebung m spielt dabei keine Rolle, weil die Zeitverschiebung eines Signals lediglich in einer Phasenänderung resultiert, die auf die Analytizität des Spektrums keinen Einfluss hat. Die Amplitudenspektren und der zugehörige Wavelet-Packet-Baum sind in Abbildung 3.10 zu sehen. Der DTCWT-Baum symbolisiert eine Dual-Tree-Filterbank mit den Filtern $(\cdot)^{\mathfrak{Re}}$ im $\mathfrak{Re}$-Raum bzw. $(\cdot)^{\mathfrak{Im}}$ im $\mathfrak{Im}$-Baum. Man erkennt, dass die Spektren für $|\Psi^{\mathbb{C}}_{m,4}|$, $|\Psi^{\mathbb{C}}_{m,3}|$ und $|\Psi^{\mathbb{C}}_{m,2}|$ analytisch sind, nicht jedoch für das Wavelet der obersten Stufe $|\Psi^{\mathbb{C}}_{m,1}|$ und die Skalierungsfunktion $|\Phi^{\mathbb{C}}_{m,4}|$. Dies liegt daran, dass für die Herleitung der Half-Sample-Delay-Bedingung vorausgesetzt wurde, dass die Koeffizienten von einer Hochpass- und mindestens einer Tiefpass-Filterstufe verarbeitet werden. Dies ist aber für

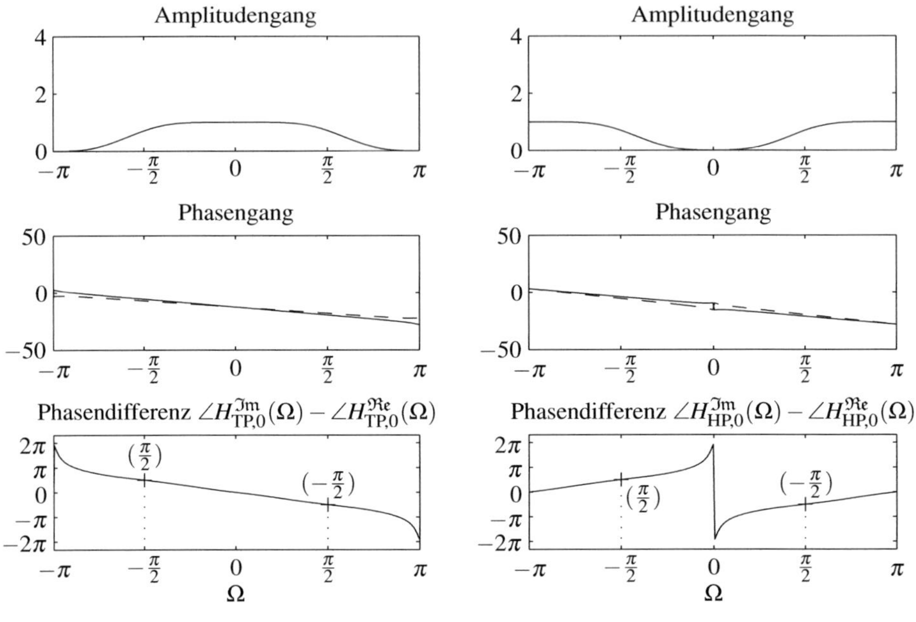

(a) Tiefpass-Frequenzgänge der obersten Stufe

(b) Hochpass-Frequenzgänge der obersten Stufe

Abbildung 3.8: Frequenzgänge der Filter der obersten Stufe (Länge 10) bei der IDTCWT; gestrichelt: Baum $\mathfrak{Re}$, durchgehend: Baum $\mathfrak{Im}$

die Skalierungskoeffizienten $c_4^{\mathbb{C}}$ und die Wavelet-Koeffizienten der ersten Stufe $d_1^{\mathbb{C}}$ nicht der Fall. Die Skalierungskoeffizienten werden lediglich von Tiefpass-Filterstufen verarbeitet, die Koeffizienten $d_1^{\mathbb{C}}$ nur von der obersten Hochpass-Filterstufe. Damit kann allerdings keine flache Phase erreicht werden, da dazu Filterstufen mit Phasendifferenzen entgegen gesetzer Steigungen benötigt werden, also sowohl Tiefpass- als auch Hochpass-Filterstufen.

3.1.4 Analytische Wavelet Packets

Die Prinzipien der DTCWT werden nun auf Wavelet Packets übertragen, um deren Anpassungsfähigkeit mit den positiven Eigenschaften analytischer Basisfunktionen zu vereinen. Der direkte Ansatz wäre, in der Dual-Tree-Filterbank aus Abbildung 3.3 nicht nur die Skalierungskoeffizienten, sondern alle Koeffizienten rekursiv aufzuspalten, wie dies in Abschnitt 2.5.1 bei der Erweiterung der DWT auf Wavelet Packets gemacht wurde. Dies wurde von Jalobeanu vorgeschlagen [JBFZ00, JBZ03]. Berechnet man allerdings analog zu Abschnitt 3.1.3 die Be-

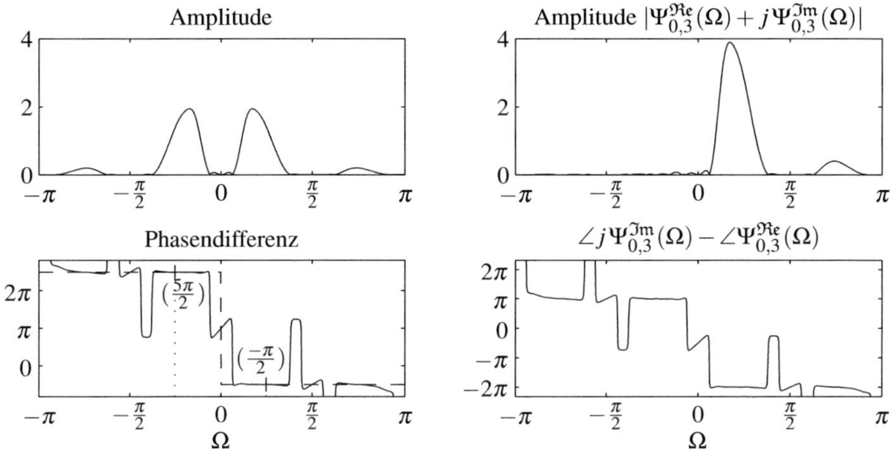

(a) Frequenzgänge nach Bandpassfilter, Upsampling, Tiefpassfilter, Upsampling und einem Top-Level-Tiefpassfilter

(b) Spektrum der analytischen Basisfunktion

Abbildung 3.9: Frequenzgang der IDTCWT nach einer Reihe von Operationen und das Spektrum der resultierenden analytischen Basisfunktion

tragsspektren einiger Basisfunktionen für die in Abbildung 3.11a beispielhaft gezeigte Wavelet-Packet-Aufteilung, so erhält man Abbildung 3.11b. Man erkennt, dass keine der gewählten Basisfunktionen analytisch ist, da alle Betragsspektren beträchtliche Spektralanteile bei negativen Frequenzen besitzen.

Ein anderes Verfahren von Chaux, Duval und Pesquet [CDP06] dient zum Entwurf analytischer M-Band-Wavelets. Für $M = 2^n, n \in \mathbb{N}$ lassen sich diese als Untermenge der Wavelet Packets interpretieren. Von Bayram und Selesnick [BS06] stammt eine Vorgehensweise, wie die Berechnung der M-Band-Wavelets als Spezialfall von Wavelet Packets auch für Dual-Tree-Filterbänke durchführbar ist. Dabei werden für die weitere Aufspaltung von Hochpassräumen in beiden Filterbänken die gleichen Filter $h_{\mathrm{TP}}^{\mathfrak{Re}}$ und $h_{\mathrm{HP}}^{\mathfrak{Re}}$ verwendet. Dieses Verfahren liefert zwar analytische M-Band-Wavelets, jedoch handelt es sich dabei nicht um ein vollständiges Wavelet Packet und der Vorteil der Anpassungsfähigkeit geht verloren. Es wird daher im Folgenden eine eigene Vorschrift zur Konstruktion vollständiger Anayltischer Wavelet Packets hergeleitet.

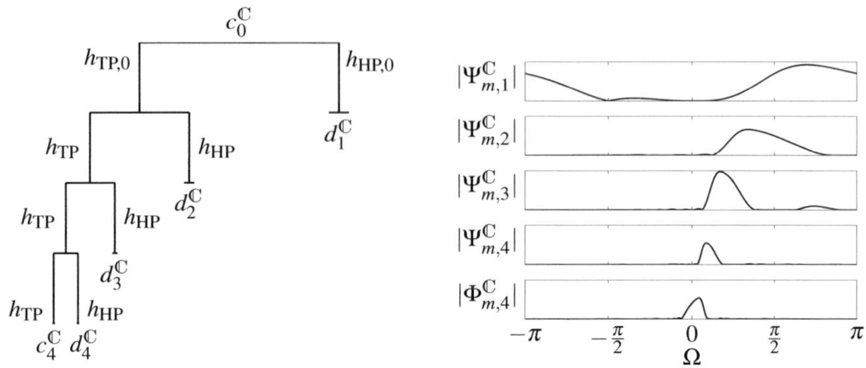

(a) DTCWT-Baum **(b)** Amplitudenspektren der Basisfunktionen

Abbildung 3.10: Analytische Basisfunktionen der DTCWT

Betrachtung der IDTCWT

Um zu erklären, warum der direkte Ansatz nach Jalobeanu keine analytischen Basisfunktionen erzeugt, soll nochmals die inverse DTCWT betrachtet werden. Bei der schrittweisen Veranschaulichung der IDTCWT in Abschnitt 3.1.3 wurde bereits darauf hingewiesen, dass die zu den Skalierungskoeffizienten und den Waveletkoeffizienten $d_1^{\mathbb{C}}(m)$ zugehörigen Basisfunktionen nicht analytisch sind, da dazu die entsprechenden Koeffizienten von einer Hochpassstufe, $k-2$ Tiefpassstufen und schließlich der Tiefpassstufe der obersten Ebene verarbeitet werden müssen. Diese Anordnung trifft auf keine der in Abbildung 3.11a ausgewählten Koeffizienten zu, womit die zugehörigen Basisfunktionen auch nicht analytisch sein können.

Es wird nun die Steigung der Phasendifferenz innerhalb eines IDTCWT-Pfades allgemeiner betrachten. Dies wird in Abbildung 3.12 veranschaulicht. Es ist dabei nur ein Pfad gezeigt, da die Abfolge der Upsampling-Operatoren, Hochpass- und Tiefpassfilter im Real- und Imaginärbaum gleich ist. Eine Hochpassfilterstufe trage eine Phasendifferenz der Steigung $+\alpha$ bei. Folglich ist die Steigung der Phasendifferenz der Tiefpassfilterstufen gerade $-\alpha$. Die Filterstufe der obersten Stufe $h_{i,0}$ muss dann eine Phasendifferenz der Steigung -2α hinzufügen, um eine flache Phasendifferenz am Ausgang zu erzeugen. Bei der IDTCWT entspricht $\alpha = \frac{1}{2}$ und $h_{i,0} = h_{\mathrm{TP},0}$. Für Filterstufen rechts der gestrichpunkteten Linie in Abbildung 3.13 gilt dies allerdings nicht, da dort ein Hochpassfilter in der obersten Stufe verwendet wird. Dieser Unterschied wird später Berücksichtigung finden.

Des Weiteren kann ausgenutzt werden, dass die Phasendifferenz eines Filterpaares $h_{\mathrm{TP}}^{\mathfrak{Re}}$ / $h_{\mathrm{TP}}^{\mathfrak{Im}}$ invertiert wird, wenn die Filter zwischen den beiden Bäumen vertauscht werden. Das heißt, wenn die Verwendung eines $\mathfrak{Re}$-Filters im $\mathfrak{Re}$-Baum

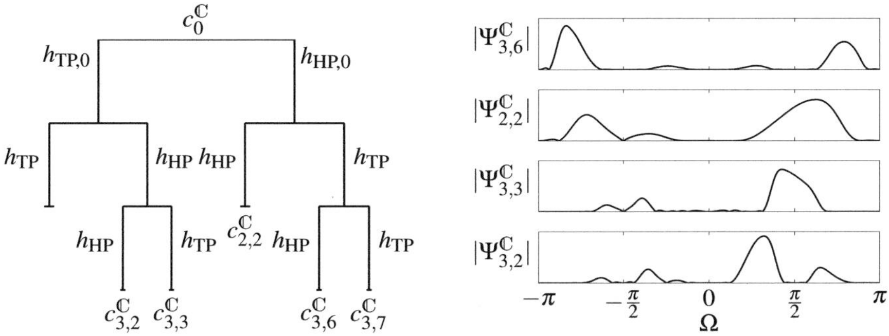

(a) Beispielhafter Wavelet-Packet-Baum **(b)** Amplitudenspektren der Basisfunktionen

Abbildung 3.11: Nicht-analytische Basisfunktionen der Wavelet Packets des direkten Ansatzes

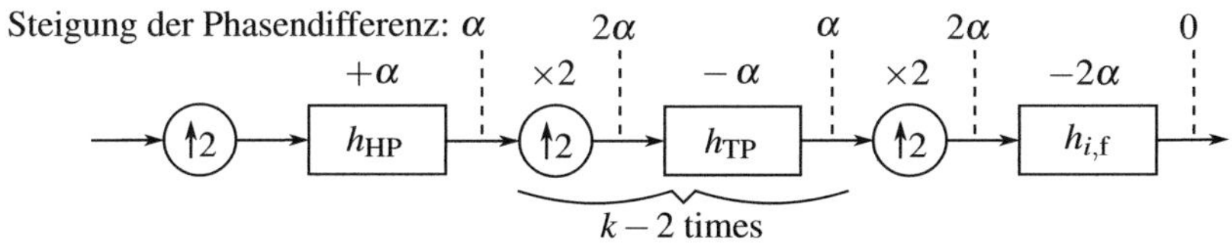

Abbildung 3.12: Steigung der Phasendifferenz innerhalb der Filterbank; IDTCWT: $i = \mathrm{TP}$ und $\alpha = 1/2$, gespiegelte Stufen (gestrichelt in Abbildung 3.13): $i = \mathrm{HP}$ und $\alpha = -1/2$

und des entsprechenden $\Im$-Filters im $\Im$-Baum eine Phasendifferenz der Steigung α erzeugt, dann sorgt die Verwendung des $\Im$-Filters im $\Re$-Baum und des entsprechenden $\Re$-Filters im $\Im$-Baum für eine Phasendifferenz der Steigung $-\alpha$.

Konstruktion der AWP-Filterbank

Mit den obigen Betrachtungen kann schließlich eine vollständige analytische Wavelet-Packet-Filterbank konstruiert werden. In Abbildung 3.13 sind beide Bäume $\Re$ und $\Im$ eines vollständigen Wavelet Packets gezeigt. Im Folgenden wird zwischen den linken und rechten Baumhälften unterschieden, die durch die gestrichpunkteten Linien voneinander getrennt sind. Die durchgezogenen Linien markieren die herkömmlichen DTCWT-Filterstufen. Jeder Pfad von der Wurzel des Baumes bis zu einem Ende der DTCWT (mit Ausnahme des niedrigsten und höchsten Frequenzbandes) sorgt für eine korrekte Phasendifferenz zwischen der $\Re$- und der $\Im$-Filterbank. Daher ist es nicht nötig, dass die gepunkteten Stufen der linken Seite eine weitere Phasendifferenz hinzufügen. Im Gegenteil: Würden die gepunk-

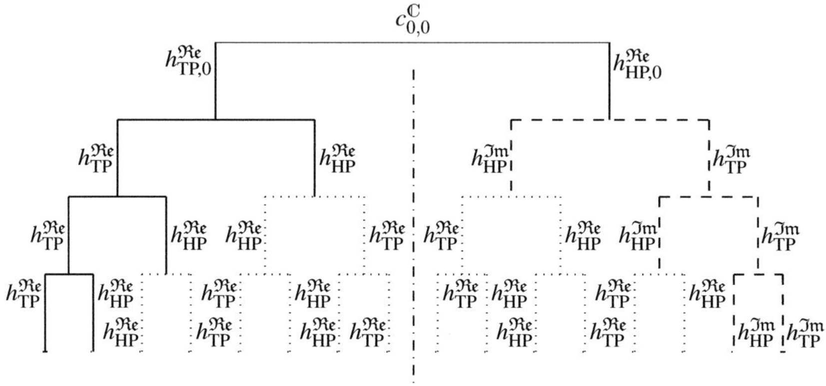

(a) Baum $\mathfrak{Re}$

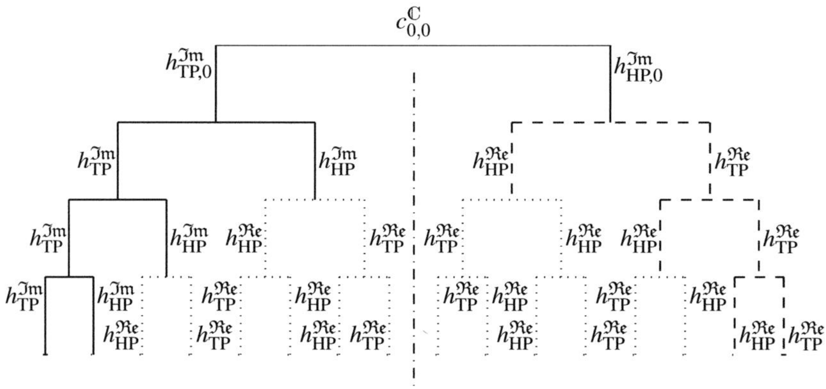

(b) Baum $\mathfrak{Im}$

Abbildung 3.13: Analytischer Wavelet-Packet-Baum; durchgehend: herkömmliche Filterpaare ($\mathfrak{Re}$, $\mathfrak{Im}$), gestrichelt: vertauschte Filterpaare ($\mathfrak{Im}$, $\mathfrak{Re}$), gepunktet: identische Filter ($\mathfrak{Re}$, $\mathfrak{Re}$)

teten Stufen eine Phasendifferenz aufweisen, so würde damit die erreichte Nachbildung des Phasengangs der Hilbert-Transformation wieder zunichte gemacht. Folglich müssen die gepunkteten Stufen der linken Seite in beiden Bäumen die gleichen Filter verwenden. In Abbildung 3.13 sind dies die $\mathfrak{Re}$-Filter.

Nun werden die rechten Hälften der Filterbänke betrachtet. In Abbildung 3.13 fällt auf, dass das Schema der Tiefpass- und Hochpassfilter in den gestrichelten Stufen gerade gespiegelt zu den entsprechenden DTCWT-Stufen ist. Der einzige Unterschied stellt das Filter der obersten Stufe dar. Dies sind Tiefpassfilter $h_{\mathrm{TP},0}$ links und Hochpassfilter $h_{\mathrm{HP},0}$ rechts der gestrichpunkteten Linie in Abbildung 3.13. Betrachtet man wieder nur einen einzigen Pfad wie in Abbildung 3.12, so ist in den gestrichelten Pfaden $h_{i,\mathrm{f}} = h_{\mathrm{HP},0}$ und es gilt daher $\alpha = -\frac{1}{2}$. Damit also die gestrichelten Stufen die korrekte Phasendifferenz erzeugen, müssen die entsprechenden Tiefpassfilter eine Phasendifferenz der Steigung $-\alpha = \frac{1}{2}$ und die Hochpassfilter eine Phasendifferenz der Steigung $\alpha = -\frac{1}{2}$ hinzufügen. Diese Phasendifferenzen sind gerade negiert zu den Phasendifferenzen der Filter der IDTCWT. Wie bereits erwähnt lässt sich diese Negierung durch eine Vertauschung der Filter der betroffenen Stufen zwischen dem $\mathfrak{Re}$- und dem $\mathfrak{Im}$-Baum erreichen, wie es in Abbildung 3.13 dargestellt ist.

Schließlich kann für die gepunkteten Stufen der rechten Seiten die gleiche Regel angewandt werden wie für die gepunkteten Stufen der linken Seiten: Da die gestrichelten Stufen von ihren Enden bis zur Wurzel die korrekte Phasendifferenz erzeugen, müssen die gepunkteten Stufen eine Phasendifferenz von null aufweisen, was durch die Verwendung gleicher Filter in beiden Bäumen erreicht wird. Nach wie vor wird allerdings der Pfad des niedrigsten und des höchsten Frequenzbandes keine analytische Basisfunktion besitzen, da in diesen ausschließlich Tiefpass- bzw. Hochpassfilter verwendet werden.

Abschließend wurden in Abbildung 3.14 die Spektren der gleichen Basisfunktionen berechnet wie in Abbildung 3.11. Man erkennt deutlich, dass die resultierenden Basisfunktionen nahezu analytisch sind, da fast keine Spektralanteile bei negativen Frequenzen existieren. Abbildung 3.15 zeigt die zu den Spektren in Abbildung 3.11 und 3.14 zugehörigen Basisfunktionen im Zeitbereich. Man erkennt den welligen Verlauf des Betrags der Basisfunktionen des Ansatzesnach Jalobeanu in der linken Spalte. Dagegen ist der Betrag der Basisfunktionen nach dem oben vorgestellten Verfahren deutlich glatter, was eine der gewünschten Eigenschaften verglichen mit reellen Wavelets ist. Es fällt jedoch auf, dass die Basisfunktion $\psi_{3,2}^{\mathbb{C}}$ in Abbildung 3.15b im Vergleich mit den anderen Basisfunktionen weniger glatt ist. Dies rührt allerdings nicht von mangelnder Analytizität her, sondern von der zweiten Spektralkomponente in Abbildung 3.14b unten, die durch nicht-ideale Tiefpass- bzw. Hochpassfilter verursacht wird.

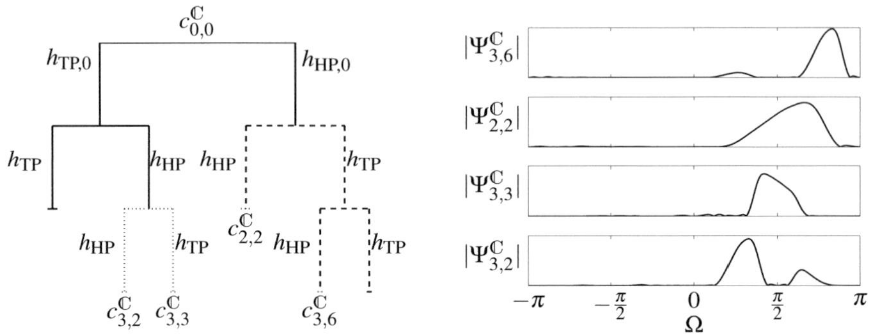

(a) Beispielhafter Wavelet-Packet-Baum **(b)** Amplitudenspektren der Basisfunktionen

Abbildung 3.14: Analytische AWP Basisfunktionen

3.1.5 Stochastische Eigenschaften

In diesem Abschnitt werden die stochastischen Eigenschaften analytischer Basisfunktionen untersucht, um ihre bessere Eignung zur Zeit-Frequenz-Filterung zu zeigen. In Abschnitt 2.6.3 wurde erläutert, dass bei der Wavelet-Schwellwertfilterung alle Koeffizienten, die dem Betrage nach unterhalb eines Schwellwertes liegen, zu null gesetzt werden. Dieser Schwellwert T könnte daher sinnvollerweise zu

$$T = \sqrt{\mathrm{E}\{n^2(t)\}} = \sigma$$

gewählt werden, wenn $n(t)$ ein mittelwertfreies normalverteiltes, weißes Rauschen mit Standardabweichung σ ist. Aufgrund der stochastischen Natur von Störungen würden allerdings in diesem Fall viele Koeffizienten über dem Schwellwert liegen. Daher wird er in der Praxis meist höher gewählt. Durch einen erhöhten Schwellwert werden allerdings auch mehr Anteile des Nutzsignals herausgefiltert. Der glattere Verlauf der komplexen Koeffizientenenergien sorgt nun dafür, dass der Schwellwert bei gleicher Varianz der Störung niedriger gewählt werden kann, womit eine bessere Filterung erzielt wird.

Diese Erläuterung wird nun am Beispiel eines normalverteilten, weißen Rauschprozesses verdeutlicht, indem zunächst Erwartungswert und Varianz der Energien reeller und komplexer Koeffizienten berechnet und anschließend verglichen werden.

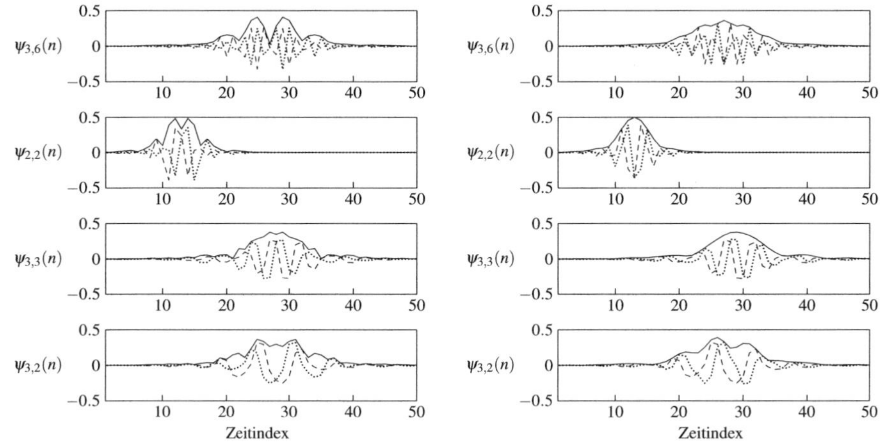

(a) Nicht-analytische Wavelet Packets (direkter Ansatz)

(b) Analytische Wavelet Packets

Abbildung 3.15: Vergleich einiger Basisfunktionen im Zeitbereich bei analytischen und nicht-analytischen Wavelet Packets; gestrichelt: Realteil, gepunktet: Imaginärteil, durchgehend: Betrag

Energie reeller Koeffizienten

Es werde ein mittelwertfreies normalverteiltes, weißes Rauschen $n(t)$ der Varianz σ^2 analysiert. Für die Analyse eines solchen Signal gilt nach [Mal99] der folgende Satz:

Satz 3.2 (Normalverteiltes, weißes Rauschen in orthonormalen Basen)

Der stochastische Prozess $n(t)$ sei mittelwertfreies, normalverteiltes, weißes Rauschen mit Varianz σ^2 ($\mathcal{N}(0;\sigma^2)$-Verteilung):

$$\mathrm{E}\left\{n(t_1)n(t_2)\right\} = \sigma^2\delta(t_1 - t_2) \quad . \tag{3.8}$$

Die Koeffizienten eines orthonormalen Funktionensystems $\varphi_i(t), i = 0 \ldots N-1$ mit

$$a_i = \langle n(t), \varphi_i(t) \rangle = \int_{-\infty}^{\infty} n(t)\varphi_i^*(t)dt \quad , \quad n(t) = \sum_{i=0}^{N-1} a_i \varphi_i(t) \tag{3.9}$$

stellen dann ebenfalls einen weißen Rauschprozess mit $\mathcal{N}(0;\sigma^2)$-Verteilung dar:

$$\mathrm{E}\left\{a_i a_j\right\} = \sigma^2 \delta_{ij} \quad .$$

Der zugehörige Beweis findet sich in Anhang B.4. Da die DWT wie auch die aus einem reellen Wavelet Packet gewählte Basis orthonormal sind, lässt sich der obige Satz auf diese anwenden. Der analysierte Rauschprozess $n(t)$ sorgt also für $\mathcal{N}(0;\sigma^2)$-verteilte Wavelet-(Packet-)Koeffizienten X:

$$f_X(x) = \frac{1}{\sqrt{2\pi}\,\sigma} \exp\left(-\frac{x^2}{2\sigma^2}\right) \quad .$$

Da aber die Koeffizientenenergien betrachtet werden, muss die Dichtefunktion der Zufallsvariablen $Y = X^2$ berechnet werden. Nach [JW00] lässt sich die Dichte gemäß

$$f_Y(y) = \begin{cases} \frac{1}{2\sqrt{y}} \left(f_X(\sqrt{y}) + f_X(-\sqrt{y})\right) & ,y > 0 \\ 0 & ,\text{sonst} \end{cases} \quad .$$

berechnen. Damit folgt für die Dichte der Energie reeller Koeffizienten:

$$\begin{aligned} f_Y(y) &= \frac{1}{2\sqrt{y}} \left[\frac{1}{\sqrt{2\pi}\,\sigma} \exp\left(-\frac{y}{2\sigma^2}\right) + \frac{1}{\sqrt{2\pi}\sigma} \exp\left(-\frac{y}{2\sigma^2}\right)\right] \\ &= \frac{1}{\sqrt{2\pi y}\,\sigma} \exp\left(-\frac{y}{2\sigma^2}\right) \qquad ,y > 0 \quad . \end{aligned}$$

Erwartungswert und Varianz dieser Dichtefunktion existieren und ergeben sich zu:

$$\mathrm{E}\{y\} = \sigma^2 \qquad\qquad \mathrm{Var}(y) = 2\sigma^4 \quad .$$

Energie komplexer Koeffizienten

Es wird nun gezeigt, dass die Varianz der Energie komplexer Koeffizienten kleiner ist als die der reellen Koeffizienten. Dazu werden wieder stochastische Variablen eingeführt: X sei die Koeffizientenenergie $|c_{k,b}^{\mathfrak{Re}}(m)|^2$ des Realteils, Y die Koeffizientenenergie $|c_{k,b}^{\mathfrak{Im}}(m)|^2$ des Imaginärteils und Z die Energie $|c_{k,b}^{\mathbb{C}}(m)|^2$ der komplexen Koeffizienten. Die Energie der komplexen Koeffizienten lässt sich durch

$$Z = |c_{k,b}^{\mathbb{C}}(m)|^2 = |c_{k,b}^{\mathfrak{Re}}(m)|^2 + |c_{k,b}^{\mathfrak{Im}}(m)|^2 = X + Y \quad .$$

aus den beiden Anteilen X und Y berechnen. Die Dichtefunktion $f_Z(z)$ lässt sich damit gemäß [JW00] durch

$$f_Z(z) = \int_{-\infty}^{\infty} f(x,z-x)dx = \int_{-\infty}^{\infty} f(x,y)|_{y=z-x}dx \tag{3.10}$$

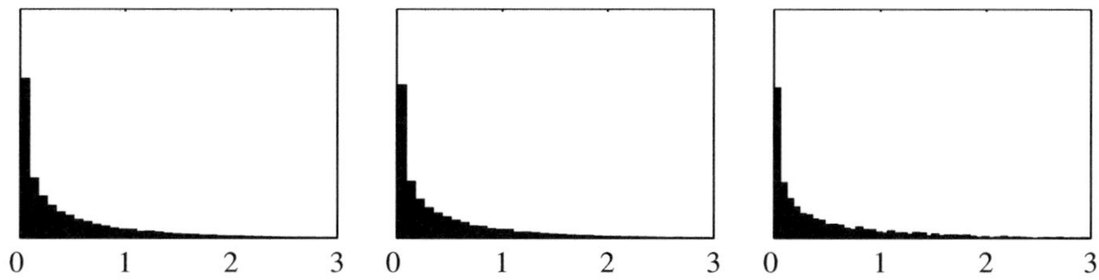

(a) $f_Y(y)$ **(b)** $f_Y(y\,|\,0 \leq X \leq 0{,}2)$ **(c)** $f_Y(y\,|\,1 \leq X \leq 1{,}2)$

Abbildung 3.16: Histogramme zur numerischen Approximation der Dichten $f_Y(y)$, $f_Y(y\,|\,0 \leq X \leq 0{,}2)$ und $f_Y(y\,|\,1 \leq X \leq 1{,}2)$ bei $\sigma^2 = 1$

berechnen. Die gemeinsame Verbunddichte $f(x,y)$ lässt sich bei Annahme der Unabhängigkeit von X und Y, also von Realteil- und Imaginärteilenergie, durch

$$f(x,y) = f_X(x) \cdot f_Y(y)$$

ausdrücken. Diese Annahme scheint zunächst fragwürdig, da aus dem Real- oder Imaginärteil mittels der entsprechenden Filterbank das Zeitsignal und damit wiederum der jeweils andere Anteil berechenbar ist. Nach [SBK05] sind das Real- und Imaginär-Wavelet aber gerade um die Hälfte der regulären Zeitverschiebung gegeneinander verschoben:

$$\psi^{\mathfrak{Im}}(t - mT) = \psi^{\mathfrak{Re}}(t - (m + 0{,}5)\,T) \quad .$$

Da $n(t)$ ein weißer Rauschprozess ist, bei dem zeitlich benachbarte Werte unkorreliert sind, stützt dies die Annahme der Unhängigkeit von X und Y.

Um diese Annahme experimentell zu stützen, wurde ein computer-generiertes normalverteiltes, weißes Rauschen der Varianz σ^2 mittels Analytischer Wavelet Packets analysiert. Es wurden 2^{16} Werte verwendet. Das Histogramm für die Koeffizientenenergien des Imaginärteils ist in Abbildung 3.16a gezeigt und stellt eine Annäherung der Randdichte $f_Y(y)$ dar. Werden nun nur diejenigen Imaginärteil-Koeffizienten betrachtet, für die die Koeffizientenenergie des Realteils zwischen 0 und 0,2 liegt, ergibt sich das Histogramm in Abbildung 3.16b. Die analoge Betrachtung des Imaginäranteils bei einer Realteilenergie zwischen 1 und 1,2 ist in Abbildung 3.16c zu sehen. Man erkennt, dass alle drei Histogramme der gleichen Verteilung folgen, auch wenn es aufgrund des begrenzten Stichprobenumfangs geringe Unterschiede gibt. Damit wird die Annahme der Unabhängigkeit gestützt.

Es müssen nun die Randdichten $f_X(x)$ und $f_Y(y)$ berechnet werden. Da Real- wie Imaginärteil durch eine Multiraten-Filterbank berechnet werden, kann das Ergebnis für reelle Koeffizienten verwendet werden. Da allerdings aus Gründen der Energieerhaltung in jedem Baum der zusätzliche Faktor $\frac{1}{\sqrt{2}}$ hinzutritt, sind die Real- und Imaginärteilkoeffizienten $\mathcal{N}\left(0; \frac{\sigma^2}{2}\right)$-verteilt. Damit folgt für die Dichten der zugehörigen Energien:

$$
\begin{aligned}
f_X(x) &= \frac{1}{\sqrt{\pi x}\sigma} \exp\left(-\frac{x}{\sigma^2}\right) \qquad ,x > 0 \\
f_Y(y) &= \frac{1}{\sqrt{\pi y}\sigma} \exp\left(-\frac{y}{\sigma^2}\right) \qquad ,y > 0 \quad .
\end{aligned}
$$

Der Erwartungswert beider Dichten ist $\mathrm{E}\{x\} = \mathrm{E}\{y\} = \sigma^2/2$. Die Energie teilt sich also auf beide Bäume gleichmäßig auf, bleibt aber in der Summe erhalten. Aus Gleichung (3.10) folgt damit schließlich für $x, y, z > 0$:

$$
\begin{aligned}
f_Z(z) &= \int_0^z f_Y(z-x) f_X(x)dx \\
&= \frac{1}{\pi\sigma^2} \exp\left(-\frac{z}{\sigma^2}\right) \int_0^z \frac{1}{\sqrt{zx-x^2}} dx \\
&= \frac{1}{\pi\sigma^2} \exp\left(-\frac{z}{\sigma^2}\right) (-\underbrace{\arcsin(-1)}_{-\pi/2} + \underbrace{\arcsin(1)}_{\pi/2}) \\
&= \frac{1}{\sigma^2} \exp\left(-\frac{z}{\sigma^2}\right)
\end{aligned}
$$

Man erhält eine Exponentialverteilung mit den Momenten

$$
\mathrm{E}\{z\} = \sigma^2 \qquad \text{und} \qquad \mathrm{Var}(z) = \sigma^4 \quad . \tag{3.11}
$$

Die mittlere Energie der komplexen Koeffizienten ist σ^2 und entspricht damit der Energie der reellen Koeffizienten. Es gilt also Energieerhaltung. Die Varianz der Koeffizientenenergie ist allerdings nur σ^4 und ist damit halb so groß wie die der reellen Koeffizientenenergien. Die Energie der komplexen Koeffizienten streut also weniger um die mittlere Energie σ^2, was dem gewünschten glatteren Koeffizientenverlauf bei Verwendung Analytischer Wavelet Packets entspricht. Wie bereits erwähnt ist dies für viele Anwendungen wünschenswert, vor allem in der Signalanalyse. Für die Filterung ergibt sich der Vorteil, dass aufgrund der geringeren Streuung um die mittlere Energie weniger Koeffizienten durch die Störung über den gewählten Filter-Schwellwert gehoben werden. Dadurch entsteht weniger Restrauschen im gefilterten Signal. Alternativ könnte der Schwellwert auch abgesenkt werden, so dass das gefilterte Signal die gleiche Menge an Restrauschen enthält, dafür aber die Verzerrungen des Nutzsignals geringer sind.

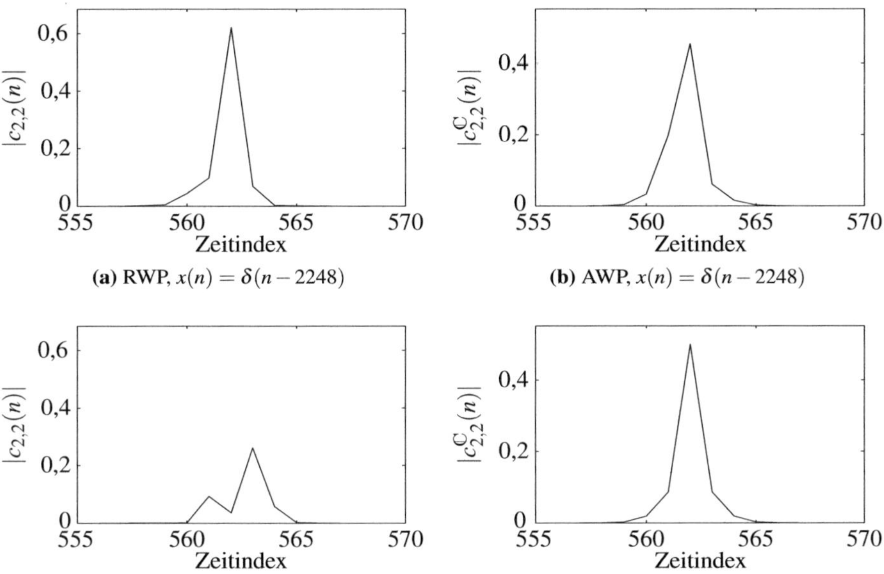

(a) RWP, $x(n) = \delta(n-2248)$

(b) AWP, $x(n) = \delta(n-2248)$

(c) RWP, $x(n) = \delta(n-2249)$

(d) AWP, $x(n) = \delta(n-2249)$

Abbildung 3.17: Beispiel: Verschiebungsinvarianz

3.1.6 Evaluation

Es werden nun die erreichten Verbesserungen der Analytischen Wavelet Packets (AWP) gegenüber den reellen Wavelet Packets (RWP) verglichen. In zwei der fünf Beispiele werden darüber hinaus noch die Ergebnisse mittels der Undecimated Wavelet Transform (UWT) und der Undecimated Wavelet Packets (UWP) verglichen.

Beispiel 3.2 (Verschiebungsinvarianz)

Eines der beiden in Abschnitt 3.1.1 erläuterten Probleme reeller Basisfunktionen stellt die Verschiebungsvarianz aufgrund des Downsamplings dar. Dieses Problem verdeutlicht nochmals Abbildung 3.17. Zunächst wird ein diskreter Dirac-Impuls zum Zeitpunkt $n_0 = 2248$ als Eingangssignal $x(n) = \delta(n-2248)$ verwendet. Die Beträge der RWP-Koeffizienten $c_{2,2}(n)$ bei Verwendung von Symmlet-7-Filtern (Länge 14) sind in Abbildung 3.17a gezeigt. Die Verschiebung des Eingangssignals um einen einzigen Abtastschritt liefert die Koeffizientenfolge in Abbildung 3.17c. Man erkennt sofort die deutliche Veränderung der Form. Das deutliche Maximum in Abbildung 3.17a geht durch die Verschiebung verloren.

Werden die AWP-Koeffizienten beider Eingangssignale mittels Q-Shift-14-Filtern berechnet, so ergeben sich die Abbildungen 3.17(b) und (d). Die Form des Verlaufs ändert sich nur noch geringfügig. Das Maximum ist in beiden Abbildungen gut zu erkennen. Es ergibt sich allerdings eine Verschiebung der Koeffizientenenergie nach rechts (entsprechend der Verschiebung des analysierten Signals).

Eine Verschiebung des Eingangssignals ($k = 0$) um einen Abtastschritt würde eine Verschiebung der Koeffizienten $c_{2,2}(m)$ um 0,25 bedeuten. Berechnet man die mittleren Zeiten der in Abbildung 3.17 gezeigten Koeffizientenfolgen durch

$$n_0 = \sum_n n \cdot \frac{|c_{2,2}(n)|^2}{E_{c_{2,2}}}, \qquad E_{c_{2,2}} = \sum_n |c_{2,2}(n)|^2$$

wobei $E_{c_{2,2}}$ die Koeffizientenenergie des entsprechenden Knotens ist, so ergibt sich für die reellen Koeffizienten in diesem Beispiel eine Verschiebung von 0,83 und für die komplexen Koeffizienten eine Verschiebung von 0,15. Die komplexen Koeffizienten liegen also deutlich näher am idealen Wert.

Betrachtet man darüber hinaus die Energie der Koeffizientenfolgen vor und nach der Verschiebung, so stellt man fest, dass die Energie der reellen Koeffizienten von $E_{c_{2,2}} = 0{,}4$ auf 0,08 deutlich abnimmt. Eine rein zeitliche Verschiebung sollte allerdings keinen Einfluss auf die Verteilung der Energie auf die Frequenzbänder haben. Die Energie der komplexen Koeffizienten ändert sich lediglich von $E_{c^{\mathbb{C}}_{2,2}} = 0{,}25$ auf 0,27, bleibt also beinahe konstant.

Beispiel 3.3 (Glattheit des Koeffizientenverlaufs)

In Beispiel 3.1 auf Seite 67 wurde ein Signal bestehend aus zwei Sinusschwingungen unterschiedlicher Amplitude

$$x(t) = \sin(2\pi f_0 t)\, \mathrm{r}_{0{,}2\,\mathrm{s}}(t - 0{,}15\,\mathrm{s}) + \frac{1}{2}\sin(2\pi f_0 t)\, \mathrm{r}_{0{,}2\,\mathrm{s}}(t - 0{,}4\,\mathrm{s})$$

mittels reeller Wavelet Packets untersucht. Die Koeffizientenbeträge des Knotens (5,4), der wesentliche Anteile dieses Signals enthält, sind nochmals in Abbildung 3.18a dargestellt. Wird das gleiche Signal mittels AWP analysiert, ergeben sich die Koeffizientenbeträge in Abbildung 3.18b. Man erkennt deutlich die Verbesserung in der Glattheit der Koeffizientenverläufe. Durch die reellen Koeffizienten wäre eine Pausendetektion oder eine exakte Bestimmung der Amplituden der Schwingungen nicht möglich gewesen. Mittels der komplexen Koeffizienten stellt dies kein Problem dar.

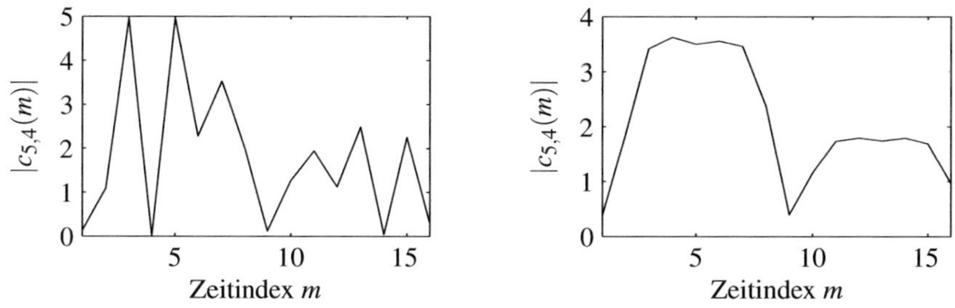

(a) Verlauf $|c_{5,4}(m)|$ bei Verwendung reeller Wavelet Packets

(b) Verlauf $|c_{5,4}^{\mathbb{C}}(m)|$ bei Verwendung Analytischer Wavelet Packets

Abbildung 3.18: Vergleich der Koeffizientenenergieverläufe bei analytischen und reellen Wavelet Packets

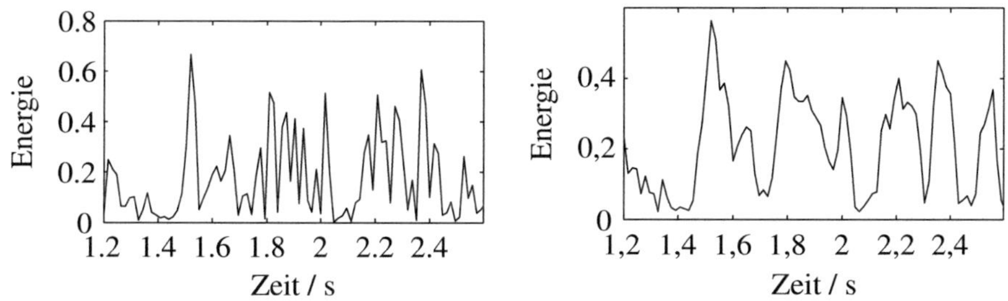

(a) Energie der reellen Koeffizienten

(b) Energie der komplexen Koeffizienten

Abbildung 3.19: Detektion von Sprache

Beispiel 3.4 (Sprachwahrscheinlichkeit)

Ein praktisches Problem, für das sich die Verwendung der AWP unter anderem bewährt hat, ist die Detektion von Sprache in der Zeit-Frequenz-Ebene. Dies wird in Abschnitt 4.3 im Rahmen der Störschätzung durchgeführt. In Abbildung 3.19 wird bereits verdeutlicht, dass die AWP hierfür Verbesserungen erzielen. Aufgrund der oszillierenden Verläufe der reellen Koeffizienten in Abbildung 3.19a ist eine Sprachdetektion nur schwer möglich. Würde mittels eines einfachen Schwellwertes (z.B. bei 0,2) auf Sprache oder Sprechpause detektiert, so würden auch in Sprachabschnitten wie beispielsweise von 1,8 s bis 2,0 s viele Sprechpausen gefunden werden. Dagegen fällt die Detektion mittels der komplexen Koeffizienten in Abbildung 3.19b aufgrund ihres glatteren Verlaufs sehr viel genauer aus.

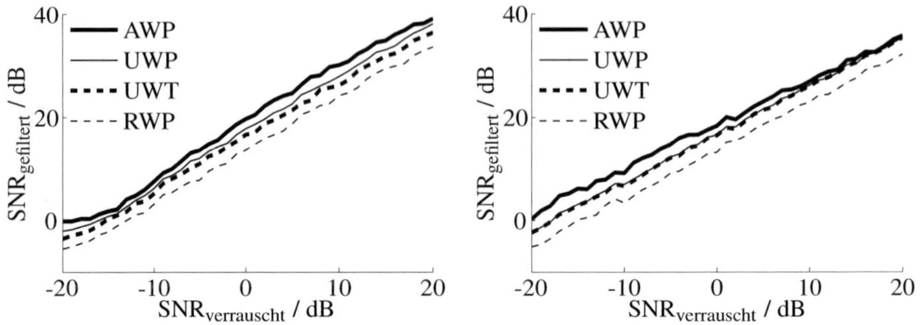

(a) Doppler-Signal

(b) Signal „Bumps“

Abbildung 3.20: Vergleich der Filterresultate für verschiedenes SNR

Beispiel 3.5 (Filterung künstlicher Signale)

Es wird nun die Leistungsfähigkeit zur Filterung mit anderen Verfahren verglichen. Als Testsignale werden die Signale „Doppler“ und „Bumps“ aus der Wavelab-Toolbox verwendet. Diese wurden mit normalverteiltem, weißem Pseudo-Rauschen mit unterschiedlichem SNR überlagert. Als Filtermethode diente Hard Thresholding (s. Abschnitt 2.6.3) mit einem Schwellwert von $T = 3\sigma$. Das resultierende SNR der gefilterten Signale in Abhängigkeit des SNR der verrauschten Signale ist in Abbildung 3.20 zu sehen. Man erkennt, dass die Filterung mittels AWP immer mindestens so gut wie die mittels der anderen Verfahren ist. Für das Signal *Doppler* ist sie sogar immer besser als das zweitbeste Verfahren (UWP) bei gleichzeitig drastisch reduziertem Rechenaufwand. Das Signal *Bumps* ist bereits in der herkömmlichen Wavelet-Basis sehr gut darstellbar. Daher ist die Filterung mittels UWT und UWP immer etwa gleich gut. Auch für dieses Beispiel ist die Filterung mittels AWP jedoch immer besser oder mindestens so gut wie mit den beiden Undecimated-Verfahren.

Beispiel 3.6 (Sprachsignalfilterung)

Abschließend wird vorgreifend ein Beispiel aus Abschnitt 4.4 gezeigt. In diesem Abschnitt werden periodische Störungen betrachtet, wie sie beispielsweise in der Nähe von Maschinen auftreten. Dazu wird die Verteilung der Störenergie einer Periode in der Zeit-Frequenz-Ebene geschätzt und dient anschließend als Grundlage für die Wahl der Filterschwellwerte. Da allerdings realistische Störungen keine völlig konstante Periode aufweisen, verschlechtert die Verschiebungsvarianz der reellen Wavelet Packets die Störschätzung und damit auch die Filterung. In Abbildung 3.21 wurde ein Sprachsignal mit einer Reihe von Chirps überlagert,

(**a**) Reine Sprache, RWP

(**b**) Reine Sprache, AWP

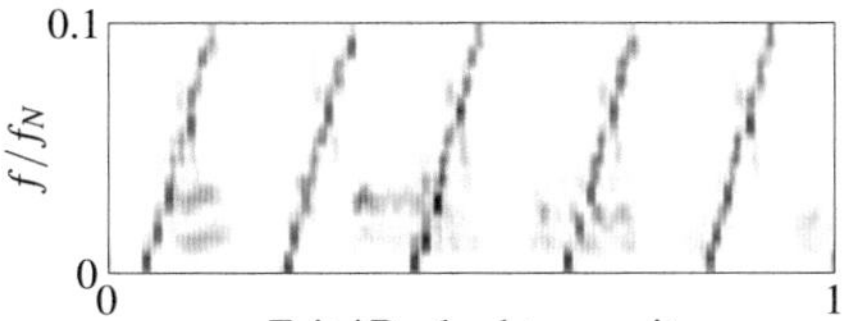

(**c**) Verrauscht, RWP, SNR=-3,96 dB

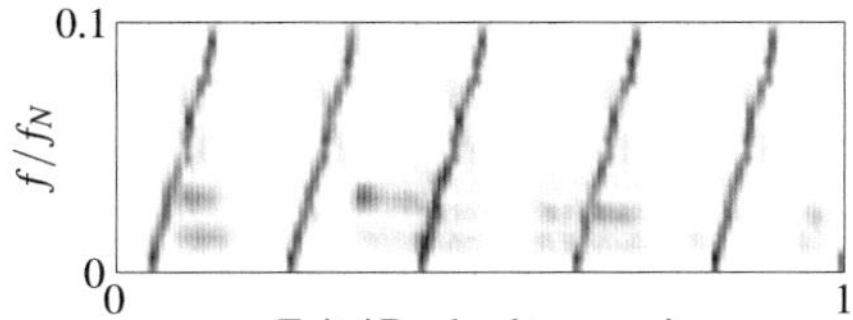

(**d**) Verrauscht, AWP, SNR=-3,96 dB

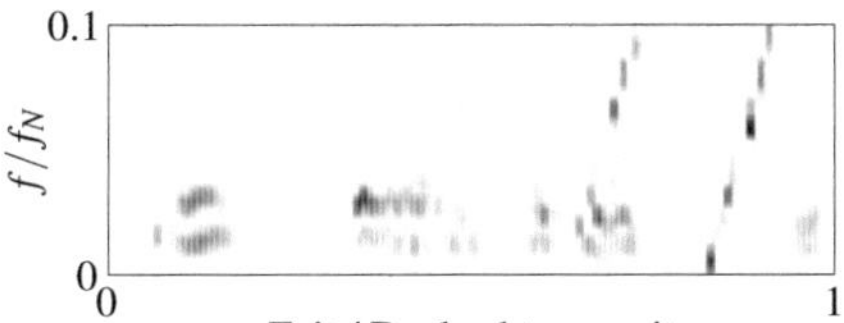

(**e**) Gefiltert, RWP, SNR=1,15 dB

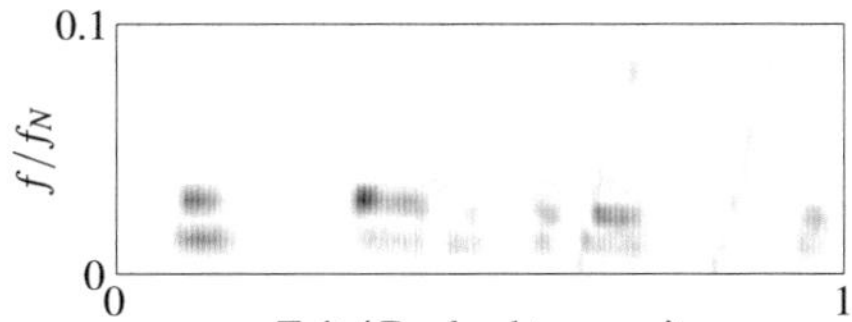

(**f**) Gefiltert, AWP, SNR=3,94 dB

Abbildung 3.21: Sprachfilterung bei einer Chirp-Störung mit Variationen der Periode

wobei der Abstand zwischen den Chirps durch eine normalverteilte Verschiebung variiert wird, deren Standardabweichung 5 % des Erwartungswerts beträgt. Abbildung 3.21e zeigt das Filterresultat nach Filterung mit RWP. Es sind deutliche Reststörungen zu sehen, die von Chirps herrühren, deren Periode deutlich vom Periodenmittelwert abweicht. Demgegenüber steht das Ergebnis der Filterung mittels AWP in Abbildung 3.21f. Es zeigt sich, dass die Reststörung deutlich geringer ausfällt, was auf die geringeren Abweichungen der Störung von der Störschätzung aufgrund der verbesserten Verschiebungsvarianz zurückzuführen ist.

3.2 Optimale Basiswahl unter Störeinfluss

In Abschnitt 2.5.3 wird die Wahl einer besten Basis aus einem vollständigen Wavelet Packet erläutert. Dabei ist die „beste" Basis diejenige, die das Gütemaß

$$J(x(t),\lambda) = \sum_{m=0}^{N-1} \Phi\left(\frac{\left|\langle x(t),\varphi_m^\lambda(t)\rangle\right|^2}{\|x(t)\|^2}\right)$$

minimiert. Die Bewertungsfunktion $\Phi(\cdot)$ weist dabei jedem normierten Koeffizienten eine bestimmte Güte zu. Die kumulierte Güte aller N Koeffizienten ergibt dann das gesamte Gütemaß J. Als Bewertungsfunktion $\Phi(\cdot)$ wurde bisher die Entropiefunktion verwendet (siehe Abbildung 2.24 auf Seite 53). Dadurch wird eine Basis gewählt, die die Signalenergie in wenigen, betragsmäßig großen Koeffizienten konzentriert. Zur Filterung von stationärem, weißem, normalverteiltem Rauschen ist dies sicherlich sinnvoll, da sich dabei die Störenergie gleichmäßig auf alle Koeffizienten verteilt, wie in Anhang B.4 bewiesen wird. Durch die Konzentration der Signalenergie in wenigen, großen Koeffizienten werden möglichst viele über dem Rauschniveau liegen und sich optimal mittels Wavelet-Schwellwertfilterung trennen lassen. Dies wurde in Abbildung 2.31 auf Seite 61 veranschaulicht. Zur Basiswahl steht allerdings nicht das reine, sondern lediglich das gestörte Signal zur Verfügung. Dies beeinflusst natürlich die Basiswahl. Da allerdings weißes, normalverteiltes Rauschen im Mittel eine gleichmäßige Energieverteilung in der Zeit-Frequenz-Ebene aufweist, gibt es keine Präferenz für eine bestimmte Zeit- oder Frequenzschärfe durch die Störung. Die Änderung der Basiswahl aufgrund von weißem Rauschen ist somit für die Filterung vernachlässigbar.

Anders stellt es sich jedoch dar, wenn eine farbige oder nichtstationäre Störung betrachtet wird. In diesem Fall besitzt die Störung eine bestimmte Lokalisation der Energie in der Zeit-Frequenz-Ebene und wird damit die Basiswahl womöglich signifikant beeinflussen. Beispielsweise wird eine schmalbandige Störung eine frequenzfeine Auflösung des entsprechenden Frequenzbereichs verursachen. Diese Beeinflussung wird in den meisten Fällen nachteilig für die Filterung sein. Es ist allerdings auch eine positive Auswirkung möglich, nämlich dann, wenn die Störung so schmalbandig und von so hoher Leistung ist, dass eine Konzentration der Störenergie in möglichst wenigen Koeffizienten und deren anschließende Unterdrückung die beste Filterung darstellen. Anstatt der Entropie sollte also ein Gütemaß verwendet werden, das direkt die Güte des gefilterten Signals bestimmt. Dies ist naheliegenderweise der mittlere quadratische Fehler (MSE, mean square error)

$$J = \sum_{n=0}^{N-1} |x(n) - \hat{x}(n)|^2 \quad ,$$

wobei $x(n)$ ein zeitdiskretes, reines Signal der Länge N und $\hat{x}(n)$ das entsprechende gefilterte Signal darstellt. Problematisch an diesem Gütemaß ist, dass das wahre Signal $x(n)$ nicht bekannt ist, sondern lediglich das gestörte Signal

$$y(n) = x(n) + d(n) \tag{3.12}$$

sowie bestimmte Informationen über die Störung $d(n)$ aus einer Störschätzung. Der MSE muss also geschätzt werden. Da er vom gefilterten Signal $\hat{x}(n)$ abhängt, ist er auch abhängig von der Schwellwertfunktion $\rho_T(\cdot)$ und dem Schwellwert T. Für Soft Thresholding (siehe Abschnitt 2.6.3) wurde ein entsprechender Schätzer von Donoho und Johnstone entwickelt [DJ95]. Sie konnten zeigen, dass es sich dabei um einen SURE-Schätzer (Stein's Unbiased Risk Estimate) handelt, der also mittelwertfrei ist. Analog dazu hat Krim einen Schätzer für Hard Thresholding entwickelt [KTMD99]. Dieser ist zwar nicht völlig mittelwertfrei, der Bias (Mittelwert) ist allerdings sehr klein und kann darüberhinaus durch ML-Schätzung geschätzt und abgezogen werden.

Es wird nun im Folgenden ein Ansatz für die MSE-Schätzung mit beliebigen Schwellwertfunktionen entwickelt. Dieser wird dann auf die Garrotte-Funktion angewandt, da diese gegenüber dem Hard- und Soft-Thresholding die besseren Ergebnisse bei der Filterung liefert.

3.2.1 Allgemeiner Ansatz zur MSE-Schätzung

Das gestörte Signal $y(n)$ werde in einer orthonormalen Basis des Wavelet-Packet-Frames dargestellt. Aufgrund der Linearität der Wavelet-Packet-Transformation gilt dann

$$Y_m = X_m + D_m \quad .$$

Dabei seien Y_m, X_m und D_m die m-ten Koeffizienten des gestörten Signals, des reinen Signals und der Störung in der gewählten Basis. Die nichtlineare Schwellwertfunktion liefert für jeden gestörten Koeffizienten Y_m einen geschätzten Koeffizienten

$$\hat{X}_m = \rho_{T_m}(Y_m) \quad . \tag{3.13}$$

Dabei sei T_m ein Schwellwert, der für jeden Koeffizienten individuell ist. Bei komplexwertigen Koeffizienten wird lediglich der Betrag gefiltert und die gestörte Phase für die gefilterten Koeffizienten verwendet:

$$\hat{X}_m = \rho_{T_m}(|Y_m|) \cdot \exp\left(j\angle Y_m\right) \quad .$$

Zur Vereinfachung der Schreibweise wird im Folgenden aber die Form (3.13) verwendet, wobei X_m und Y_m im Falle komplexer Koeffizienten die entsprechenden Beträge bezeichnen. Gleichung (3.13) lässt sich auch als

$$\hat{X}_m = a(Y_m,T_m) \cdot Y_m$$

schreiben. Die Dämpfung a ist dabei sowohl vom Schwellwert T_m, als auch von Y_m selbst abhängig. Die Operation ist also nach wie vor nichtlinear. Durch Umformungen erhält man:

$$\begin{aligned}\hat{X}_m &= a(Y_m,T_m) \cdot Y_m \\ &= a(Y_m,T_m) \cdot X_m + a(Y_m,T_m) \cdot D_m \\ &= (1-(1-a(Y_m,T_m))) \cdot X_m + a(Y_m,T_m) \cdot D_m \\ &= X_m \underbrace{-(1-a(Y_m,T_m)) \cdot X_m}_{F_{X_m}} + \underbrace{a(Y_m,T_m) \cdot D_m}_{F_{D_m}} \quad .\end{aligned}$$

Der Gesamtfehler zwischen geschätztem und wahrem Koeffizienten ist damit

$$F_m = F_{X_m} + F_{D_m} = (a(Y_m,T_m)-1) \cdot X_m + a(Y_m,T_m) \cdot D_m \quad . \tag{3.14}$$

Der Term F_{X_m} wird als Signalverzerrung bezeichnet, da er als Dämpfung des wahren Signalanteils X_m interpretiert werden kann. Der Ausdruck F_{D_m} wird Restrauschen genannt, da er den Anteil des Rauschens darstellt, der nach der Filterung noch vorhanden ist. Zur Verdeutlichung der beiden Begriffe wird ein Beispiel betrachtet.

Beispiel 3.7 (Restrauschen und Signalverzerrung bei Garrotte-Filterung)

Ein Signal werde mit weißem Rauschen der Varianz σ^2 additiv überlagert. Anschließend werden die WP-Koeffizienten mittels der Garrotte-Funktion gefiltert. Für die Garrotte-Funktion (2.26) ergibt sich der Dämpfungsfaktor

$$a_G(Y_m,T_m) = \begin{cases} 0, & \text{für } |Y_m| < T_m \\ 1 - \frac{T_m^2}{|Y_m|^2}, & \text{sonst} \end{cases} \quad .$$

Ordnet man die Koeffizienten der Größe des Betrages $|Y_m|$ nach an, so ergeben sich für die Fehlerenergien von Restrauschen und Signalverzerrung (hier Sprachverzerrung) die schematischen Verläufe in Abbildung 3.22. Die senkrechte, gestrichelte Linie entspricht dabei der Grenze, bei der die Koeffizientenbeträge $|Y_m|$ den Schwellwert T_m überschreiten. Für Koeffizienten, die kleiner als der Schwellwert sind, wächst zunächst die Signalverzerrung F_{X_m} an, da alle Koeffizienten mit $|Y_m| < T_m$ vollständig unterdrückt werden und die Wahrscheinlichkeit für Nutzsignalenergie mit wachsendem $|Y_m|$ steigt. Aufgrund der vollständigen Unterdrückung gibt es noch keinen Fehler durch Restrauschen. Ab dem Schwellwert

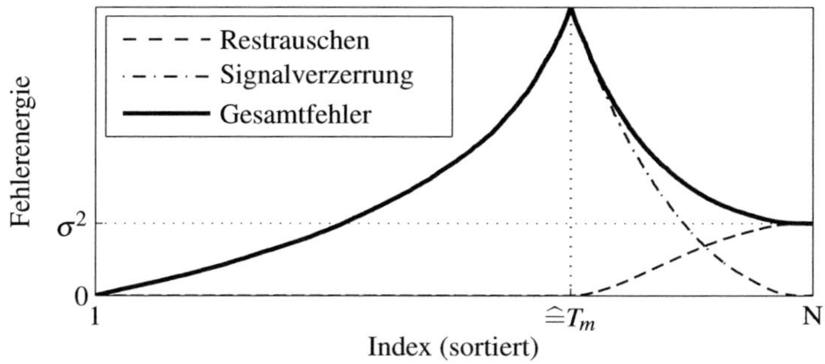

Abbildung 3.22: Schematische Verteilung des Restrauschens und der Sprachverzerrung auf die einzelnen Koeffizienten

wächst der Faktor a an, die Koeffizienten werden weniger gedämpft. Dadurch sinkt zwar die Signalverzerrung, das Restrauschen F_{D_m} wird allerdings größer null. Für $|Y_m| \to \infty$ konvergiert F_{X_m} gegen null und F_{D_m} gegen σ^2, da die Garrotte-Funktion große Koeffizienten nur noch unwesentlich dämpft. Der Gesamtfehler strebt damit ebenfalls gegen σ^2, wie man auch in Abbildung 3.22 erkennt.

Es soll nun eine Schätzung $\hat{R}_m(Y_m,T_m)$ für den MSE $R_m(Y_m,T_m)$ des m-ten gefilterten Koeffizienten $\hat{X}_m$ für einen gegebenen Betrag $|Y_m|$ des gestörten Koeffizienten und Schwellwerts T_m gefunden werden. Nimmt man die Störung D_m und das Signal X_m als unkorreliert voneinander an, folgt für den MSE des m-ten Koeffizienten:

$$\begin{aligned} R_m(Y_m,T_m) &= \mathrm{E}\left\{|F_m|^2\right\} \overset{F_m \text{ reell}}{=} \mathrm{E}\left\{F_m^2\right\} \\ &= \mathrm{E}\left\{F_{X_m}^2 + F_{X_m}\cdot F_{D_m} + F_{D_m}\cdot F_{X_m} + F_{D_m}^2\right\} \\ &= \mathrm{E}\left\{|F_{X_m}|^2\right\} + \mathrm{E}\left\{|F_{D_m}|^2\right\} \quad . \end{aligned}$$

Mit Gleichung (3.14) folgt:

$$\begin{aligned} R_m(Y_m,T_m) &= (a(Y_m,T_m)-1)^2\cdot\mathrm{E}\left\{|X_m|^2\right\} + a^2(Y_m,T_m)\cdot\mathrm{E}\left\{|D_m|^2\right\} \\ &= \left(a(Y_m,T_m)-1\right)^2\cdot\mathrm{E}\left\{|X_m|^2\right\} + a^2(Y_m,T_m)\cdot\sigma_m^2 \quad . \end{aligned} \tag{3.15}$$

Die mittlere Störenergie des m-ten Koeffizienten wird dabei mit σ_m^2 bezeichnet. Im Fall von weißem Rauschen ist $\sigma_m^2 = \sigma^2$ gerade die Varianz des Rauschens. Für stationäres, farbiges Rauschen gilt für jedes Frequenzband (Knoten im WP-Baum) ein eigenes σ_m^2, dieses ist dort aber für alle Koeffizienten gleich. Für nichtstationäre Störungen müssen entsprechende Schätzalgorithmen entworfen werden, die für jeden

Koeffizienten eine eigene mittlere Störenergie σ_m^2 schätzen. Für akustische Störungen werden entsprechende Verfahren in den Abschnitten 4.3 bis 4.5 vorgestellt. Die Schwellwerte T_m können dann proportional zu σ_m gewählt werden.

Schwieriger erweist sich bei mangelndem a-priori-Wissen die Bestimmung der mittleren Signalenergie $\mathrm{E}\left\{|X_m|^2\right\}$ des entsprechenden Koeffizienten. Dies gilt insbesondere auch für Sprachsignale aufgrund der schnellen Veränderlichkeit von Sprache. Findet man einen Schätzwert für $\mathrm{E}\left\{|X_m|^2\right\}$, so liefert Gleichung (3.15) für eine beliebige Schwellwertfunktion (bzw. entsprechenden Dämpfungsfaktor a) einen Schätzwert für den MSE. Das Problem der MSE-Schätzung wurde damit in das Problem der Schätzung von $\mathrm{E}\left\{|X_m|^2\right\}$ überführt.

3.2.2 Garrotte-MSE-Schätzer

Es soll nun speziell die Garrotte-Funktion als Schwellwertfunktion verwendet werden. Damit gilt:

$$a(Y_m,T_m) = a_G(Y_m,T_m) = \begin{cases} 0, & \text{für } |Y_m| < T_m \\ 1 - \frac{T_m^2}{|Y_m|^2}, & \text{sonst} \end{cases} . \tag{3.16}$$

Es verbleibt das Problem der Schätzung von $\mathrm{E}\left\{|X_m|^2\right\}$. Da bei Unkorreliertheit von Signal und Störung $\mathrm{E}\left\{|Y_m|^2\right\} = \mathrm{E}\left\{|X_m|^2\right\} + \mathrm{E}\left\{|D_m|^2\right\}$ gilt, könnte der gesuchte Erwartungswert durch

$$E_{X_m} := \mathrm{E}\left\{|X_m|^2\right\} = \mathrm{E}\left\{|Y_m|^2\right\} - \mathrm{E}\left\{|D_m|^2\right\} \tag{3.17}$$

berechnet werden. Allerdings ist auch $\mathrm{E}\left\{|Y_m|^2\right\}$ nicht bekannt, sondern nur der Koeffizientenbetrag $|Y_m|$ des gemessenen, gestörten Signals. Für eine gegebene Realisierung der Störung D_m ist allerdings $|Y_m|^2$ im Allgemeinen nicht gleich dem Mittelwert $\mathrm{E}\left\{|Y_m|^2\right\}$. Dennoch wird in [DJ95] und [KTMD99] der Erwartungswert (3.17) durch

$$\hat{E}^1_{X_m} = |Y_m|^2 - \sigma_m^2$$

geschätzt. Diese Schätzung hat allerdings einige Schwächen. Insbesondere kann $\hat{E}^1_{X_m}$ negativ werden, obwohl eine Energie nur positiv sein kann. Verwendet man daher zur Schätzung

$$\hat{E}^2_{X_m} = \begin{cases} |Y_m|^2 - \sigma_m^2, & \text{wenn } |Y_m|^2 > \sigma_m^2 \\ 0, & \text{sonst} \end{cases}$$

als Schätzwert für E_{X_m}, entspricht dies dem Soft Thresholding (Abschnitt 2.6.3). Soft Thresholding hat allerdings den Nachteil, dass auch Koeffizienten mit großem

Betrag (bzw. in diesem Falle großer Energie) gedämpft werden. Aus diesem Grund war die Garrotte-Funktion zur Schätzung der Koeffizientenbeträge besser als Soft Thresholding und folglich sollte sie daher auch bei der Schätzung von E_{X_m} den Vorzug erhalten. Damit ergibt sich:

$$\hat{E}_{X_m} = a^2(Y_m,\sigma_m)\cdot|Y_m|^2 \quad .$$

Als Schwellwert wird dabei σ_m verwendet, da angenommen wird, dass alle Koeffizienten mit $|Y_m| < \sigma_m$ lediglich Störung enthalten. Ab $|Y_m| = \sigma_m$ konvergiert die Schätzung dann gegen

$$\hat{E}_{X_m} \overset{|Y_m|\to\infty}{\longrightarrow} |Y_m|^2 \quad . \tag{3.18}$$

Dies ist sinnvoll, da bei großen Koeffizienten mit einem Betrag $|Y_m| \gg \sigma_m$ die Störung sehr viel kleiner als der Nutzsignalanteil sein wird.

Setzt man schließlich die Gleichungen des Garrotte-Dämpfungsfaktors (3.16) und des Schätzwerts (3.18) für $\mathrm{E}\left\{|X_m|^2\right\}$ in Gleichung (3.15) ein, so erhält man für $T_m \geq \sigma_m$ drei Wertebereiche des Garrotte-MSE-Schätzers:

1. $|Y_m| \leq \sigma_m$:

$$\hat{R}_m(Y_m,T_m) = \big(\underbrace{a_G(Y_m,T_m)}_{=0}-1\big)^2\cdot\underbrace{\hat{E}_{X_m}}_{=0}+\big(\underbrace{a_G(Y_m,T_m)}_{=0}\big)^2\sigma_m^2 = 0$$

2. $\sigma_m < |Y_m| \leq T_m$:

$$\begin{aligned}\hat{R}_m(Y_m,T_m) &= \big(\underbrace{a_G(Y_m,T_m)}_{=0}-1\big)^2\cdot\underbrace{\hat{E}_{X_m}}_{=a_G^2(Y_m,\sigma_m)\cdot|Y_m|^2}+\big(\underbrace{a_G(Y_m,T_m)}_{=0}\big)^2\sigma_m^2\\ &= a_G^2(Y_m,\sigma_m)\cdot|Y_m|^2\end{aligned}$$

3. $T_m < |Y_m|$:

$$\begin{aligned}\hat{R}_m(Y_m,T_m) &= \big(\underbrace{a_G(Y_m,T_m)}_{=1-\frac{T_m^2}{|Y_m|^2}}-1\big)^2\cdot\underbrace{\hat{E}_{X_m}}_{=a_G^2(Y_m,\sigma_m)\cdot|Y_m|^2}+\big(\underbrace{a_G(Y_m,T_m)}_{=1-\frac{T_m^2}{|Y_m|^2}}\big)^2\sigma_m^2\\ &= \frac{T_m^4}{|Y_m|^2}\left(1-\frac{\sigma_m^2}{|Y_m|^2}\right)^2+\left(1-\frac{T_m^2}{|Y_m|^2}\right)^2\cdot\sigma_m^2\end{aligned}$$

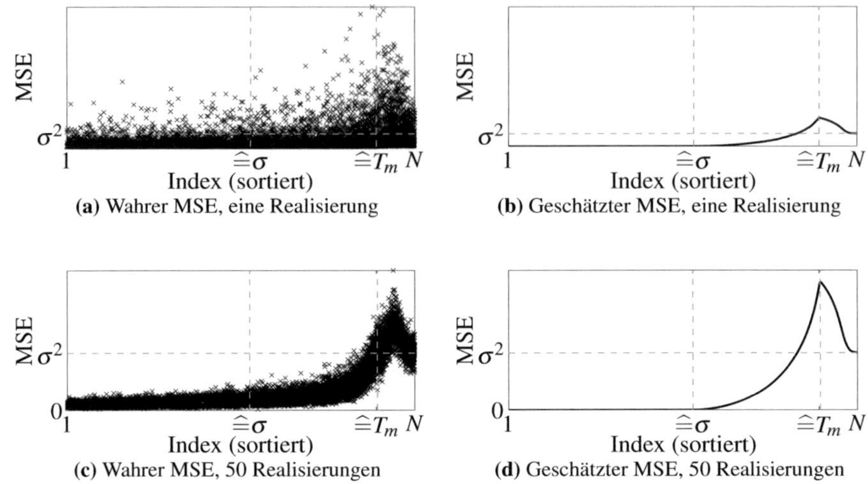

(**a**) Wahrer MSE, eine Realisierung (**b**) Geschätzter MSE, eine Realisierung

(**c**) Wahrer MSE, 50 Realisierungen (**d**) Geschätzter MSE, 50 Realisierungen

Abbildung 3.23: MSE-Schätzung bei einem Sprachsignal mit weißem Rauschen

Zusammengefasst erhält man:

$$\hat{R}_m(Y_m,T_m) = \begin{cases} 0, & \text{für } |Y_m| \leq \sigma_m \\ \left(1 - \frac{\sigma_m^2}{|Y_m|^2}\right)^2 \cdot |Y_m|^2, & \text{für } \sigma_m < |Y_m| \leq T_m \\ \frac{T_m^4}{|Y_m|^2}\left(1 - \frac{\sigma_m^2}{|Y_m|^2}\right)^2 + \left(1 - \frac{T_m^2}{|Y_m|^2}\right)^2 \cdot \sigma_m^2, & \text{für } T_m < |Y_m| \end{cases} . \tag{3.19}$$

Beispiel 3.8 (MSE-Schätzung bei einem Sprachsignal mit weißem Rauschen)

Ein Sprachsignal mit $N = 2^{14}$ Abtastwerten wird mit einem normalverteilten, weißen Rauschen der Standardabweichung $\sigma = 0{,}01$ überlagert. Es wird eine AWP-Analyse durchgeführt und eine orthonormale Basis gewählt. Die mittlere Störenergie jedes AWP-Koeffizienten ist $\sigma_m^2 = \sigma^2 = 10^{-4}$. Zu jedem gestörten Koeffizienten Y_m wird ein zugehöriges MSE $\hat{R}_m(Y_m,T_m)$ für $T_m = 2\sigma$ geschätzt. Anschließend werden die Koeffizienten mittels der Garrotte-Funktion gefiltert. Aus der Differenz der reinen und der gefilterten Koeffizienten kann der tatsächliche MSE R_m für jeden Koeffizienten berechnet werden. Ordnet man die Werte von R_m und $\hat{R}_m$ der Größe des Betrages $|Y_m|$ nach an, so ergeben sich die beiden Verläufe in den Abbildungen 3.23a und 3.23b. Man erkennt, dass der wahre MSE prinzipiell dem schematischen Verlauf in Abbildung 3.22 folgt. Jedoch ist

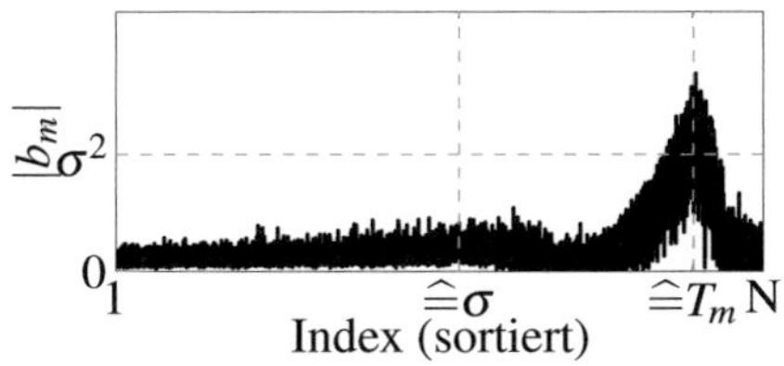

Abbildung 3.24: Bias

eine Bewertung des geschätzten MSE $\hat{R}_m$ durch Vergleich mit dem wahren MSE R_m aufgrund des stochastischen Charakters von R_m schwierig.

Daher wird nun das oben beschriebene Vorgehen für 50 Realisierungen des Rauschprozesses wiederholt. Die erhaltenen MSE $R_m^{(i)}$ bzw. $\hat{R}_m^{(i)}$ werden jeweils gemittelt. Die Resultate können als die Mittelwerte $\mathrm{E}\{R_m\}$ und $\mathrm{E}\{\hat{R}_m\}$ interpretiert werden. Dies stimmt allerdings nur näherungsweise, da bei der Mittelung Werte mit gleichem Index m miteinander gemittelt werden, was nicht gleichbedeutend ist mit einem gleichen Koeffizientenbetrag $|Y_m|$. Dennoch erkennt man nun durch den Vergleich der Abbildungen 3.23c und 3.23d die gute Übereinstimmung zwischen geschätztem und tatsächlichem MSE. Der Betrag des Bias

$$|b_m| = \left|\mathrm{E}\{R_m\} - \mathrm{E}\{\hat{R}_m\}\right| \tag{3.20}$$

ist in Abbildung 3.24 zu sehen. Die größte Abweichung zwischen geschätztem und tatsächlichem MSE liegt dabei genau beim Schwellert $|Y_m| = T_m$. Da die gemittelten Verläufe in Abbildung 3.23(c) und (d) allerdings aufgrund der Mittelung nach dem Index nicht genau den Erwartungswerten entsprechen, ist der Bias teilweise auf diese Verfälschung zurückzuführen.

3.2.3 Erwartungstreue und Konsistenz

Zwei wichtige Eigenschaften zur Beschreibung von Schätzern sind die Erwartungstreue und die Konsistenz. Erwartungstreue bedeutet, dass bei Interpretation von $|Y_m|$ als stochastischer Variable der Erwartungswert des geschätzten MSE $\mathrm{E}\{\hat{R}_m(Y_m,T_m)\}$ mit dem des tatsächlichen Fehlers $\mathrm{E}\{R_m(Y_m,T_m)\}$ identisch ist. Die Differenz beider Erwartungswerte, der sogenannte Bias

$$b_m = \mathrm{E}\{R_m(Y_m,T_m)\} - \mathrm{E}\{\hat{R}_m(Y_m,T_m)\} \quad ,$$

verschwindet daher. Konsistenz nennt man die Eigenschaft, dass mit einem zunehmenden Stichprobenumfang die Kovarianz des Schätzwertes kleiner wird, die Schätzung wird also genauer.

Zuerst wird die Konsistenz betrachtet. Bei der Verwendung eines Signals mit mehr Abtastwerten (längere Beobachtungszeit) existieren auch entsprechend mehr WP-Koeffizienten. Zur Schätzung eines MSE $\hat{R}_m(Y_m,T_m)$ wird aber immer nur ein einziger Koeffizient Y_m verwendet, unabhängig von der Signallänge. Von daher kann der Schätzer nicht als konsistent bezeichnet werden, die Definition ist unter diesen Umständen nicht anwendbar.

Die Prüfung der Erwartungstreue gestaltet sich schwieriger. Die gestörten Koeffizienten Y_m werden als stochastische Variablen betrachtet. Entsprechend sind auch das tatsächliche und geschätzte MSE $R_m(Y_m,T_m)$ bzw. $\hat{R}_m(Y_m,T_m)$ stochastische Größen. Es wird zunächst der Erwartungswert des tatsächlichen MSE betrachtet. Dabei werden zwei Fälle unterschieden:

1. $|Y_m| \leq T_m$ (lediglich Signalverzerrung):
$$\mathrm{E}\left\{R_m(Y_m,T_m)\right\} = \mathrm{E}\left\{|X_m - \hat{X}_m|^2\right\} = \mathrm{E}\left\{|X_m|^2\right\}$$
2. $|Y_m| > T_m$ (Signalverzerrung und Restrauschen): In diesem Fall erhält man mit Gleichung (3.15):
$$\mathrm{E}\left\{R_m(Y_m,T_m)\right\} = \mathrm{E}\left\{\frac{T_m^4}{|Y_m|^4}\mathrm{E}\left\{|X_m|^2\right\} + \left(1 - \frac{T_m^2}{|Y_m|^2}\right)^2 \sigma_m^2\right\}.$$
An der unteren Intervallgrenze $Y_m = T_m$ ist der Erwartungswert des MSE
$$\mathrm{E}\left\{R_m(Y_m = T_m,T_m)\right\} = \mathrm{E}\left\{|X_m|^2\right\}$$
und ist damit stetig. Für große Beträge von $|Y_m|$ nähert sich der MSE der mittleren Rauschenergie σ_m^2 an.

Als zweites wird der Erwartungswert des geschätzten MSE $\mathrm{E}\left\{\hat{R}_m(Y_m,T_m)\right\}$ betrachtet. Dabei müssen drei Bereiche unterschieden werden:

1. $|Y_m| \leq \sigma_m$ (vollständige Koeffizientenunterdrückung, Nutzsignalabwesenheit angenommen, kein Fehler):
$$\mathrm{E}\left\{\hat{R}_m(Y_m,T_m)\right\} = 0$$
2. $\sigma_m < |Y_m| \leq T_m$ (vollständige Koeffizientenunterdrückung, wenig Nutzsignalenergie verglichen zur Störenergie vorhanden, Signalverzerrung wächst):
$$\begin{aligned}\mathrm{E}\left\{\hat{R}_m(Y_m,T_m)\right\} &= \mathrm{E}\left\{\left(|Y_m| - \frac{\sigma_m^2}{|Y_m|}\right)^2\right\}\\ &= \mathrm{E}\left\{|Y_m|^2\right\} - 2\sigma_m^2 + \sigma_m^4\,\mathrm{E}\left\{\frac{1}{|Y_m|^2}\right\}\\ &= \mathrm{E}\left\{|X_m|^2\right\} - \sigma_m^2 + \sigma_m^4\,\mathrm{E}\left\{\frac{1}{|Y_m|^2}\right\} \quad .\end{aligned} \tag{3.21}$$

Der Erwartungswert $\mathrm{E}\left\{\frac{1}{|Y_m|^2}\right\}$ existiert allerdings nicht immer. Insbesondere bei Annahme einer Normalverteilung des entsprechenden Real- und Imaginärteils der Koeffizienten Y_m zeigt sich, dass das Integral zur Berechnung des Erwartungswertes nicht konvergiert und dieser daher nicht existiert. Der Beweis dazu findet sich in Anhang B.5. Der Erwartungswert $\mathrm{E}\left\{\hat{R}_m(Y_m,T_m)\right\}$ kann allerdings an den Grenzen des Definitionsbereichs berechnet werden. Wird der Schwellwert für alle Koeffizienten als ein Vielfaches der entsprechenden Standardabweichung σ_m der Störung gesetzt

$$T_m = \alpha_{\text{th}} \cdot \sigma_m \quad ,$$

so nimmt $\mathrm{E}\left\{\hat{R}_m(Y_m,T_m)\right\}$ an den Grenzen $Y_m = \sigma_m$ und $Y_m = T_m$ die Werte

$$\begin{aligned}
&\mathrm{E}\left\{\hat{R}_m(Y_m = \sigma_m,T_m)\right\} = 0 \quad \text{und} \\
&\mathrm{E}\left\{\hat{R}_m(Y_m = T_m,T_m)\right\} = \mathrm{E}\left\{|X_m|^2\right\} + \left(\frac{1}{\alpha_{\text{th}}^2} - 1\right)\sigma_m^2
\end{aligned}$$

an.

3. $T_m < |Y_m|$ (Koeffizientendämpfung nimmt ab, Signalverzerrung nimmt ab, Restrauschen nimmt zu):

$$\begin{aligned}
\mathrm{E}\left\{\hat{R}_m(Y_m,T_m)\right\} &= \mathrm{E}\left\{\frac{T_m^4}{|Y_m|^4}\left(|Y_m| - \frac{\sigma_m^2}{|Y_m|}\right)^2 + \left(1 - \frac{T_m^2}{|Y_m|^2}\right)^2 \sigma_m^2\right\} \\
&= \mathrm{E}\left\{\frac{T_m^4}{|Y_m|^4}\left(|X_m|^2 - \sigma_m^2 + \frac{\sigma_m^4}{|Y_m|^2}\right) + \left(1 - \frac{T_m^2}{|Y_m|^2}\right)^2 \sigma_m^2\right\}
\end{aligned}$$

Dieser Ausdruck strebt für große $|Y_m|$ gegen die mittlere Störenergie σ_m^2. Der rechtsseitige Grenzwert von $\mathrm{E}\left\{\hat{R}_m(Y_m,T_m)\right\}$ für $|Y_m| \to T_m = \alpha_{\text{th}} \cdot \sigma_m$ strebt gegen $\mathrm{E}\left\{\hat{R}_m(T_m,T_m)\right\}$, womit der Erwartungswert der Schätzung stetig ist.

Um eine Aussage über die Güte der Schätzung zu treffen, wird der Bias in allen drei Bereichen berechnet und der maximale Bias gesucht.

1. $|Y_m| \leq \sigma_m$:

$$\begin{aligned}
b_m &= \mathrm{E}\left\{R_m\right\} - \mathrm{E}\left\{\hat{R}_m\right\} \\
&= \mathrm{E}\left\{|X_m|^2\right\}
\end{aligned}$$

Der Bias hängt in diesem Bereich also vom gegebenen Signal ab. Im Allgemeinen ist er größer null. Allerdings wird er typischerweise nur sehr klein sein, da für $|Y_m| \leq \sigma_m$ die Wahrscheinlichkeit, dass in $|Y_m|$ Nutzsignalanteile enthalten sind, sehr gering ist.

2. $\sigma_m < |Y_m| \leq T_m$:

$$b_m = \sigma_m^2 - \sigma_m^4 \cdot \mathrm{E}\left\{ \frac{1}{|Y_m|^2} \right\} .$$

Interpretiert man den Bias als eine Funktion von $|Y_m|$, liegt er für $T_m = \alpha_{\mathrm{th}} \cdot \sigma_m$ im Bereich:

$$b_m \in \left] 0, \left(1 - \frac{1}{\alpha_{\mathrm{th}}^2} \right) \sigma_m^2 \right] \quad .$$

3. $T_m < |Y_m|$:

$$b_m = \mathrm{E}\left\{ \frac{T_m^4}{|Y_m|^4} \left(\sigma_m^2 - \frac{\sigma_m^4}{|Y_m|^2} \right) \right\} .$$

Untersucht man den Bias als Funktion von $|Y_m|$ auf Maxima, so liegt das einzige Maximum für $|Y_m| > 0$ bei $|Y_m^{\max}| = \frac{\sqrt{6}}{2}\sigma_m$. Gilt für den Schwellwert $T_m > |Y_m^{\max}|$, so liegt dieses Maximum nicht im betrachteten Wertebereich. Es existiert dann ein Randmaximum bei $|Y_m| = T_m$, das allerdings kleiner als das Maximum bei $|Y_m^{\max}|$ ist. Um den maximalen (schlechtesten) Bias zu untersuchen, muss also $T_m \leq |Y_m^{\max}|$ gelten. Aufgrund der Stetigkeit ist dies dann auch der maximale Bias in allen Bereichen. Er ergibt sich zu:

$$\begin{aligned} b_m^{\max,1} &= \mathrm{E}\{R_m(Y_m^{\max}, T_m)\} - \mathrm{E}\left\{\hat{R}_m(Y_m^{\max}, T_m)\right\} \\ &= \frac{T_m^4}{\sigma_m^2} \frac{4}{27}, \quad T_m \leq |Y_m^{\max}| \quad . \end{aligned}$$

Da für eine effektive Filterung sinnvollerweise $T_m \geq \sigma_m$ gelten muss, wird wegen $T_m \leq \frac{\sqrt{6}}{2}\sigma$ der Schwellwert zu $T_m = \sigma_m$ gesetzt. Man erhält damit einen relativen maximalen Bias von

$$T_m = \sigma_m : \quad \frac{b_m^{\max,1}}{\hat{R}_m(Y_m^{\max}, \sigma_m)} = \frac{4}{5} = 80\% \quad .$$

Da man den Schwellwert üblicherweise im Intervall $\sigma_m \leq T_m \leq 3\,\sigma_m$ wählt, wird der maximale Bias nun noch für $T_m = 2\,\sigma_m$ und $T_m = 3\,\sigma_m$ untersucht. In beiden Fällen liegt $Y_m^{\max}$ nicht mehr im betrachteten Wertebereich. Daher ist der maximale Bias nun bei $|Y_m| = T_m$ zu finden:

$$\begin{aligned} b_m^{\max,2}(T_m) &= \mathrm{E}\{R_m(Y_m = T_m, T_m)\} - \mathrm{E}\left\{\hat{R}_m(Y_m = T_m, T_m)\right\} \\ &= \sigma_m^2 - \frac{\sigma_m^4}{T_m^2}, \quad T_m > |Y_m^{\max}| \quad . \end{aligned}$$

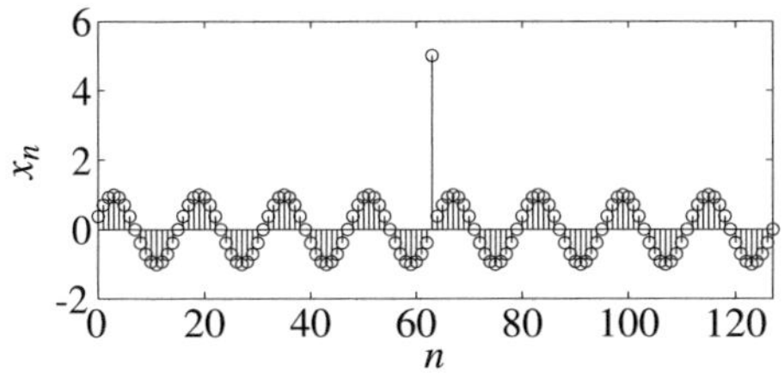

Abbildung 3.25: Testsignal

Der relative maximale Bias ergibt sich damit zu:

$$T_m = 2\,\sigma_m: \quad \frac{b_m^{\max,2}(2\,\sigma_m)}{\hat{R}_m(2\,\sigma_m,2\,\sigma_m)} = \frac{1}{3} \approx 33\%$$

$$T_m = 3\,\sigma_m: \quad \frac{b_m^{\max,2}(3\,\sigma_m)}{\hat{R}_m(3\,\sigma_m,3\,\sigma_m)} = \frac{1}{8} = 12{,}5\% \quad .$$

Aus den obigen Betrachtungen erkennt man, dass die Güte der MSE-Schätzung vom gewählten Schwellwert T_m abhängt. Für $T_m = 2\,\sigma_m$ oder $T_m = 3\,\sigma_m$ ist der maximale Bias klein genug, um die Basiswahl nur unwesentlich zu beeinträchtigen. Bei einem kleinen Schwellwert von $T_m = \sigma_m$ ist der Fehler vergleichsweise groß, allerdings nur für wenige Koeffizienten in der Nähe des Schwellwertes. Somit ist der Schätzwert (3.19) ein geeignetes Kriterium zur Basiswahl.

3.2.4 Filterung bei Basiswahl mittels Garrotte-MSE-Schätzung

Ziel der MSE-Schätzung war es, die Entropie durch ein Gütemaß zu ersetzen, das direkt die Qualität des gefilterten Signals berücksichtigt. Dabei ist nicht zu erwarten, dass das MSE als Gütemaß zur Basiswahl der Entropie stets überlegen ist. Im Falle von stationärem, weißem Rauschen beispielsweise verteilt sich die Störenergie im Mittel gleichmäßig auf alle Koeffizienten der Zeit-Frequenz-Darstellung. Damit weist diese Störart keine Präferenz für die Basiswahl auf. Für eine konkrete Realisierung des Rauschens wird die Basiswahl zwar trotzdem im Vergleich zum unverrauschten Fall verändert, jedoch wird diese Wirkung in den meisten Fällen unwesentlich sein.

Beispiel 3.9 (Filterung eines künstlichen Signals bei weißem Rauschen)

Es wird ein künstlich erzeugtes Signal bestehend aus einer Sinusschwingung und einem Dirac-Impuls betrachtet. Das Signal ist in Abbildung 3.25 dargestellt. Da die Sinus-Komponente der Energie nach dominierend ist, wird die kompakteste Zeit-Frequenz-Darstellung die einzelne Frequenz des Sinus gut auflösen, also einen entsprechend tiefen Knoten des WP-Baums wählen, während in den anderen Frequenzbereichen eine gute Zeitauflösung aufgrund des Dirac-Impulses bevorzugt wird. Eine Störung, auch weißes Rauschen, wird die Basiswahl beeinträchtigen. Es soll daher nun untersucht werden, ob für variierende Signal-Rausch-Verhältnisse (Signal to Noise Ratio, SNR) die Entropie oder der geschätzte MSE robuster gegen Störeinfluss ist.

Für die SNR-Stufen -5 bis $+15$ dB werden jeweils 50 Realisierungen eines weißen Rauschprozesses mit entsprechender Varianz σ^2 erzeugt. Die verrauschten Signale werden jeweils mittels Entropie- und MSE-Basiswahl analysiert und gefiltert. Dabei wurde der Schwellwert für alle Koeffizienten zu $T = 2 \cdot \sigma$ gewählt. Für alle 50 Realisierungen einer SNR-Stufe SNR_y werden jeweils die resultierenden Fehlerbeträge

$$e_{\mathrm{MSE}}^{(i)}(\mathrm{SNR}_y) = \sqrt{\sum_{n=0}^{N-1} \left|x(n) - \hat{x}^{(i)}(n)\right|^2} \tag{3.22}$$

berechnet und anschließend gemittelt:

$$\bar{e}_{\mathrm{MSE}}(\mathrm{SNR}_y) = \frac{1}{50} \sum_{i=1}^{50} e_{\mathrm{MSE}}^{(i)}(\mathrm{SNR}_y) \quad . \tag{3.23}$$

Daraus kann das zugehörige SNR mittels

$$\mathrm{SNR}_{\mathrm{MSE}}(\mathrm{SNR}_y) = 10 \cdot \log \left(\frac{\sum_{n=0}^{N-1} |x(n)|^2}{\bar{e}_{\mathrm{MSE}}^2(\mathrm{SNR}_y)} \right) \tag{3.24}$$

berechnet werden. Die Berechnung des SNR bei Entropie-Basiswahl $\mathrm{SNR}_{\mathrm{Ent}}(\mathrm{SNR}_y)$ erfolgt analog. Abbildung 3.26 zeigt die resultierenden Verläufe $\mathrm{SNR}_{\mathrm{Ent}}(\mathrm{SNR}_y)$ und $\mathrm{SNR}_{\mathrm{MSE}}(\mathrm{SNR}_y)$. Beide Basiswahlverfahren liefern im Mittel etwa gleich gute Filterergebnisse, was den vorherigen Überlegungen entspricht.

Das mittlere Filterergebnis über mehrere Realisierungen ist also für beide Gütemaße gleich gut. Es wird nun untersucht, wie sich das SNR des gefilterten Signals für einzelne Realisierungen verhält. Dafür werden 200 Realisierungen des weißen Rauschprozesses erzeugt. Die Varianz σ^2 ist so eingestellt, dass das mittlere SNR des gestörten Signals 4 dB beträgt. Die sonstigen Parameter der Filterung werden nicht verändert. Es ergeben sich für die betrachteten Realisierungen die SNR in Abbildung 3.27. Man erkennt nun, dass die Filterung mittels Entropie-Basiswahl in Abbildung 3.27a mehrfach deutliche Abweichungen vom mittleren SNR (gestrichelt) nach unten aufweisen. Solche Abweichungen treten bei der

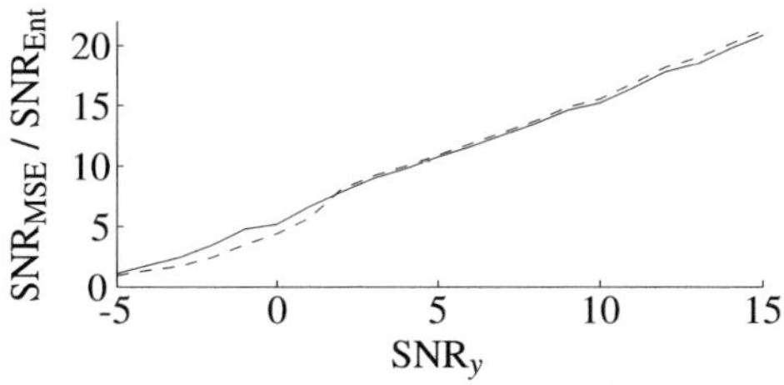

Abbildung 3.26: Filterergebnisse des Sinus-Impuls-Signals für verschiedene SNR (jeweils 50 Realisierungen des Rauschens). Durchgezogene Linie: $\text{SNR}_{\text{MSE}}(\text{SNR}_y)$, gestrichelte Linie: $\text{SNR}_{\text{Ent}}(\text{SNR}_y)$

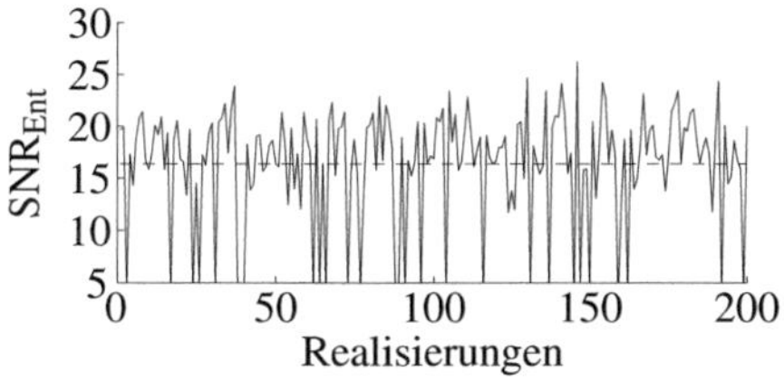

(a) SNR_{Ent}

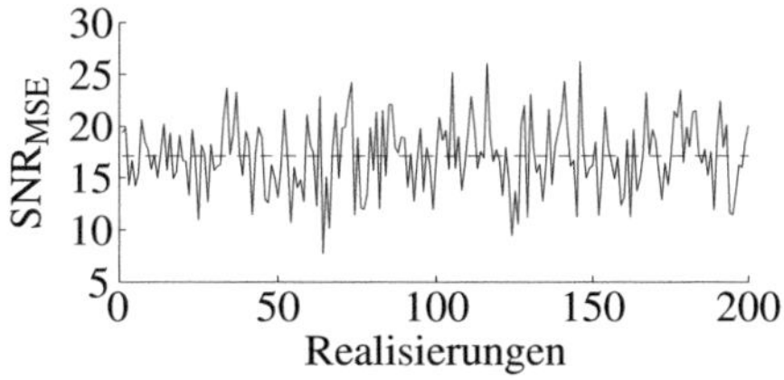

(b) SNR_{MSE}

Abbildung 3.27: Verschiedene SNRs des gefilterten Signals für verschiedene Realisierungen des weißen Rauschens bei einem SNR_y von 4 dB

Filterung mittels MSE-Basiswahl nicht auf, wie in Abbildung 3.27b dargestellt ist. Im Mittel sind zwar beide Filterungen in etwa gleich gut, bei der Entropie-Basis ist es aber möglich, bei einer ungünstigen Realisierung des Rauschens eine Basis zu wählen, mit der die Filterung deutlich schlechtere Ergebnisse liefert. Die MSE-Basiswahl ist also robuster gegen mögliche Fehler bei der Basiswahl aufgrund des weißen Rauschens.

Anders als bei weißem Rauschen besitzt beispielsweise farbiges Rauschen eine Präferenz in der Zeit-Frequenz-Ebene. Eine Maximierung der Entropie bei der Basiswahl kann zum einen dazu führen, dass viel Rauschenergie in einem Koeffizienten gesammelt wird, der dann durch die Garrotte-Funktion relativ gering gefiltert wird. Dies wäre eine negative Auswirkung auf das Filterergebnis. Des Weiteren sorgt die Spezialisierung der Basis auf die Störung für eine schlechtere Darstellung des Nutzsignals in der Zeit-Frequenz-Ebene und damit zu einer schlechteren Filterung. Auf der anderen Seite ist es allerdings möglich, dass die Störung durch eine möglichst kompakte Zeit-Frequenz-Darstellung durch das Unterdrücken weniger Koeffizienten besonders effizient entfernt werden kann. Dies stellt aber einen Sonderfall dar.

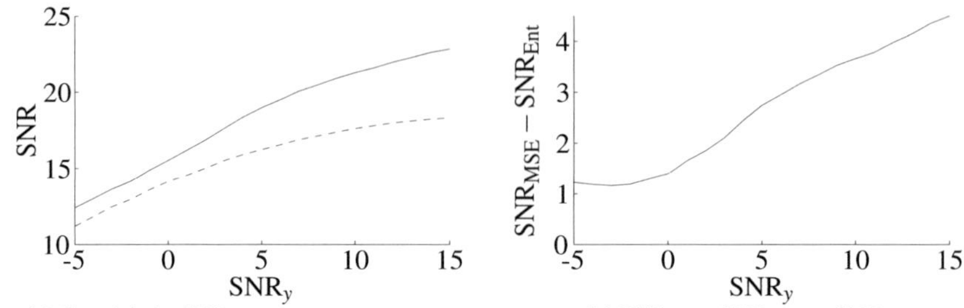

(**a**) Gestrichelt: $\mathrm{SNR}_{\mathrm{Ent}}$
Durchgezogen: $\mathrm{SNR}_{\mathrm{MSE}}$

(**b**) Differenz $\mathrm{SNR}_{\mathrm{MSE}} - \mathrm{SNR}_{\mathrm{Ent}}$

Abbildung 3.28: Filterergebnisse des Sprachsignals für verschiedene SNR (jeweils 50 Realisierungen des farbigen Rauschens)

Beispiel 3.10 (Sprachsignalfilterung bei farbigem Rauschen)
Es wird nun als Nutzsignal ein Sprachsignal aus der PhonDat2-Datenbank verwendet („Guten Tag") [Bay]. Es wird ein weißes Rauschen der Varianz σ^2 erzeugt und mittels des Filters

$$G(z) = \frac{A}{(z - z_\infty)(z - z_\infty^*)}, \quad z_\infty = 0{,}95 \cdot \exp\left(j\frac{\pi}{2}\right)$$

in ein farbiges Rauschen umgewandelt. Dabei wird der Faktor A so gewählt, dass die maximale Verstärkung $|G(z = \exp(j\angle z_\infty))| = 1$ beträgt. Die Störung wird soweit verstärkt, dass sich ein vorgegebenes SNR_y von -5 bis 15 dB ergibt. Die Überlagerung von Sprachsignal und Störung wird mittels AWP analysiert, eine Basis basierend auf beiden Gütemaßen (MSE und Entropie) gewählt und mittels Wavelet-Schwellwertfilterung (Garrotte-Funktion) gefiltert. Der Schwellwert in jedem Frequenzband p wird dabei zu $T_p = 2 \cdot \sigma_p$ gewählt. Die Standardabweichung σ_p der Störung im entsprechenden Frequenzband wird gemäß

$$\sigma_p = \mathrm{median}(|c_y(p,n)|)/0{,}6745$$

geschätzt [DJ94, Mal99]. Das SNR des gestörten Signals wird zwischen -5 und 15 dB variiert. Für jede SNR-Stufe wird das oben beschriebene Vorgehen für 50 Realisierungen des Rauschens durchgeführt. Das zugehörige mittlere SNR nach der Filterung wird durch die Gleichungen (3.22)–(3.24) berechnet. Die Ergebnisse sind in Abbildung 3.28 dargestellt. Im Gegensatz zu weißem Rauschen liegt das geschätzte SNR bei MSE-Basiswahl immer 1 bis 4,5 dB über dem SNR bei Entropie-Basiswahl. Insbesondere wächst der Gewinn bei MSE-Basiswahl gegenüber der Entropie für wachsendes SNR_y an, siehe Abbildung 3.28b. Dies

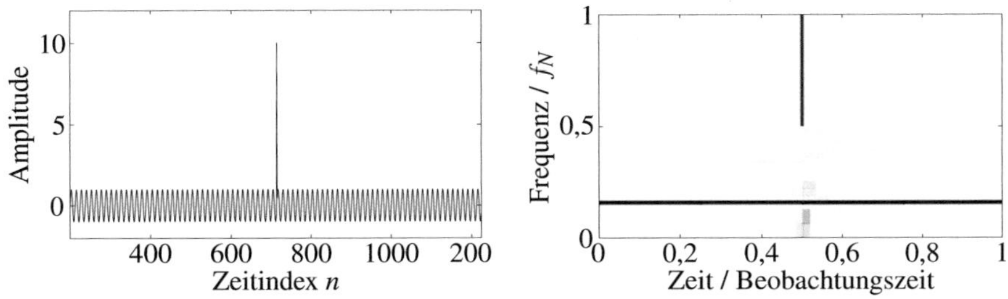

(a) Signal im Zeitbereich

(b) Signalenergie in der Zeit-Frequenz-Ebene

Abbildung 3.29: Beispiel für ein Signal, dessen Komponenten nicht gleichzeitig kompakt in einer orthonormalen Basis des Wavelet-Packet-Frames dargestellt werden können

erklärt sich dadurch, dass zwei Effekte zum Tragen kommen. Einerseits soll die Sprache möglichst kompakt dargestellt werden. Das farbige Rauschen beeinflusst die Entropie-Basiswahl und verschlechtert dadurch die Filterung. Bei niedrigem SNR allerdings (starke Störung) ist es auch vorteilhaft, die Störung komprimiert darzustellen, damit sie möglichst wenige Koeffizienten des Nutzsignals beeinflusst. Daher wird der Gewinn der MSE-Schätzers geringer für schlechte SNR_y.

3.3 Filterung mit Hilfe des gesamten Wavelet-Packet-Frames

In Abschnitt 2.5.2 wurde ausführlich erläutert, dass ein vollständiges Wavelet Packet einen Tight Frame darstellt. Es handelt sich also nicht um eine (orthonormale) Basis, sondern es sind redundante Informationen enthalten. Das Signal im Zeitbereich (bzw. in der Wurzel des WP-Baumes) könnte z.B. allein aus den Koeffizienten $c_{k,b}(n)$ für $k = 1$ rekonstruiert werden, allerdings auch aus den Koeffizienten der Stufe $k = 2$ oder jeder anderen Stufe. Diese Redundanz wurde bisher dazu verwendet, um eine orthonormale, nicht-redundante Basis zu wählen, die an das gegebene Signal angepasst ist.

Generell ist es wünschenswert (z.B. zur Signalanalyse, Kompression, Filterung bei weißem Rauschen), dass sich ein Signal durch die verwendete Darstellung in möglichst wenigen Koeffizienten darstellen lässt. Es gibt allerdings Fälle, in denen sich keine geeignete orthonormale Basis innerhalb des Wavelet-Packet-Frames finden lässt. Ein solches Signal zeigt Abbildung 3.29. Es besteht aus einer Sinusschwingung und einem Dirac-Impuls. Die Koeffizientenenergie in der Zeit-Frequenz-Ebene für die beste Basis gemäß Entropie-Wahl ist in Abbildung 3.29b gezeigt. Man erkennt, dass die Sinus-Komponente aufgrund ihrer großen Energie gegenüber dem Impuls frequenzscharf dargestellt wird. Auch der Dirac-Impuls wird in der oberen Hälfte der Zeit-Frequenz-Ebene gut, also hier zeitscharf, repräsentiert. Jedoch sorgt die Dominanz der Sinusschwingung für eine suboptimale Darstellung des Impulses in der unteren Hälfte der Zeit-Frequenz-Ebene. Die Energie des Impulses verteilt sich auf viele Koeffizienten. Würde dieses Signal mit weißem Rauschen überlagert und mittels Wavelet-Schwellwertfilterung gefiltert, lägen viele Koeffizienten, die Signalenergie der Impulskomponente tragen, unterhalb oder in der Nähe des Schwellwertes und würden stark gefiltert. Für den Dirac-Impuls wäre die kompakteste Basiswahl der Wurzelknoten $c_{0,0}(n)$, also der diskrete Zeitbereich. Auch in den Koeffizienten anderer Knoten mit geringer Tiefe k wäre seine Energie noch weitestgehend konzentriert. Obwohl also im Wavelet-Packet-Frame Basisfunktionen enthalten sind, die den Impuls gut darstellen, sind diese nicht Teil der gewählten orthonormalen Basis. Sie spielen daher bei der Filterung bisher keine Rolle.

Es wurden bereits Verfahren entwickelt, die eine nicht-orthogonale Darstellung aus dem Wavelet-Packet-Frame wählen. Die beiden bekanntesten Verfahren dieser Art heißen Matching Pursuit von Mallat und Zhang [MZ93], sowie Basis Pursuit von Chen, Donoho und Saunders [CDS98]. Beide Verfahren werden kurz in Abschnitt 3.3.1 vorgestellt. Sie haben allerdings den Nachteil, dass die Berechnungen sehr zeitintensiv sind. Des Weiteren werden auch hier nur eine Untermenge aller Basisfunktionen des Frames verwendet. Die Grundidee des in Abschnitt 3.3.2 entwickelten Verfahrens ist daher, dass unter Einbeziehung *aller* Koeffizienten eines Wavelet Packets eine bessere Filterung möglich ist, da dadurch die Redundanz des Wavelet Packets größtmöglich genutzt wird. Dabei sollen die einzelnen Koeffizienten bzw. Basisfunktionen gemäß ihrer Güte zur Filterung berücksichtigt werden. Das entwickelte Verfahren wird in Abschnitt 3.3.3 validiert.

3.3.1 Nicht-Orthogonale Signaldarstellungen

Beide der im Folgenden vorgestellten Verfahren zielen darauf ab, ein Signal $x(t)$ mittels einer bestimmten Anzahl N an Funktionen $\varphi_i(t)$ zu approximieren.

$$x(t) \approx \sum_{i=1}^{N} c_i \, \varphi_i(t)$$

Die Gesamtheit aller N_φ Funktionen $\varphi_i(t)$ bildet den Frame F (das Wavelet Packet):

$$F := \{\varphi_i(t)\}_{1 \leq i \leq N_\varphi} \quad . \tag{3.25}$$

Dabei ist die Wahl der Funktionen zur Signaldarstellung nicht auf orthonormale Basen eingeschränkt. Auf beide Verfahren trifft zu, dass sie gegenüber der Wahl einer orthonormalen Basis sehr viel langsamer sind und somit in Online-Anwendungen nicht zum Einsatz kommen können.

Matching Pursuit

Im Folgenden werden alle Signale als Vektoren (z.B. $\underline{x}$) geschrieben. Das Matching Pursuit ist ein iteratives Verfahren. Im ersten Schritt wird das Signal $\underline{x}$ lediglich durch die Funktion $\underline{\varphi}_0$ dargestellt, wobei der Koeffizient $c_0 = \left\langle \underline{x}, \underline{\varphi}_0 \right\rangle$ dem Betrage nach von allen Koeffizienten der größte sei. Der Anteil des Signals $\underline{x}$, der nicht von $\underline{\varphi}_0$ dargestellt werden kann, ist das sogenannte Residuum:

$$\underline{Res}_x^{(1)} = \underline{x} - \left\langle \underline{x}, \underline{\varphi}_0 \right\rangle \underline{\varphi}_0 \quad .$$

Es wird nun in jedem Iterationsschritt m diejenige Framefunktion $\underline{\varphi}_m$ zur Signaldarstellung hinzugenommen, die mit dem entsprechenden Residuum $\underline{Res}_x^{(m)}$ die größte Korrelation aufweist, also den Koeffizienten mit größtem Betrag besitzt. Die Projektion des Residuums $\underline{Res}_x^{(m)}$ auf diese Funktion wird vom Residuum selbst subtrahiert, um das neue Residuum $\underline{Res}_x^{(m+1)}$ zu erhalten:

$$\underline{Res}_x^{(m+1)} = \underline{Res}_x^{(m)} - \left\langle \underline{Res}_x^{(m)}, \underline{\varphi}_m \right\rangle \underline{\varphi}_m \quad .$$

Das Verfahren bricht ab, wenn N Framefunktionen der Signaldarstellung von $\underline{x}$ hinzugefügt wurden. Alternativ können die Iterationen auch enden, wenn das Residuum unter eine bestimmte Schranke fällt. Das Signal $\underline{x}$ wird schließlich durch

$$\underline{x} = \sum_{m=0}^{N-1} \left\langle \underline{Res}_x^{(m)}, \underline{\varphi}_m \right\rangle \underline{\varphi}_m + \underline{Res}_x^{(N)}$$

dargestellt. Angewandt auf Wavelet Packets bedeutet dies, dass das Signal $\underline{x}$ zuerst vollständig mittels einer Multiraten-Filterbank zerlegt wird. Anschließend wird der betragsmäßig größte Koeffizient im gesamten Paket gesucht. Alle Koeffizienten außer diesem einen müssen zu null gesetzt und eine Signalsynthese durchgeführt werden. Man erhält so durch Subtraktion des rekonstruierten Signals im Wurzelknoten vom zeitdiskreten Signal $\underline{x}$ das erste Residuum $\underline{Res}_x^{(1)}$. Dieses muss nun für jede Iteration durch die vollständige Filterbank analysiert, der größte Koeffizient gefunden und dieser zurücktransformiert werden. Pro Funktion $\underline{\varphi}_m$ in der gewählten Signaldarstellung muss also eine WP-Analyse und Synthese durchgeführt werden. Dies bedeutet einen sehr hohen Rechenaufwand. Das zweite Problem dieses Verfahrens ist, dass die gefundene Signaldarstellung nicht global optimal sein muss. Wenn beispielsweise die erste gefundene Framefunktion nicht Teil der global optimalen Lösung ist, kann die mittels Matching Pursuit gefundene Darstellung insgesamt nicht global optimal sein. Dieses Problem wird von Basis Pursuit gelöst.

Basis Pursuit

Basis Pursuit wurde von Chen, Donoho und Saunders [CDS98] entwickelt und stellt ein globales Optimierungsverfahren zur Signaldarstellung dar. Es wird dabei die L_1-Norm der Koeffizienten

$$\sum_{i=1}^{N} |c_i|$$

unter der Nebenbedingung

$$\underline{x} = \sum_{i=1}^{N} c_i \, \underline{\varphi}_i$$

minimiert. Dieses Optimierungsproblem ist zunächst nichtlinear, kann aber in ein lineares Optimierungsproblem umformuliert werden. Im Gegensatz zu Matching Pursuit erhält man eine global optimale (bzgl. der L_1-Norm), nicht-orthogonale Signaldarstellung. Jedoch ist der Rechenaufwand nochmals deutlich größer [Mal99].

3.3.2 Das Verfahren der Redundanten Synthese

Die bisherigen nicht-orthogonalen Verfahren wurden unter dem Gesichtspunkt einer optimalen Signaldarstellung mittels nicht-orthogonaler Funktionen eines Frames entwickelt. Dabei war vor allem der hohe Rechenaufwand ein großes Problem. Die grundlegende Idee des im Folgenden präsentierten Verfahrens ist, dass sämtliche Framefunktionen in die Signaldarstellung bzw. Filterung eingehen. Dabei sollen allerdings alle Funktionen gemäß ihrer Güte, also abhängig von ihrer Nutz- und Störenergie, berücksichtigt werden. Als Güte wird dabei das geschätzte MSE (3.19) jedes Koeffizienten aus Abschnitt 3.2 verwendet.

Folgende Schritte müssen zunächst vorausgesetzt werden:

1. Das gegebene gestörte Signal wurde mittels einer (reellen oder analytischen) Wavelet-Packet-Filterbank analysiert.

2. Eine zeit-frequenz-abhängige Schätzung der Störung wurde durchgeführt (siehe Abschnitt 4.3 bis 4.5).

3. Die Koeffizienten in allen Knoten des Wavelet Packets wurde mittels Wavelet-Schwellwertfilterung gefiltert.

4. Auf Basis der Koeffizienten des gestörten Signals wurde eine MSE-Schätzung für jeden Koeffizienten des Wavelet Packets durchgeführt (siehe Gleichung (3.19)).

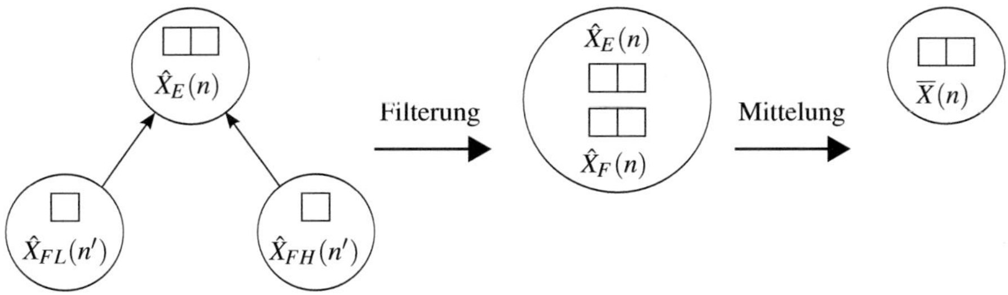

Abbildung 3.30: Ein Iterationsschritt des Verfahrens der Redundanten Synthese

Da das Verfahren möglichst wenig Rechenzeit in Anspruch nehmen soll, wird ähnlich wie bei der orthonormalen Basiswahl das Gesamtproblem auf das sich wiederholende Teilproblem eines einstufigen Wavelet-Packet-Baums reduziert. Dies ist in Abbildung 3.30 dargestellt. Die gefilterten Koeffizienten des Elternknotens werden mit $\hat{X}_E(n)$ bezeichnet, die der beiden Folgeknoten mit $\hat{X}_{FL}(n')$ und $\hat{X}_{FH}(n')$. Durch eine Stufe der Synthese-Filterbank kann aus den Folgekoeffizienten $\hat{X}_{FL}(n')$ und $\hat{X}_{FH}(n')$ ein Filterergebnis $\hat{X}_F(n)$ im Raum des Elternknotens berechnet werden. Bei Wahl einer orthonormalen Basis über das in Abschnitt 2.5.3 beschriebene Verfahren würde nur eines der beiden Filterergebnisse verwendet werden ($\hat{X}_E(n)$ oder $\hat{X}_F(n)$), das andere würde verworfen. Die Berücksichtigung beider Filterergebnisse kann nun über eine gewichtete Mittelung

$$\overline{X}(n) = \frac{w_F(n)\hat{X}_F(n) + w_E(n)\hat{X}_E(n)}{w_F(n) + w_E(n)}$$

erreicht werden. Die Gewichte w_F bzw. w_E sollen aus den geschätzten quadratischen Fehlern (MSE) der Koeffizienten berechnet werden. Je kleiner der MSE, desto „besser“ ist der Koeffizient und desto größer sollte das Gewicht gewählt werden.

Transformation des MSE

Ein Problem besteht allerdings darin, dass der MSE für die Eltern- und Folgekoeffizienten in unterschiedlichen Signalräumen geschätzt wurde. Für die Mittelung der Koeffizienten werden diese allerdings in den selben Raum (den der Elternkoeffizienten) transformiert. Aus diesem Grund müssen auch die MSE der Folgekoeffizienten in die nächsthöhere Ebene umgerechnet werden. Durch die Faltung in einer Synthese-Filterbankstufe wird ein Koeffizient des Elternknotens von mehreren Koeffizienten der Folgeknoten beeinflusst. Dies kann bei der Umrechnung des

MSE dadurch berücksichtigt werden, indem der MSE ebenfalls mit der Synthese-Filterbank von den Folgeknoten zum Elternknoten transformiert wird. Da der MSE allerdings bereits eine quadratische Größe ist und eine Filterbankstufe die Energie des Eingangssignals erhält, muss vor der Transformation die Wurzel des MSE gezogen werden. Man erhält damit

$$\hat{X}_F(n) = \mathrm{WP}_1^{-1}\left\{\hat{X}_{FL}(n'), \hat{X}_{FH}(n')\right\}$$
$$\hat{R}_F(n) = \left(\mathrm{WP}_1^{-1}\left\{\sqrt{\hat{R}_{FL}(n')}, \sqrt{\hat{R}_{FH}(n')}\right\}\right)^2 \quad ,$$

wobei WP_1^{-1} eine einstufige inverse Wavelet-Packet-Filterbank bezeichnet.

Berechnung der Gewichte

Nach der Transformation der Folgekoeffizienten und der zugehörigen quadratischen Fehler in den Raum der Elternkoeffizienten müssen aus dem MSE der Elternkoeffizienten $\hat{R}_E(n)$ und der transformierten Folgekoeffizienten $\hat{R}_F(n)$ passende Gewichte berechnet werden. Je größer der MSE, desto kleiner muss das Gewicht sein. Dazu eignet sich beispielsweise eine abklingende Exponentialfunktion. Da der MSE allerdings für Signale großer Energie ebenfalls größere Werte annimmt, als bei Signalen kleiner Energie, sollte der MSE der Koeffizienten relativ zum maximalen MSE $R_{\max}$ aller Koeffizienten betrachtetet werden. Die Gewichte werden daher nach den Formeln

$$w_E(n) = \exp\left(-\frac{\hat{R}_E(n)}{R_{\max}} \cdot a\right) \tag{3.26}$$

$$w_F(n) = \exp\left(-\frac{\hat{R}_F(n)}{R_{\max}} \cdot a\right) \tag{3.27}$$

gebildet. Ein Koeffizient mit einem MSE nahe null wird dann mit $w = 1$ gewichtet, derjenige Koeffizient mit dem maximalen MSE dagegen mit $w = \exp(-a)$. Über den Faktor a kann daher eingestellt werden, wie klein das Gewicht des Koeffizienten mit maximalem MSE ist. Dies beeinflusst auch alle anderen Gewichte. Als zweckmäßig haben sich Werte zwischen 10 und 30 herausgestellt, wie in Abschnitt 5.4 experimentell gezeigt wird.

Gegen die Normierung auf den maximalen MSE spricht, dass unklar ist, wie „gut" oder „schlecht" dieser tatsächlich ist. Daher erscheint eine allgemein gültige Einstellung des Parameters a als schwierig. Eine andere Möglichkeit der Nomierung wäre der Bezug auf die Signalenergie E_y des gestörten Signals. Experimentell konnte allerdings durch Normierung auf die Signalenergie keine wesentlichen Verbesserungen gegenüber der Normierung auf den maximalen MSE festgestellt werden.

Gewichtete Mittelung

Nach der Berechnung der Gewichte ist eine Mittelung der Koeffizienten möglich:

$$\begin{aligned}\overline{X}(n) &= \frac{w_F(n)\hat{X}_F(n) + w_E(n)\hat{X}_E(n)}{w_E(n) + w_F(n)} \\ &= \left(1 - w'_F(n)\right) \cdot \hat{X}_E(n) + w'_F(n) \cdot \hat{X}_F(n), \quad w'_F(n) = \frac{w_F(n)}{w_E(n) + w_F(n)} \quad .\end{aligned} \tag{3.28}$$

Erweiterung auf K Stufen

Bisher wurde lediglich eine einstufige Wavelet-Packet-Filterbank betrachtet. Für eine vollständige Filterbank der maximalen Tiefe K lässt sich die beschriebene Vorgehensweise iterativ anwenden. Dabei werden zunächst alle Koeffizienten der untersten Ebene K sowie die zugehörigen MSE eine Ebene höher transformiert, die Gewichte berechnet und die gewichtete Mittelung der Koeffizienten durchgeführt. Dies lässt sich für den gesamten WP-Baum von unten nach oben fortsetzen, bis schließlich die Wurzel und damit das Signal im Zeitbereich erreicht ist. Jedoch muss beachtet werden, dass die Koeffizienten eines Folgeknotens der Ebene $k' < K$, der durch eine gewichtete Mittelung hervorgegangen ist, die Informationen der eigenen sowie aller unter ihm liegenden $K - k'$ Ebenen trägt. Dies muss bei der Berechnung der Gewichte berücksichtigt werden, indem die Gewichte eines Folgeknotens in Ebene k mit $K - k$ verstärkt werden.

Diese Aussage wird nun auch mathematisch gezeigt. Aufgrund der Linearität der Wavelet-Packet-Transformation wäre es möglich, die gefilterten Koeffizienten und die zugehörigen MSE jeder Ebene in den Zeitbereich zurück zu transformieren und dort zu mitteln. Das gesamte Filterergebnis im Zeitbereich ergibt sich dann durch

$$\overline{X}(n) = \frac{\sum_{k=0}^{K} \gamma_k(n) \cdot \hat{X}_k(n)}{\sum_{k=0}^{K} \gamma_k(n)} \quad . \tag{3.29}$$

Dabei bezeichnet $\hat{X}_k(n)$ das Filterergebnis im Zeitbereich, wenn allein die Koeffizienten der Ebene k zur Synthese verwendet werden. $\gamma_k(n)$ sind die zugehörigen Gewichte, die aufgrund der Mittelung in der Ebene $k = 0$ (Zeitbereich) nicht mit den Gewichten $w_E(n)$ bzw. $w_F(n)$ übereinstimmen. Zur Vereinfachung der Schreibweise wird im Folgenden der Zeitindex n nicht geschrieben. Spaltet man von der

Summe in Gleichung (3.29) die Filterergebnisse der untersten Ebenen K bis $k'+1$ ab, so erhält man:

$$\begin{aligned}\overline{X} &= \frac{1}{\sum_{k=0}^{K}\gamma_k}\cdot\left(\sum_{k=k'+1}^{K}\gamma_k\hat{X}_k+\sum_{k=0}^{k'}\gamma_k\hat{X}_k\right)\\ &= \frac{1}{\sum_{k=0}^{K}\gamma_k}\cdot\left(\frac{\sum_{k=k'+1}^{K}\gamma_k(n)\hat{X}_k(n)}{\sum_{k=k'+1}^{K}\gamma_k(n)}\cdot\sum_{k=k'+1}^{K}\gamma_k(n)+\sum_{k=0}^{k'}\gamma_k\hat{X}_k\right)\quad.\end{aligned}$$

Werden die Filterergebnisse und Gewichte der Ebenen K bis $k'+1$ gemäß

$$\overline{X}_{k'+1} = \frac{\sum_{k=k'+1}^{K}\gamma_k(n)\hat{X}_k(n)}{\sum_{k=k'+1}^{K}\gamma_k(n)} \qquad \text{und}$$

$$\overline{\gamma}_{k'+1} = \frac{1}{K-k'}\sum_{k=k'+1}^{K}\gamma_k(n)$$

gemittelt, so ergibt sich schließlich

$$\overline{X} = \frac{1}{\sum_{k=0}^{K}\gamma_k}\cdot\left((K-k')\,\overline{\gamma}_{k'+1}\,\overline{X}_{k'+1}+\gamma_{k'}\hat{X}_{k'}+\sum_{k=0}^{k'-1}\gamma_k\cdot\hat{X}_k\right)\quad.$$

Man erkennt, dass bei einer Fusionierung des gemittelten Filterergebnisses $\overline{X}_{k'+1}(n)$ mit dem Filterergebnis $\hat{X}_{k'}(n)$ der nächsthöheren Ebene k' mittels gewichteter Mittelung das mittlere Gewicht $\overline{\gamma}_{k'+1}(n)$ mit $(K-k')$ verstärkt werden muss. Da die Wavelet-Packet-Transformation eine lineare Transformation ist, kann die Mittelung auch anstatt in der Ebene $k=0$ in der entsprechenden Ebene $k=k'$ durchgeführt werden. Es ergibt sich damit folgendes Vorgehen:

1. Analysiere das gestörte Signal mittels Wavelet Packets.
2. Schätze für jeden Koeffizienten den MSE.
3. Filtere die Koeffizienten aller Knoten mittels Wavelet-Schwellwertfilterung.
4. Setze $k=K-1$.
5. Wähle die Knoten der Ebene k als Elternknoten.
   a) Transformiere den gemittelten MSE sowie die gemittelten Koeffizienten der Ebene $k+1$ in die Ebene k.

b) Berechne mittels der Formel (3.26) die Gewichte der Koeffizienten der Elternknoten und mittels

$$w_F(n) = (K-k) \cdot \exp\left(-\frac{\hat{R}_F(n)}{R_{\max}} \cdot a\right) \tag{3.30}$$

die Gewichte der Koeffizienten der Folgeknoten. Führe die gewichtete Mittelung der Koeffizienten nach Gleichung (3.28) durch.

c) Mittle die Gewichte $w_E(n)$ und $w_F(n)$

$$\overline{w}_E(n) = \frac{1}{1+K-k}\left(w_E(n) + w_F(n)\right)$$

und berechne den zugehörigen MSE durch Umkehrung von Gleichung (3.26) mittels

$$\hat{R}_E(n) = -\frac{R_{\max}}{a} \ln\left(\overline{w}_E(n)\right) \quad .$$

6. Dekrementiere die Ebene k.
7. Wiederhole Schritt 5 und 6 bis zum Erreichen des Wurzelknotens.

3.3.3 Validierung

Betrachtet man die Laufzeit des vorgestellten Verfahrens im Vergleich zur Filterung in einer orthonormalen Basis, so ist diese ungefähr um den Faktor zwei größer. Dies rührt daher, dass die Filterbank nicht nur die Koeffizienten, sondern zusätzlich auch den MSE transformieren muss. Die Rechenkomplexität lässt sich damit durch $O(N \log_2 N)$ bei einem Signal der Länge N angeben. Verglichen mit Matching Pursuit ist der Rechenaufwand beträchtlich kleiner, da die Filterbank beim Verfahren der Redundanten Synthese insgesamt nur dreimal berechnet werden muss (einmal zur Analyse und zweimal zur Synthese von Koeffizienten und MSE). Im Gegensatz dazu muss bei Matching Pursuit für jede verwendete Basisfunktion eine Analyse und Synthese durchgeführt werden. Verwendet man N Basisfunktionen führt dies zu einer Rechenkomplexität von $O(N^2 \log_2 N)$.

Abschließend soll anhand eines Beispiels ähnlich der Motivation in Abbildung 3.29 der Vorteil des entwickelten Verfahrens verglichen mit einer orthonormalen Basiswahl gezeigt werden.

Beispiel 3.11 (Filterung bei Anwendung der Redundanten Synthese)
Es wird das kurze Signal mit $N = 128$ Werten in Abbildung 3.31a betrachtet. Es besteht aus zwei Komponenten: einer Rechteckfolge und einem Dirac-Impuls.

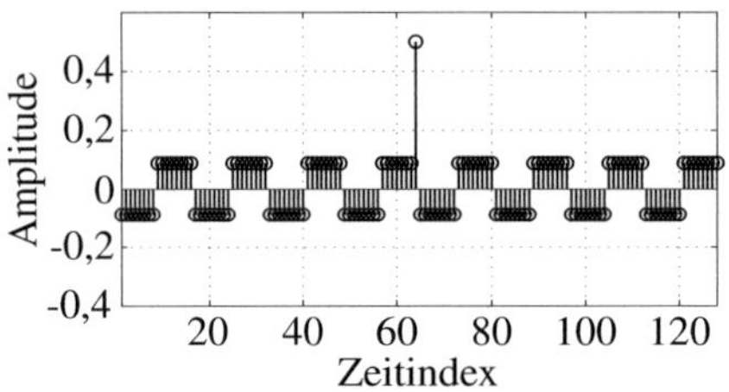

(a) Reines Signal $x(n)$

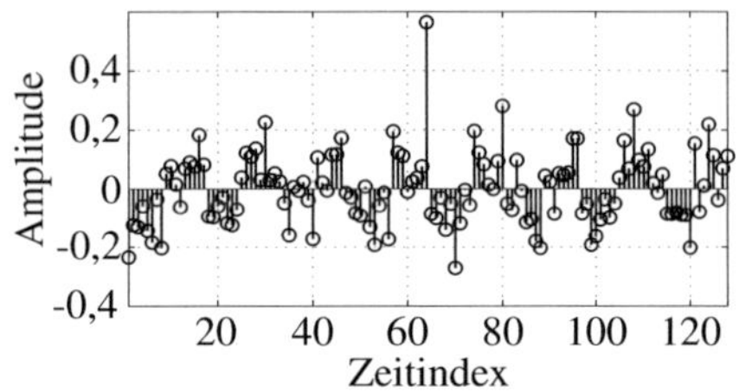

(b) Verrauschtes Signal $y(n)$, SNR= 4,8 dB

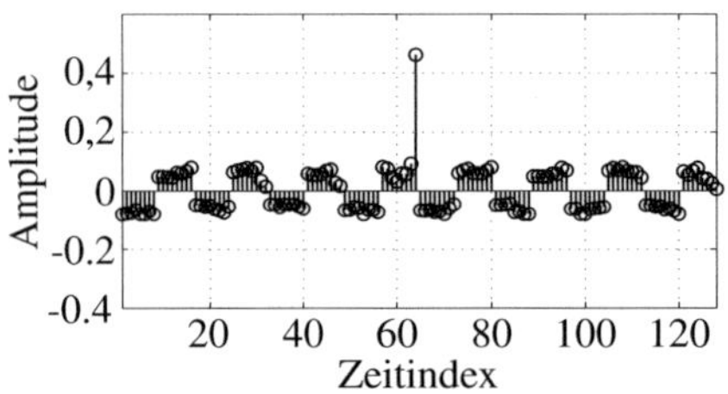

(c) Gefiltertes Signal mittels Redundanter Synthese im Zeitbereich

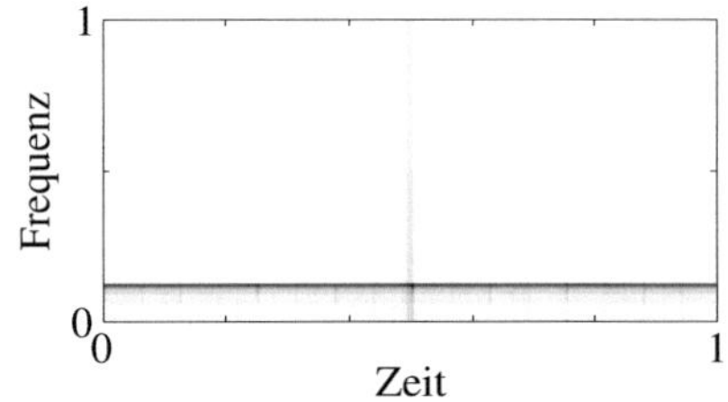

(d) Gefiltertes Signal mittels Redundanter Synthese in der Zeit-Frequenz-Ebene

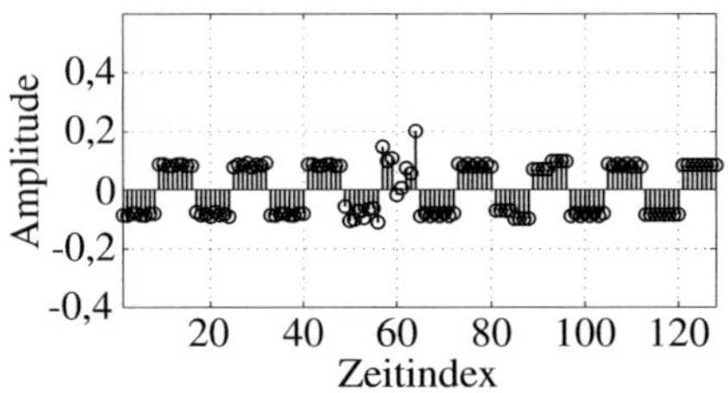

(e) Gefiltertes Signal mittels orthonormaler Basiswahl im Zeitbereich

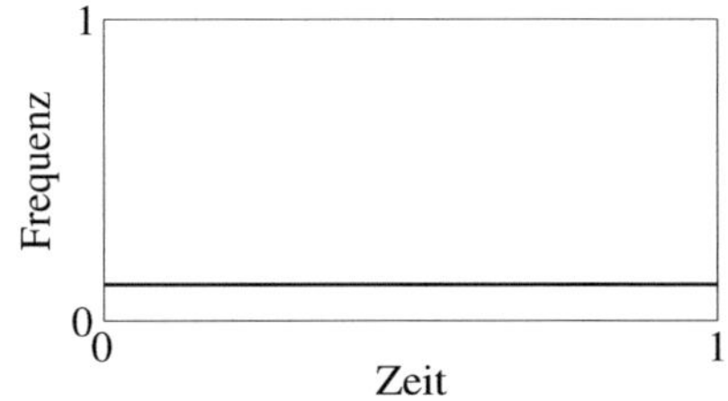

(f) Gefiltertes Signal mittels orthonormaler Basiswahl in der Zeit-Frequenz-Ebene

Abbildung 3.31: Vergleich der Filterung in einer orthonormalen Basis und mittels der Redundanten Synthese

Das Signal wird mit einem weißen, normalverteilten Rauschen der Standardabweichung $\sigma = 0{,}08$ überlagert. Aufgrund der kurzen Signallänge in diesem Beispiel wird zur Analyse das Haar-Wavelet verwendet. Zur Filterung wird die Garrotte-Funktion eingesetzt. Die Redundante Synthese ergibt das gefilterte Signal im Zeitbereich in Abbildung 3.31c, sowie in der Zeit-Frequenz-Ebene in Abbildung 3.31d. Beide Komponenten sind in beiden Abbildungen gut zu erkennen. Wird dagegen mittels der Entropie als Gütemaß eine orthonormale Basis gewählt und das Signal rekonstruiert, erhält man die Ergebnisse in den Abbildungen 3.31e und 3.31f. Man erkennt, dass die Rechteckfolge etwas besser als mittels der Redundanten Synthese gefiltert wurde. Dies liegt daran, dass die Rechteckfolge die dominante Signalkomponente ist und in der gewählten Basis in einem einzigen großen Koeffizienten mit gutem lokalen SNR dargestellt wird. Allerdings sorgt die dominante Komponente auch für eine schlechte Darstellung des Dirac-Impulses in großen Bereichen der Zeit-Frequenz-Ebene. Dies führt zu einer Überfilterung der Impulskomponente. Sie ist im gefilterten Signal durch die Basiswahl fast völlig verschwunden. Das Verfahren der Redundanten Synthese garantiert dagegen, dass keine Signalkomponente aufgrund einer Unvereinbarkeit mit anderen Komponenten schlecht gefiltert wird.

Beispiel 3.12 (Sprachsignalfilterung mittels Redundanter Synthese)
Als Nutzsignal wird nun das Sprachsignal aus Beispiel 3.10 verwendet und mit einem weißen, normalverteilten Rauschen mit Standardabweichung $\sigma = 0{,}05$ überlagert. Das reine und das gestörte Signal sind in den Abbildungen 3.32(a) und (b) gezeigt. Als Schwellwert der Garrotte-Filterung wurde $T = 1{,}5\,\sigma$ gewählt. Man erhält damit die Filterergebnisse in den Abbildungen 3.32(c) und (d). Das Ergebnis mittels Redundanter Synthese enthält weniger Rauschen. Dies gilt ebenfalls, wenn man das SNR wie in den vorangegangenen Beispielen für 50 Realisierungen des Rauschens mittelt. Es ergibt sich dann für die Redundante Synthese ein mittleres SNR von 32,4 dB und für die Basiswahl ein SNR von 29,9 dB. Der subjektive Eindruck ist sogar noch deutlich besser, da das sogenannte Musical Noise (siehe Abschnitt 2.6.2) reduziert ist. Das bessere Filterergebnis ergibt sich dadurch, dass durch die Mittelung über mehrere Ebenen bei der Redundanten Synthese eine zusätzliche Rauschreduktion eintritt. Man kann daher den Schwellwert zur Filterung niedriger setzen, um bei gleichem Restrauschen weniger Sprachverzerrungen zu erhalten.

Senkt man den Schwellwert weiter auf $T = \sigma$ ab, so ergeben sich dann auch deutlichere Unterschiede bzgl. des SNR. Für die Redundante Synthese erhält man nach der Filterung 31,5 dB, für die Basiswahl lediglich 22,4 dB.

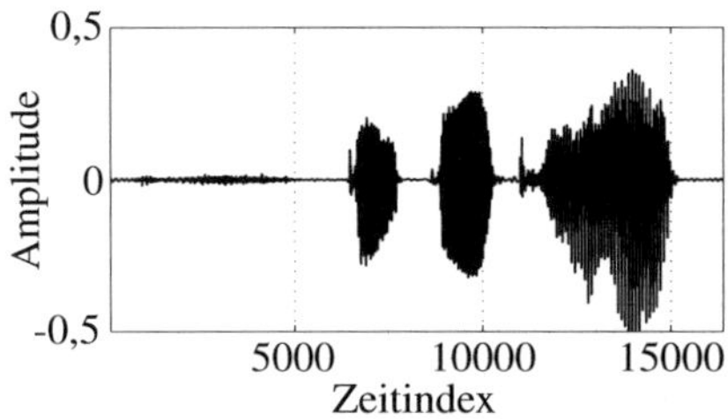

(a) Reines Signal $x(n)$

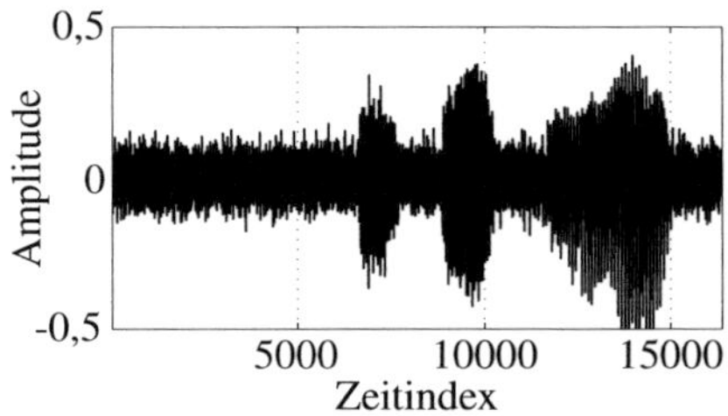

(b) Verrauschtes Signal $y(n)$, SNR= 10,6 dB

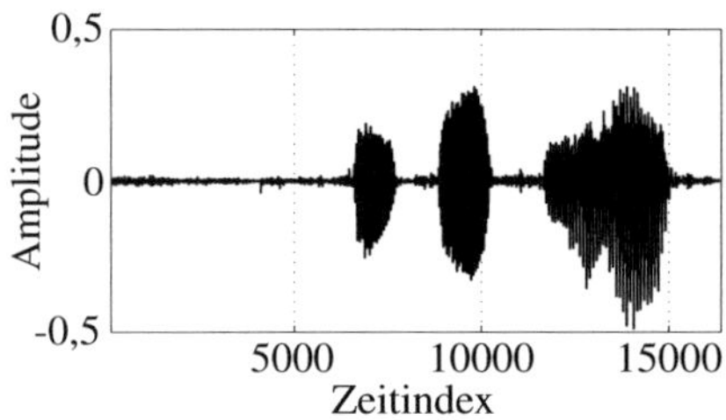

(c) Gefiltertes Signal mittels Redundanter Synthese, SNR= 32,4 dB

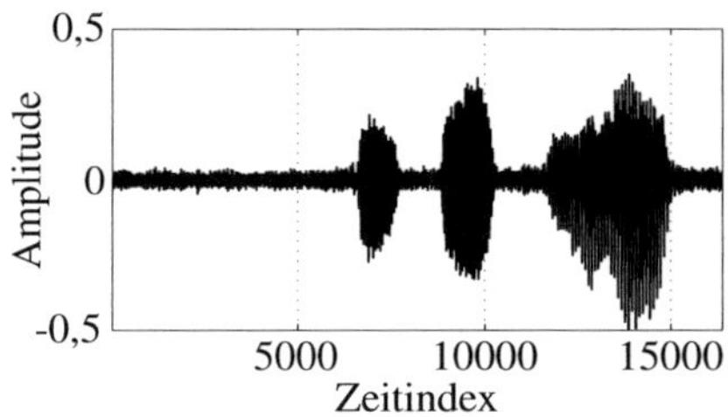

(d) Gefiltertes Signal mittels Basiswahl, SNR= 30,3 dB

Abbildung 3.32: Sprachsignalfilterung in einer orthonormalen Basis und mittels der Redundanten Synthese

4 Nichtstationäre Sprachsignalfilterung

Bisher wurde das Problem der Zeit-Frequenz-Filterung für allgemeine Signale betrachtet. In diesem Kapitel sollen die in Abschnitt 3.1 entwickelten Analytischen Wavelet Packets und das Verfahren zur optimalen Basiswahl unter Störeinfluss (Abschnitt 3.2) zur Filterung von Sprachsignalen eingesetzt werden. Dabei wird ebenso wie in den vorangegangenen Kapiteln lediglich die Überlagerung eines Sprachsignals $x(t)$ mit einer additiven Störung $d(t)$ betrachtet. Die Entfernung des Hall-Effekts wird nicht behandelt.

Die Motivation zur Filterung von Sprache liegt in den vielfältigen Anwendungen wie Hörgeräten, Freisprecheinrichtungen etc. und wurde in Kapitel 1 bereits ausführlich dargelegt. In dieser Arbeit liegt der Fokus auf der Verbesserung der Sprachqualität. Dies ist im Allgemeinen nicht gleichbedeutend mit einer Verbesserung der Erkennungsrate für Spracherkennungssysteme. Der Begriff „Sprachqualität" ist ein subjektiver Begriff, der schwierig exakt zu definieren ist. Einerseits ist es das Ziel der Filterung, möglichst viel Störenergie zu entfernen. Andererseits soll dabei die Sprache selbst möglichst wenig beeinträchtigt werden.

Dieses Kapitel ist wie folgt gegliedert: Zunächst bietet Abschnitt 4.1 eine Einführung in die charakteristischen Eigenschaften von Sprache, um die Herausforderung der gestellten Aufgabe aufzuzeigen. Anschließend findet eine Klassifikation verschiedener Audiostörungen statt, die eine separate Behandlung in der Störschätzung erfordern. Aufgrund des stark nichtstationären Charakters der Sprache, wie auch vieler Audiostörungen, liegt eine Filterung mittels Zeit-Frequenz-Darstellungen nahe. Die Filterung ist somit nichtstationär, also zeitlich veränderlich. Abschnitt 4.2 bietet einen Überblick über das vollständige Verfahren. Dieses beinhaltet im Wesentlichen die Schätzung der Störenergie in der Zeit-Frequenz-Ebene für die verschiedenen Störerklassen in den Abschnitten 4.3 bis 4.5 sowie eine auf Grundlage dieser Störschätzung durchgeführte Schwellwertfiltung, auf die in Abschnitt 4.6 näher eingegangen wird.

4.1 Charakteristische Eigenschaften von Sprache

Schall lässt sich als mechanische Druckwelle in einem Medium beschreiben. Dies kann Luft, aber auch Wasser, sonstige Gase oder ein Festkörper sein. Da sich Schall also als Welle ausbreitet, besitzt er typische Welleneigenschaften wie Frequenz und Amplitude. Der Mensch erzeugt Schall im Wesentlichen auf drei Arten [Wen04, RS78]:

1. Stimmhaft: Luft strömt an der Glottis, dem Spalt zwischen den Stimmbändern, vorbei und regt diese zu Schwingungen an. Es bildet sich je nach Sprecher und gewählter Tonhöhe eine Grundfrequenz mit Obertönen aus. Dies ist z.B. bei den Vokalen der Fall.

2. Frikativ: Luft strömt durch eine Engstelle, normalerweise zwischen Zunge und Mundraum, was zu turbulenten Verwirbelungen führt. Dies erzeugt einen rauschähnlichen Ton. Ein Beispiel ist das „s".

3. Plosiv: Hinter den Lippen oder der Zunge wird Druck aufgebaut, der schließlich „explosionsartig" entlassen wird. Als Beispiel sei das „t" oder „b" genannt.

Der Schall entsteht also im Rachen- oder Mundraum, die zusammen mit dem Nasenraum den sogenannten Vokaltrakt bilden. Der Vokaltrakt stellt einen variablen Resonanzkörper dar und besitzt bestimmte Resonanzfrequenzen, die sogenannten Formanten, sowie auch Frequenzen starker Dämpfung, die Anti-Formanten genannt werden. Der Vokaltrakt lässt sich stark variieren z.B. durch das Schließen der Lippen, die Position des Gaumensegels und vor allem die Lage der Zuge, wodurch sich das Resonanzverhalten und damit die Formanten verändern. Eben diese Formanten sind es aber im Wesentlichen, die darüber entscheiden, welcher Laut gesprochen wird. Bei normaler menschlicher Sprache ändert sich der Vokaltrakt und damit der gesprochene Laut etwa alle 30 - 100 ms. Sprache ist damit selbst ein höchst nichtstationäres Signal.

4.1.1 Phonemklassen und spektrale Eigenschaften

Das Fachgebiet der Phonetik bezeichnet als „Phonem" (Laut) die kleinste bedeutungsunterscheidende Einheit einer bestimmten Sprache. Sie sind daher (zumindest in der deutschen Sprache) unabhängig von Tonhöhe oder Lautstärke . Die Phoneme entsprechen im Deutschen in etwa den Buchstaben des Alphabets. Es existieren allerdings mehr Phoneme als Buchstaben. So bilden drei Buchstaben den Laut „sch", der allerdings ein eigenes Phonem darstellt. Nach [RS78] lassen sich die Phoneme in verschiedene Klassen unterteilen. Gliedert man sie vereinfacht nach der hauptsächlichen Anregungsart, ergeben sich die folgenden drei Klassen.

Vokale und Nasale

Die Vokale entstehen durch die erste Anregungsart, also durch die Vibrationen der Stimmbänder. Sie zeichnen sich daher durch ein Spektrum mit scharfen Spektralanteilen bei Vielfachen der Grundfrequenz aus. Die Grundfrequenz bestimmt dabei die Tonhöhe. Die verschiedenen Vokale unterscheiden sich durch den Frequenzgang des Vokaltraktes. Die meiste Signalenergie ist bei Vokalen im Frequenzbereich unterhalb von 2 kHz konzentriert. Beispielhaft sind die Betragsspektren der Laute „a“ und „e“ in den Abbildungen 4.1(a) und (b) gezeigt.

Auch bei der Gruppe der Nasalen wird der Vokaltrakt durch die Stimmbänder angeregt, jedoch entweicht die Luft nicht durch den Mund, sondern durch die Nase. Beispiele für Spektren von Nasalen sind in den Abbildungen 4.1c und (d) gezeigt.

Frikative

Frikative entstehen, wie der Name schon sagt, hauptsächlich durch die in der obigen Aufzählung unter Punkt zwei beschriebene rauschähnliche Anregung des Vokaltraktes. Sie besitzen daher auch wesentliche hohe Frequenzanteile. Zusätzlich zur frikativen Anregung kann noch die stimmhafte Anregung durch die Stimmbänder hinzukommen. Man kann daher zwischen stimmhaften und stimmlosen Frikativen unterscheiden. Beispiele für Frikative sind das stimmlose „s“ wie in „Rasse“ oder das stimmhafte Phonem „w“ wie in „Löwe“. Abbildung 4.1e zeigt das Betragsspektrum des Lautes „s“.

Plosive

Die plosiven Phoneme entstehen durch den Aufbau von Druck hinter der Zunge oder den Lippen und dessen plötzliche Freilassung. Dies sind beispielsweise das „t“ wie in „toll“ oder das „b“ wie in „Bild“. Aufgrund der Produktion des Lautes sind Plosive von Natur aus zeitlich sehr kurz und haben daher gemäß des Zeitdauer-Bandbreite-Produktes (s. Abschnitt 2.1.1) ein breites Spektrum. Dies ist beispielhaft für den Laut „t“ in Abbildung 4.1f gezeigt.

4.1.2 Quellen-Filter-Modell

Während die Phonetik detailliert zwischen verschiedenen Phonemklassen unterscheidet, ist für den praktischen Einsatz meistens eine vereinfachte Modellierung zweckmäßiger. Dabei wird zunächst das gesamte Spracherzeugungssystem lediglich auf die Anregung des Vokaltraktes $V(f)$ durch ein Anregungssignal $U(f)$ reduziert [Wen04]. Es wird also die Glottis sowie die Lippenabstrahlung vernachlässigt, bzw. mit in das Verhalten des Vokaltraktmodells einbezogen. Das Anregungssignal setzt sich, je nach Phonem mit unterschiedlicher Gewichtung, aus einem stimmhaften und einem stimmlosen Anteil zusammen, was in Abbildung 4.2 dargestellt ist. Die stimmhafte Anregung wird als ideale Dirac-Folge im Frequenzbereich modelliert, wobei die Periodendauer der Folge gerade der Grundfrequenz des Lautes

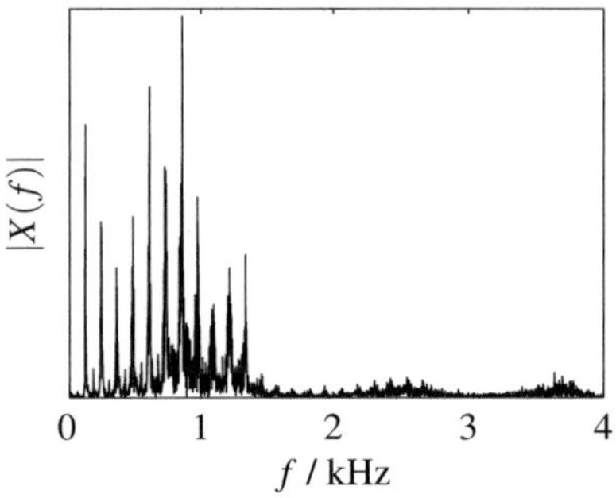

(a) Spektrum Phonem „a“

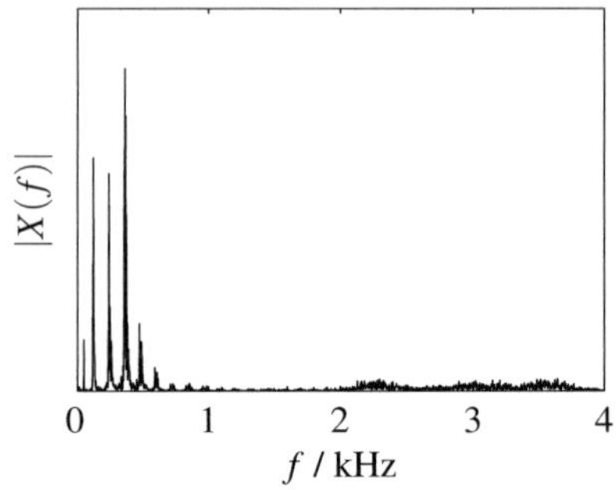

(b) Spektrum Phonem „e“

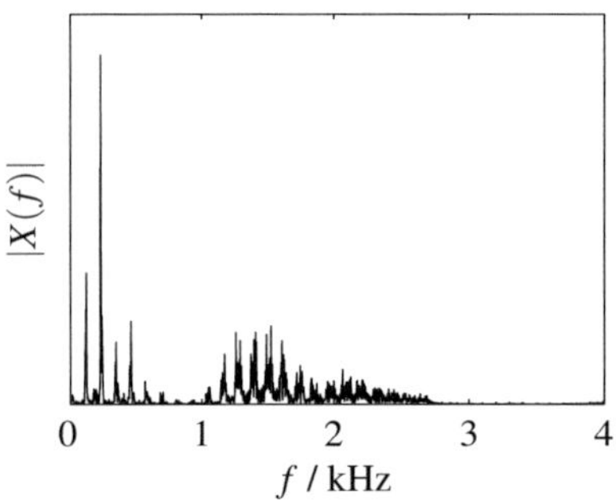

(c) Spektrum Phonem „m“

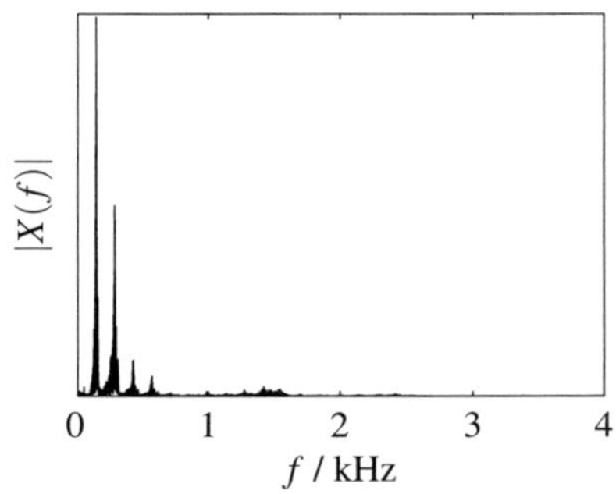

(d) Spektrum Phonem „n“

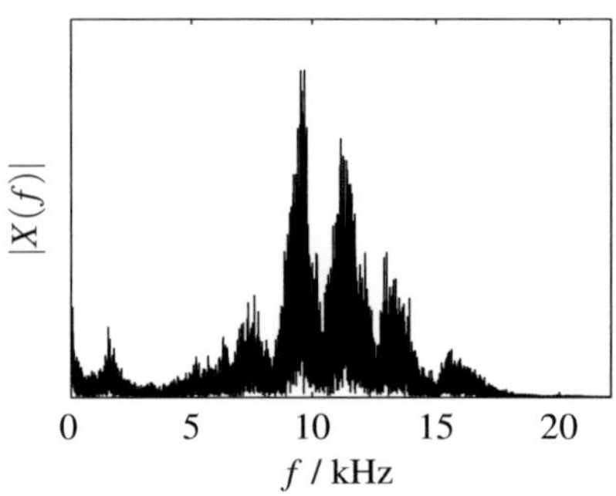

(e) Spektrum Phonem „s“

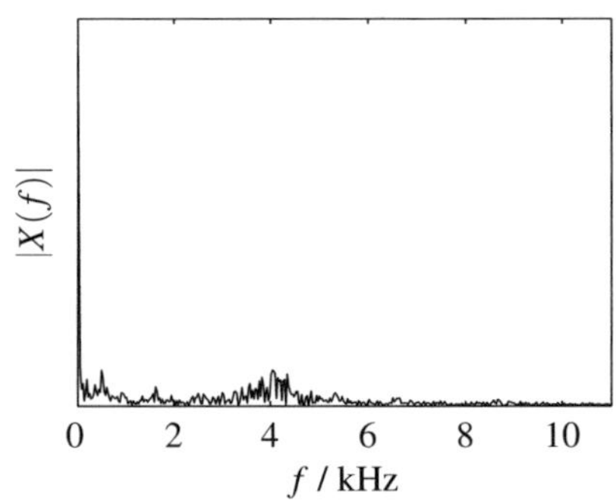

(f) Spektrum Phonem „t“

Abbildung 4.1: Beispielhafte Spektren für verschiedene Phoneme

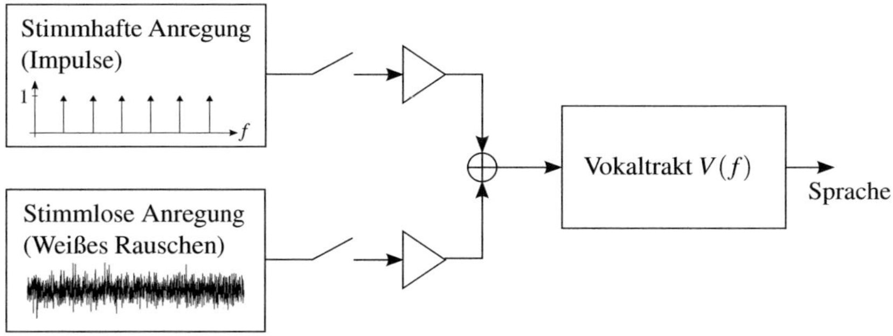

Abbildung 4.2: Quellen-Filter-Modell

entspricht und damit die Tonhöhe bestimmt. Die stimmlose Anregung wird dagegen als stochasticher weißer Rauschprozess angenommen, dessen Leistungsdichte sich gleichmäßig auf den gesamten Frequenzbereich verteilt. Der Vokaltrakt selbst wird aufgrund der Wichtigkeit der Formanten, sowie der vergleichsweise einfachen Schätzbarkeit der Filterkoeffizienten als AR-Modell (autoregressives Modell, siehe [KJ08]) angesetzt.

Mit dieser vereinfachten Art der Modellierung lassen sich die meisten Phoneme hinreichend gut nachbilden. Jedoch stellt selbst ein Sprachsignal mit diesen vereinfachten Annahmen hohe Anforderungen an die Filterung. Zum einen ist ein Sprachsignal hochgradig nichtstationär, da sich alle 30-100 ms die Konfiguration des Vokaltraktes bzw. die Anregung ändern. Des Weiteren weisen die Phoneme große Unterschiede bezüglich ihrer Zeit-Frequenz-Energieverteilung auf. Während z.B. Vokale frequenzscharf und zeitlich lang ausgedehnt sind, konzentriert sich die Energie von Plosiven auf einen kürzeren Zeitraum, aber einen breiteren Frequenzbereich. Da auch die in der Natur vorkommenden Störungen sehr verschieden und darüber hinaus oft nichtstationär sind, stellt die Filterung von Sprachsignalen eine große Herausforderung an die Filterung dar.

4.2 Überblick

Im Folgenden soll ein Überblick über das in dieser Arbeit entwickelte Filterverfahren gegeben werden. Da es sich bei Sprache wie auch bei akustischen Störungen im Allgemeinen um nichtstationäre Signale handelt, liegt die Verwendung von Zeit-Frequenz-Filterverfahren (Abschnitt 2.6) nahe. Dies wäre prinzipiell auch mittels einer STFT-basierten Filterung möglich. Jedoch ist aufgrund der großen Vielfalt menschlicher Laute wie auch akustischer Störungen die Verwendung von anpassungsfähigen Zeit-Frequenz-Darstellungen wie Wavelet Packets sinnvoller.

4.2.1 Ablauf der Filterung

Die Filterung eines verrauschten Signals kann als Trennung in reines Signal und Störung verstanden werden. Werden keinerlei Voraussetzungen und Annahmen an das Sprachsignal und die Störung gestellt und liegen darüber hinaus keine weiteren Information z.B. von einem zweiten Mikrofon vor, so lässt sich diese Trennungsaufgabe nicht durchführen. Im Gegensatz zu Techniken mit mehreren Mikrofonen wie Beamforming [FMF92] soll in dieser Arbeit lediglich das Signal eines einzelnen Mikrofons genutzt werden. Es müssen daher Voraussetzungen getroffen werden. Da es sich bei dem Nutzsignal um Sprache mit den im vorigen Abschnitt erläuterten Eigenschaften handelt, können folgende Annahmen getroffen werden. Ein Sprachsignal:

- ist stark nichtstationär (stationärer Zeitraum 30-100 ms),
- erstreckt sich auf den gesamten hörbaren Bereich (bis 20 kHz) und
- hat große Energie nur im Bereich unter 2 kHz (stimmhafte Sprache).

Diese Annahmen reichen leider nicht aus, um Störungen jeglicher Art von Sprache zu trennen. Daher muss weitere Information über die Störung herangezogen werden. Dazu wird die Störenergieverteilung in der Zeit-Frequenz-Ebene geschätzt, um die Störung möglichst effektiv entfernen zu können.

Abbildung 4.3 zeigt einen Überblick über das Verfahren. Zunächst wird das gestörte, zeitdiskrete Signal $y(n)$ mittels Analytischer Wavelet Packets zerlegt und die Koeffizienten $c_y(p,n)$ der besten Basis gewählt. Dabei stellt p den Index des Frequenzbandes und n den zeitlichen Koeffizientenindex innerhalb des entsprechenden Frequenzbandes dar. Da die spätere Filterung lediglich die Beträge der Koeffizienten verändert, nicht jedoch die Phase, werden im Folgenden nur noch die Koeffizientenbeträge $|c_y(p,n)|$ weiterverarbeitet. Aus diesen wird zunächst die Störenergieverteilung in der Zeit-Frequenz-Ebene, also der Störanteil $c_d(p,n)$, die jeder einzelne Koeffizient enthält, geschätzt. Daraus können Schwellwerte $c_{\mathrm{th}}(p,n)$ für jeden einzelnen Koeffizienten abgeleitet werden. Die Verfahren zur Störschätzung und Schwellwertbestimmung hängen allerdings von der Art der Störung ab und werden in den Abschnitten 4.3 bis 4.5 näher erläutert. Mit den Schwellwerten $c_{\mathrm{th}}(p,n)$ können die Beträge der gestörten Koeffizienten gefiltert werden.

Schließlich werden die gefilterten Koeffizientenbeträge $|c_{\mathrm{filt}}(p,n)|$ mit der Phase der gestörten Koeffizienten durch

$$c_{\mathrm{filt}}(p,n) = |c_{\mathrm{filt}}(p,n)| \cdot \mathrm{e}^{\angle c_y(p,n)}$$

kombiniert. Die inverse AWP-Transformation liefert das gefilterte Sprachsignal.

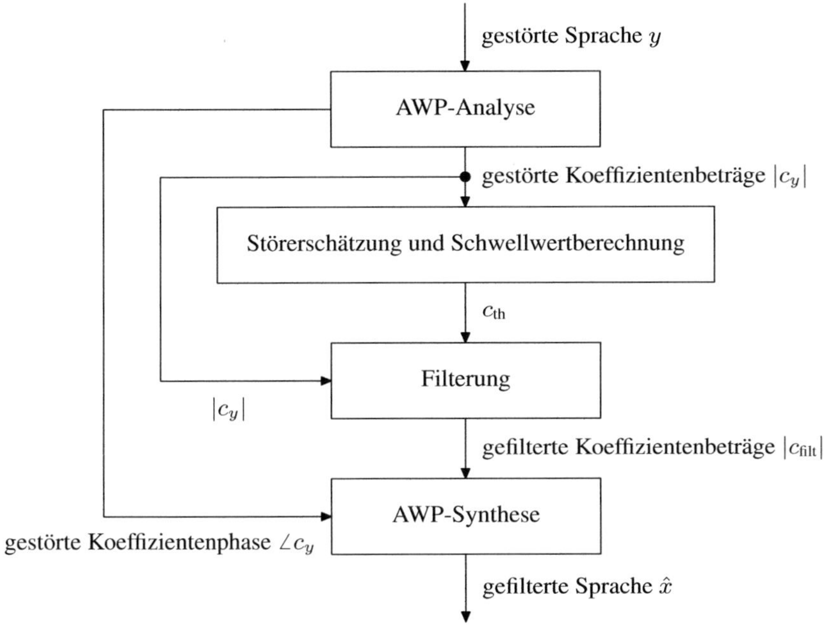

Abbildung 4.3: Überblick über die Sprachsignalfilterung

4.2.2 Klassifikation von Störungen

Wie bereits erwähnt, ist das zu verwendende Verfahren zur Störschätzung von der Art der Störung abhängig. Dies liegt daran, dass die möglichen Störquellen sehr vielfältig sind. Es existieren beispielsweise schmalbandige Störungen (Töne einer einzelnen Frequenz), impulsartige Störungen wie Regentropfen oder Tastaturlärm (sehr kurzzeitig), breitbandige, langsam veränderliche Störungen etc. Es ist daher kaum möglich, ein einzelnes Verfahren zu entwickeln, dass die Störenergie jeder möglichen Audiostörung zuverlässig schätzt, da in diesem Fall kaum Annahmen über die Störung getroffen werden könnten. Aus diesem Grund werden die Störungen in vier Klassen eingeteilt:

1. Langsam veränderliches Hintergrundrauschen: Langsam veränderlich bedeutet in diesem Fall, dass die Störung sich langsamer als die Sprache ändert. Das heißt, die Leistungsdichte der Störung sollte sich innerhalb von 100 ms nicht wesentlich ändern. Beispiele sind vorbeifahrende Fahrzeuge an einer Straße oder auch der oben erwähnte stationäre Schmalbandstörer. Diese Störerklasse wird durch ein von der Sprachwahrscheinlichkeit abhängiges Glättungsverfahren in Abschnitt 4.3 behandelt.

2. Systematisch veränderliche Störungen: Eine solche Störung verändert sich nach einem bestimmten Muster und kann daher modelliert werden. Ein Beispiel ist ein Chirp-Signal oder auch ein vorbeifahrendes Fahrzeug, da die Störung in diesem Fall zuerst lauter und anschließdend leiser wird. Die systematischen Störungen werden durch ein zusätzliches Kalman-Filter als Erweiterung des Verfahrens in Abschnitt 4.3 erfasst.

3. Periodische Störungen: Viele Störungen entstehen durch Maschinen, die einen periodischen Arbeitszyklus aufweisen. Diese Klasse ist für die Praxis wichtig und wird deshalb in Abschnitt 4.4 separat behandelt.

4. Impulsartige Störungen: Manche Störungen, wie Klopfgeräusche oder Regen, weisen ein völlig anderes Zeit-Frequenz-Verhalten auf als die bisher betrachteten Störerarten. Sie zeichnen sich dadurch aus, dass sich plötzlich, allerdings nur kurzzeitig, die Rauschleistung ändert. Ein Verfahren zur Detektion und Schätzung von Impulsstörern wird in Abschnitt 4.5 vorgestellt.

4.3 Schätzung von allgemeinem nichtstationärem Hintergrundrauschen

Für die meisten Hintergrundstörungen trifft zu, dass ihre Leistungsdichte sich langsamer zeitlich verändert als die der Sprache. Sie stellen damit die allgemeinste Störerklasse dar. Unter der Annahme, dass die Sprache zeitvarianter ist als die Störung, wurden in der Vergangenheit Verfahren entwickelt, die in jedem Frequenzband das Energieminimum verfolgen, siehe z.B. [Mar01, RL06]. Diese Verfahren basieren zwar auf der STFT, lassen sich aber mittels einiger Modifikationen auf Wavelet Packets übertragen.

Ein Überblick über das entwickelte Verfahren ist in Abbildung 4.4 gezeigt. Zunächst werden die Beträge $|c_y(p,n)|$ der Wavelet-Packet-Koeffizienten des gestörten Signals verwendet, um in der Zeit-Frequenz-Ebene Sprachbereiche zu detektieren. Die Sprachwahrscheinlichkeiten $c_s(p,n)$ für jeden Koeffizienten sowie die Koeffizientenbeträge selbst werden anschließend in zeit- und frequenzäquidistante Darstellungen $Y(l,m)$ bzw. $S(l,m)$ aufgespalten, was eine Voraussetzung für die folgenden Verfahrensschritte ist. Eine zeit- und frequenzabhängige Glättung der gestörten Koeffizienten $Y(l,m)$ führt unter Berücksichtigung der Sprachwahrscheinlichkeiten $S(l,m)$ zu einer ersten Schätzung $\hat{D}(l,m)$ der Störung. Ändert sich die Störung allerdings schnell bezogen auf die Sprache, so ist diese Schätzung zu träge um ein gutes Ergebnis zu erzielen. Folgt die Änderung der Störung dabei aber einer bestimmten Systematik, so kann diese modelliert werden. In diesem Fall dient ein Kalman-Filter dazu, die erste Schätzung weiter zu verbessern. Dazu stützt es sich

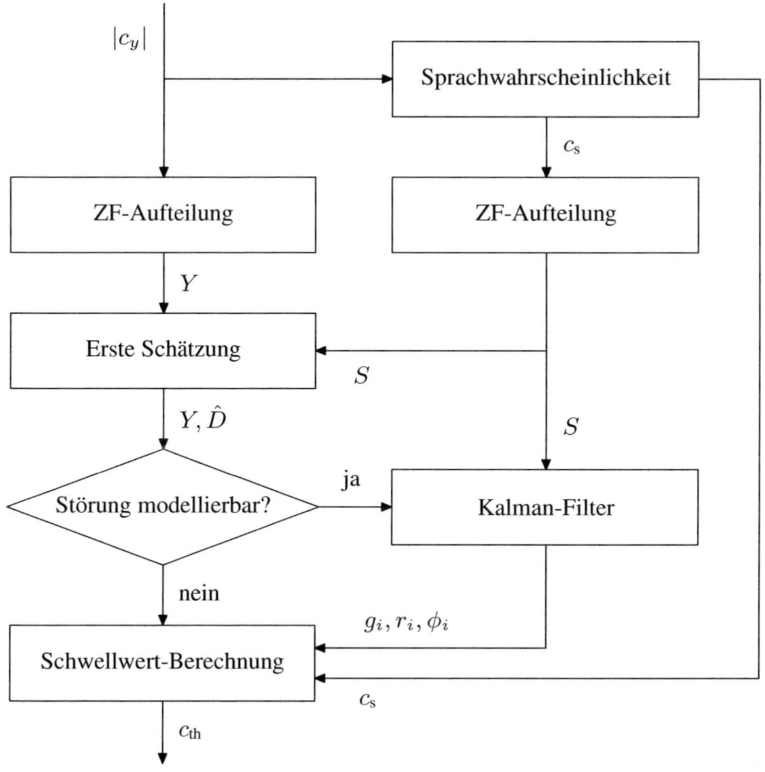

Abbildung 4.4: Schätzung von allgemeinem nichtstationärem Hintergrundrauschen

in Sprachbereichen auf die erste Schätzung $\hat{D}(l,m)$ und sein Modell, in Sprechpausen dagegen auf die Koeffizienten $Y(l,m)$, die dann lediglich Störung enthalten. Die Schwellwerte werden abschließend entsprechend der geschätzten Störenergie und der Sprachwahrscheinlichkeit bestimmt.

4.3.1 Bestimmung der Sprachwahrscheinlichkeit

Für die Schätzung der Störung ist es äußerst nützlich zu wissen, welche Koeffizienten mit Sprache behaftet sind. Unter der Annahme, dass sich die Sprache deutlich schneller verändert als die Störung, kann auf Sprachanwesenheit geschlossen werden, indem die aktuelle Energie in einem bestimmten Frequenzband mit einem lokalen Energieminimum verglichen wird. Wächst die aktuelle Energie schneller an als das Energieminimum folgen kann, wird Sprache detektiert.

Bestimmung mittels der STFT

Im Folgenden wird zunächst der Algorithmus von Rangachari [RL06] zusammengefasst, der dann als Grundlage für das Wavelet-Packets-basierte Verfahren dient. Dabei sei $Y(l,m)$ die STFT des gestörten Signals $y(n)$ mit dem Frequenzindex l und dem Zeitindex m.

1. Das Spektrogramm $Q(l,m) = |Y(l,m)|^2$ wird durch Tiefpassfilterung in zeitlicher Richtung geglättet:

$$P(l,m) = \eta P(l,m-1) + (1-\eta)Q(l,m), \quad \eta \in (0,1) \quad . \tag{4.1}$$

2. Das lokale Minimum $P_{\min}(l,m)$ wird mittels

$$P_{\min}(l,m) = \begin{cases} P(l,m), & \text{falls } P_{\min}(l,m-1) \geq P(l,m) \\ \gamma P_{\min}(l,m-1) + \frac{1-\gamma}{1-\beta}\left(P(l,m) - \beta P(l,m-1)\right), & \text{sonst} \end{cases} \tag{4.2}$$

für $\beta, \gamma \in (0,1)$ berechnet.

3. Berechnung des Verhältnisses

$$S_r(l,m) = P(l,m)/P_{\min}(l,m) \quad .$$

4. Bestimmung der Sprachwahrscheinlichkeit durch

$$S(l,m) = \begin{cases} 1 \quad \text{(Sprache vorhanden)} & \text{, wenn } S_r(l,m) > \delta(l) \\ 0 \quad \text{(Sprache abwesend)} & \text{, sonst} \end{cases}$$

mit dem frequenzabhängigen Schwellwert $\delta(l)$.

Beispiel 4.1 (Sprachdetektion mittels STFT)

Im folgenden Beispiel wurde eine Datei (hpta5010) aus dem Sprachkorpus Phondat2 des Bayrischen Archivs für Sprachsignale verwendet [Bay]. Die Abtastrate beträgt $f_A = 16\,\text{kHz}$. Das Sprachsignal wurde mit einem farbigen Rauschen mit linear anwachsender Resonanzfrequenz (Chirprauschen) überlagert. Das Spektrogramm des gestörten Signals bei einer Überlappung der STFT-Fenster von 50 % ist in Abbildung 4.5a zu sehen. Zur Verdeutlichung des Verfahrens wird das Frequenzband bei $f_0 = 300\,\text{Hz}$ betrachtet. Der entsprechende Frequenzindex werde mit l_0 bezeichnet. Abbildung 4.6a zeigt den geglätteten Energieverlauf $P(l_0,m)$ des entsprechenden Frequenzbandes nach Gleichung (4.1), sowie das verfolgte Minimum $P_{\text{min}}(l_0,m)$ nach Gleichung (4.2). Dabei wurde $\eta = 0{,}5$, $\beta = 0{,}8$ und $\gamma = 0{,}998$ gewählt. Das Verhältnis $S_r(l_0,m) = S(l_0,m)/S_{\text{min}}(l_0,m)$ ist für das entsprechende Frequenzband in Abbildung 4.6b zu sehen. Die Schwellwerte wurden experimentell zu

$$\delta(l) = \begin{cases} 3{,}5, & 0 < f_l \leq 500\ \text{Hz} \\ 4, & 500\ \text{Hz} < f_l \leq 1500\ \text{Hz} \\ 5, & 1500\ \text{Hz} < f_l \leq 3000\ \text{Hz} \\ 10, & 3000\ \text{Hz} < f_l \end{cases}$$

bestimmt (gestrichelte Linie in Abbildung 4.6b). Damit ergeben sich im betrachteten Frequenzband die detektierten Sprachbereiche in Abbildung 4.6c. Führt man dieses Verfahren für alle Frequenzbänder durch, erhält man die Sprachwahrscheinlichkeit $S(l,m)$ in der Zeit-Frequenz-Ebene, die in Abbildung 4.5b dargestellt ist. Es zeigt sich die gute Übereinstimmung mit den für den menschlichen Betrachter erkennbaren Sprachbereichen des gestörten Signals in Abbildung 4.5a.

Adaption des STFT-Algorithmus auf AWP

Um den vorgestellten Algorithmus auf Wavelet Packets zu übertragen muss berücksichtigt werden, dass die Frequenzbänder der Wavelet-Packet-Darstellung im Allgemeinen verschiedene zeitliche Auflösungen haben, während sie bei der STFT konstant ist. Betrachtet man zunächst Schritt 1 des Algorithmus, so lässt sich Gleichung (4.1) im z-Bereich durch

$$E(z) = \frac{P(z)}{Q(z)} = \frac{1-\eta}{1-\eta z^{-1}}$$

darstellen. Dies entspricht einem Filter mit einem Pol bei $z_\infty = \eta$ und damit für $\eta \in (0,1)$ einem Tiefpassfilter mit stationärer Verstärkung $E(z=1) = 1$. Durch Variation des Parameters η kann zwar der Amplitudengang dieses Filters beeinflusst

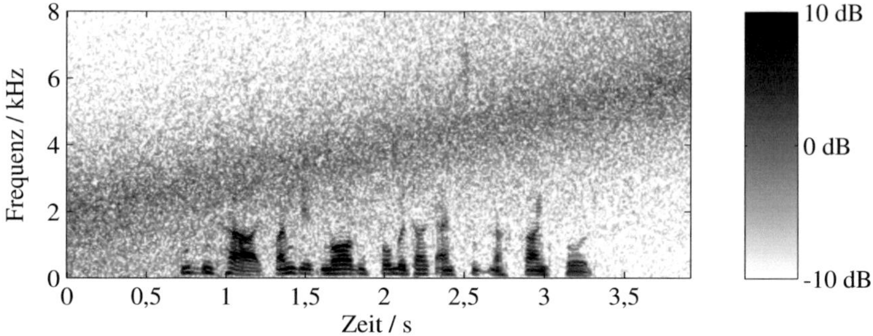

(a) Zeit-Frequenz-Darstellung $|Y(l,m)|$ des gestörten Sprachsignals

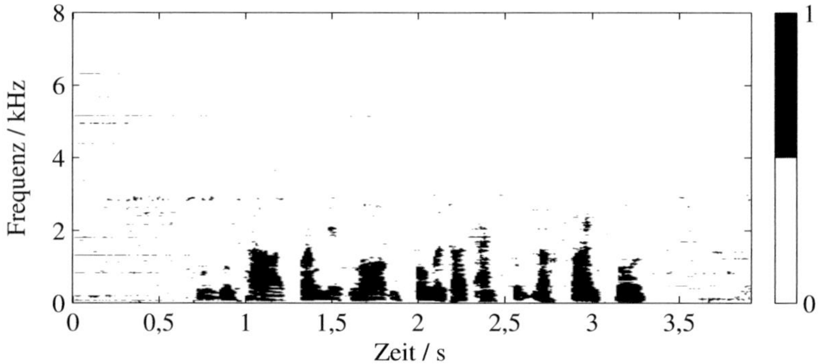

(b) Sprachwahrscheinlichkeit $S(l,m)$

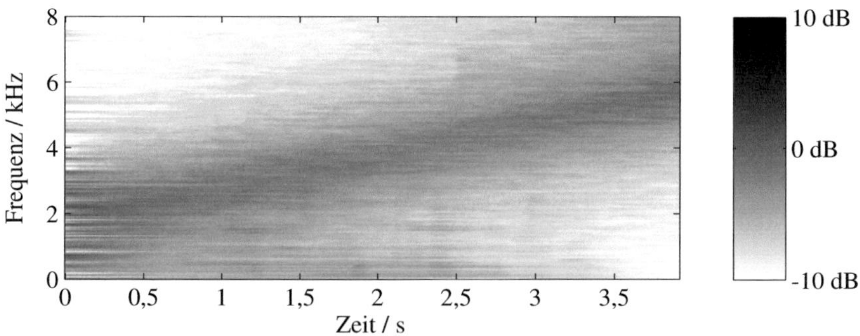

(c) Schätzung $D(l,m)$ der Störung

Abbildung 4.5: Zeit-Frequenz-Ebenen zur Störschätzung mittels STFT

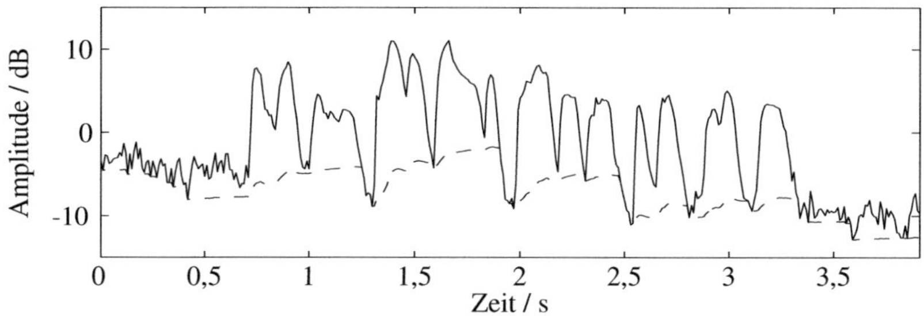

(a) Geglätteter Energieverlauf $P(l_0,m)$ des gestörten Signals (durchgezogen) und verfolgtes Minimum $P_{\min}(l_0,m)$ (gestrichelt)

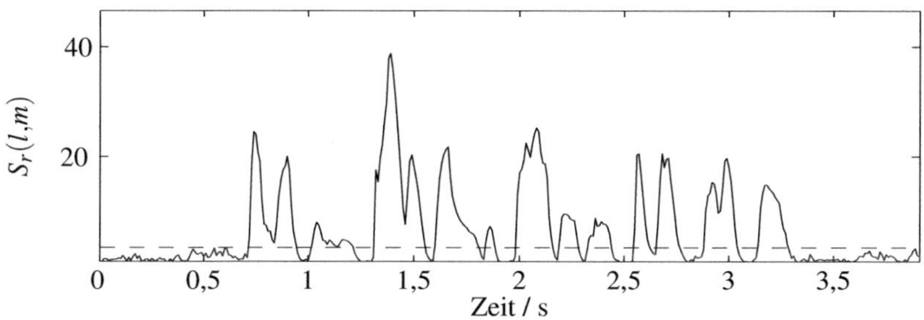

(b) Verhältnis $S_r(l_0,m)$ und Schwellwert $\delta(l_0)$ (gestrichelt)

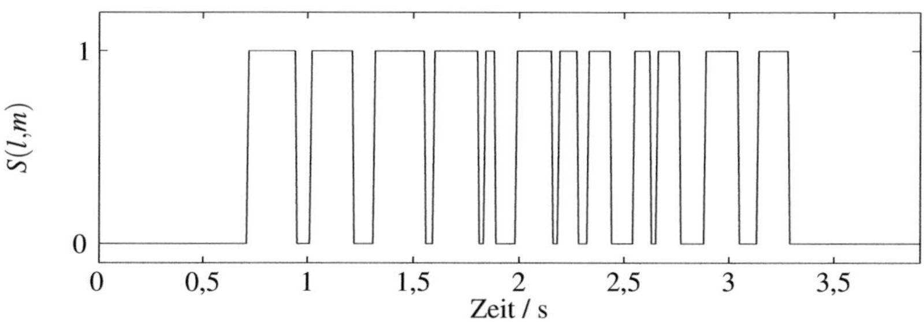

(c) Detektierte Sprachbereiche $S(l_0,m)$

Abbildung 4.6: Einige Größen der STFT-Sprachdetektion für das Frequenzband $f_0 = 300\,\mathrm{Hz}$

werden, es lässt sich allerdings nicht die gleiche Filterwirkung für alle zeitlichen Auflösungen der Wavelet-Packet-Frequenzbänder erzeugen, da dazu eine Skalierung des Amplitudengangs in Frequenzrichtung nötig wäre. Dies ist durch einfache Verschiebung des Pols nicht möglich.

Auf gleiche Weise lässt sich die untere Zeile von Gleichung (4.2) in zwei Schritten als Verkettung der Filter

$$B(z) = \frac{\tilde{P}_{\min}(z)}{P(z)} = \frac{1-\beta z^{-1}}{1-\beta} \qquad \text{und} \qquad G(z) = \frac{P_{\min}(z)}{\tilde{P}_{\min}(z)} = \frac{1-\gamma}{1-\gamma z^{-1}}$$

interpretieren. Das Filter $B(z)$ besitzt eine Nullstelle bei $z_0 = \beta \in (0,1)$ und eine stationäre Verstärkung von $B(z=1) = 1$. Somit lässt es den Gleichanteil ungedämpft passieren, während hohe Frequenzen verstärkt werden. Das darauf folgende Filter $G(z)$ ist wie das Filter $E(z)$ als Tiefpassfilter mit stationärer Verstärkung $G(z=1) = 1$ zu interpretieren. Somit ist es auch für die Filter $B(z)$ und $G(z)$ nicht möglich, den Amplitudengang durch Variation der Parameter β bzw. γ zu skalieren.

Statt der Verwendung der Tiefpassfilter $E(z)$ und $G(z)$ werden daher Moving-Average-Filter (MA-Filter) eingesetzt. Die Impulsantwort und der Frequenzgang zeitkontinuierlicher MA-Filter lauten:

$$g(t) = \frac{1}{T}\,\mathrm{r}_T(t) \quad \circ\!\!-\!\!\bullet \quad G(f) = \mathrm{si}(\pi f T) \quad .$$

Der Frequenzgang lässt sich also durch Variation des Parameters T, der Fensterbreite, skalieren. Da sich die zeitliche Auflösung der Frequenzbänder mit jeder Analysestufe um den Faktor zwei halbiert, muss auch die Fensterbreite der MA-Filter entsprechend halbiert werden. Die Fensterbreite des zeitdiskreten MA-Filters MA_i für die oberste Stufe $k = 0$ werde mit $w_{i,0}$ bezeichnet. Die Fensterbreite in Stufe k ergibt sich dann durch:

$$w_{i,k} = \frac{w_{i,0}}{2^k} \quad .$$

Anstatt der Parameter η und γ sind somit die Fensterbreiten $w_{1,0}$ und $w_{2,0}$ der beiden MA-Filter einzustellen, die die Filter $E(z)$ und $G(z)$ ersetzen. Das Ergebnis der Glättung der gestörten Koeffizienten $|c_y(p,n)|$ mittels des ersten MA-Filters MA_1 werde $c_{\text{glatt}}(p,n)$ genannt.

Die Verstärkung hoher Frequenzanteile nach Gleichung (4.2) kann durch die Anwendung eines weiteren MA-Filters $\mathrm{MA}\{\cdot\}$ gemäß der Operation

$$\begin{aligned} c_{\text{high}}(p,n) &= \alpha \cdot \underbrace{(c_{\text{glatt}}(p,n) - \mathrm{MA}\{c_{\text{glatt}}(p,n)\})}_{\text{hohe Frequenzanteile}} + \mathrm{MA}\{c_{\text{glatt}}(p,n)\} \\ &= \alpha \cdot c_{\text{glatt}}(p,n) - (\alpha - 1) \cdot \mathrm{MA}\{c_{\text{glatt}}(p,n)\} \end{aligned}$$

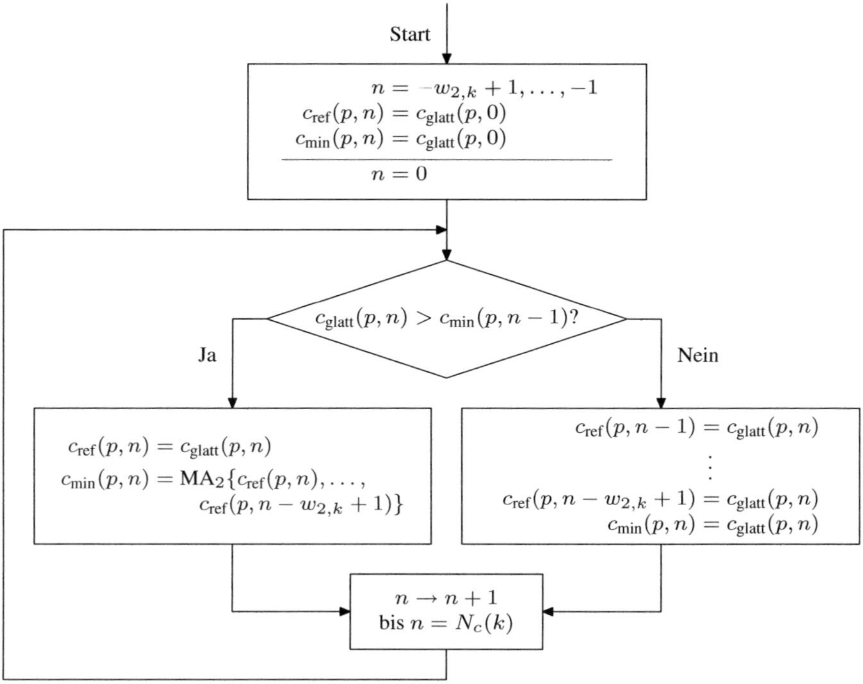

Abbildung 4.7: Ablauf der Minimumsbestimmung in einem Frequenzband p

erreicht werden, wobei $\alpha \geq 1$ der Verstärkungsfaktor der hohen Frequenzanteile ist und der Gleichanteil nach wie vor identisch passieren kann. In Experimenten hat sich jedoch herausgestellt, dass dieser Schritt nicht unbedingt notwendig ist und α daher in der Regel zu eins gesetzt werden kann. Zur Vereinfachung wird im Folgenden daher $c_{\text{glatt}}(p,n)$ anstatt $c_{\text{high}}(p,n)$ verwendet.

Der Verlauf des gesuchten lokalen Minimums $c_{\min}(p,n)$ ergibt sich schließlich durch Glättung eines Referenzsignals $c_{\text{ref}}(p,n)$ mit dem zweiten MA-Filter $\text{MA}_2\{\cdot\}$ der Fensterbreite $w_{2,k}$. Dabei muss jedoch sichergestellt werden, dass das Minimum stets kleiner als der Verlauf $c_{\text{glatt}}(p,n)$ ist. Das Vorgehen für ein Frequenzband p ist in Abbildung 4.7 gezeigt. Nach der Initialisierung des Referenzsignals und des Minimums für die Zeiten $n = -w_{2,k}+1,\dots,-1$ wird für $n = 0$ geprüft, ob der geglättete Koeffizientenverlauf $c_{\text{glatt}}(p,n)$ über dem zuvor berechneten Minimum $c_{\min}(p,n-1)$ liegt. Ist dies der Fall, kann als Referenzsignal zum Zeitpunkt n für die weitere Minimumsbestimmung der Wert $c_{\text{glatt}}(p,n)$ verwendet werden. Das Minimum ergibt sich dann als Mittelwert der vergangenen $w_{2,k}$ Werte des Referenzsignals. Sollte allerdings $c_{\text{glatt}}(p,n)$ nicht über dem zuvor berechneten Minimum liegen, wird als Minimum zum Zeitpunkt n der Wert $c_{\text{glatt}}(p,n)$ anstelle der Mittelwertbildung verwendet. Damit die zurückliegenden Bereiche, in denen $c_{\text{glatt}}(p,n) > c_{\min}(p,n-1)$ galt, keinen Einfluss auf die zukünftigen Mittelwertbildungen haben, wird das Referenzsignal der zurückliegenden $w_{2,k}-1$ Werte auf den Wert $c_{\text{glatt}}(p,n)$ gesetzt. Dieses Verfahren wird für alle Zeitpunkte $n \in [0,N_c(k)-1]$ eines Frequenzbandes p durchgeführt, wobei $N_c(k)$ die Anzahl der Koeffizienten eines Knotens in Ebene k ist.

Schließlich wird das Verhältnis $c_r(p,n) = c_{\text{glatt}}(p,n)/c_{\min}(p,n)$ gebildet und wie beim STFT-basierten Verfahren mittels frequenzabhängiger Schwellwerte $\delta(p)$ auf Sprache oder Sprechpause geschlossen:

$$c_s(p,n) = \begin{cases} 1 & \text{(Sprache anwesend)} \quad \text{, wenn } S_r(p,n) > \delta(p) \\ 0 & \text{(Sprache abwesend)} \quad \text{, sonst} \end{cases} .$$

Abschließend wird das Verfahren nochmals zusammengefasst:

1. MA-Filterung (typisch: $w_{1,0} \mathrel{\hat{=}} 50\,\text{ms}$) der gestörten Koeffizientenbeträge $|c_y(p,n)| \longrightarrow c_{\text{glatt}}(p,n)$

2. Optional: Verstärkung hoher Spektralanteile (typisch: $\alpha = 1$, keine Verstärkung)

3. In jedem Zeitschritt n für jedes Frequenzband p:

   - Erzeugung des Referenzsignals $c_{\text{ref}}(p,n)$ für die vergangenen $w_{2,k}$ Werte (typisch: $w_{2,0} \mathrel{\hat{=}} 2\,\text{s}$), siehe Abbildung 4.7
   - Berechnung des Minimums durch Mittelwertbildung:

   $$c_{\min}(p,n) = \frac{1}{w_{2,k}} \sum_{i=0}^{w_{2,k}-1} c_{\text{ref}}(p,n-i)$$

4. Bildung des Verhältnisses $c_r(p,n) = c_{\text{glatt}}(p,n)/c_{\min}(p,n)$

5. Schwellwertentscheidung $\longrightarrow c_s(p,n)$

Beispiel 4.2 (Sprachdetektion mittels AWP)

Es wird nun demonstriert, dass die Anpassung des STFT-basierten Verfahrens an eine Wavelet-Packet-Darstellung vergleichbare Ergebnisse liefert. Dazu wird nochmals das Sprachsignal und das Chirprauschen aus Beispiel 4.1 verwendet. Die Koeffizientenbeträge $|c_y(p,n)|$ in der Zeit-Frequenz-Ebene sind in Abbildung 4.8a dargestellt. Die Anwendung des beschrieben Verfahrens liefert die

Sprachanwesenheit in Abbildung 4.8b, die ein zum STFT-Verfahren gleichwertiges Ergebnis darstellt. Die Parameter wurden dabei folgendermaßen gewählt:

$$w_{1,0} \mathrel{\hat{=}} 51{,}2\,\text{ms}\,, \qquad w_{2,0} \mathrel{\hat{=}} 2\,\text{s}\,,$$

$$\alpha = 1\,, \qquad \delta(p) = \begin{cases} 2, & 0 < f_b \leq 500\text{ Hz} \\ 2, & 500\text{ Hz} < f_b \leq 1500\text{ Hz} \\ 3{,}5\,, & 1500\text{ Hz} < f_b \leq 3000\text{ Hz} \\ 5, & 3000\text{ Hz} < f_b \end{cases} \quad .$$

4.3.2 Zeit- und frequenzäquidistante Aufteilung der Koeffizientenenergie

Nachdem zu den gestörten Koeffizientenbeträgen $|c_y(p,n)|$ die Sprachwahrscheinlichkeiten $c_s(p,n)$ berechnet wurden, werden diese in eine zeit- und frequenzäquidistante Darstellung aufgeteilt, wie im Überblick in Abbildung 4.3 gezeigt ist. Grund dafür ist, dass das später eingesetzte Kalman-Filter in Abschnitt 4.3.4 dies erfordert. Die Aufteilung findet allerdings bereits vor der ersten Schätzung in Abschnitt 4.3.3 statt, da die Implementierung des Schätzalgorithmus dadurch vereinfacht wird.

Beispielhaft wird die Wavelet-Packet-Aufteilung der Zeit-Frequenz-Ebene in Abbildung 4.9a betrachtet. Zunächst werden die Koeffizienten zeitlich neu aufgeteilt, indem jedes Frequenzband auf die gleiche zeitliche Auflösung gebracht wird. Dabei muss die Energie der Koeffizienten erhalten bleiben. Als einheitliche zeitliche Auflösung wird die feinste zeitliche Auflösung der in der besten Basis enthaltenen Frequenzbänder gewählt. Im Beispiel in Abbildung 4.9 ist dies das Frequenzband $p = 3$. Da das Frequenzband mit der feinsten zeitlichen Auflösung zu dem höchsten Knoten im Wavelet-Packet-Baum gehört, wird die Tiefe dieses Frequenzbandes mit k_{min} bezeichnet. Die Zeitauflösung eines Frequenzbandes, das im Wavelet-Packet-Baum in Tiefe k angeordnet ist, muss dann um den Faktor

$$U_k^t = \frac{2^k}{2^k_{\text{min}}} = 2^{k-k_{\text{min}}}$$

erhöht werden. Dazu wird jeder Koeffizient entsprechend oft wiederholt. Um allerdings Energieerhaltung zu gewährleisten, muss jeder Koeffizient durch $\sqrt{U_k^t}$ geteilt werden. Damit ergeben sich die zeitäquidistanten Koeffizienten durch:

$$|\tilde{c}_y(p,m)| = \frac{|c_y(p,n)|}{\sqrt{U_k^t}} \quad \text{für} \quad m \in [n \cdot U_k^t, (n+1) \cdot U_k^t - 1] \quad . \tag{4.3}$$

Das Ergebnis für das betrachtete Beispiel ist in Abbildung 4.9b gezeigt. Zusätzlich zur zeitlichen Aufteilung macht die spätere AR-Modellschätzung in Abschnitt 4.3.4

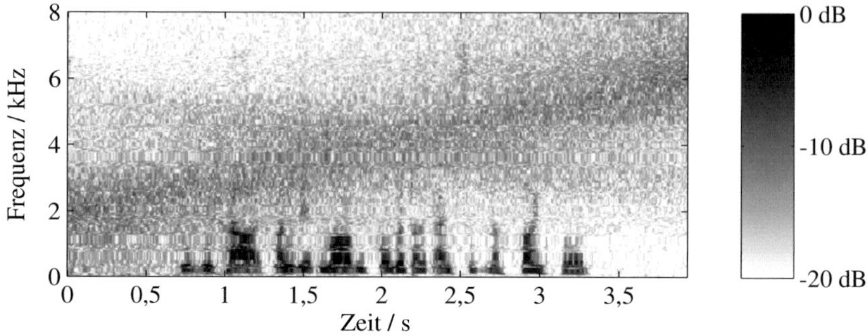

(a) Gestörtes Sprachsignal

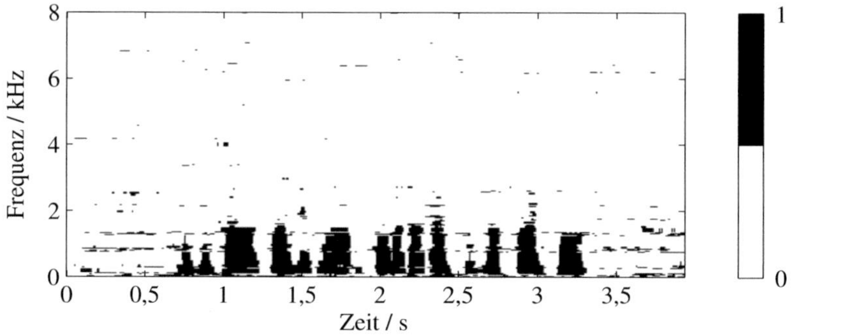

(b) Sprachwahrscheinlichkeit

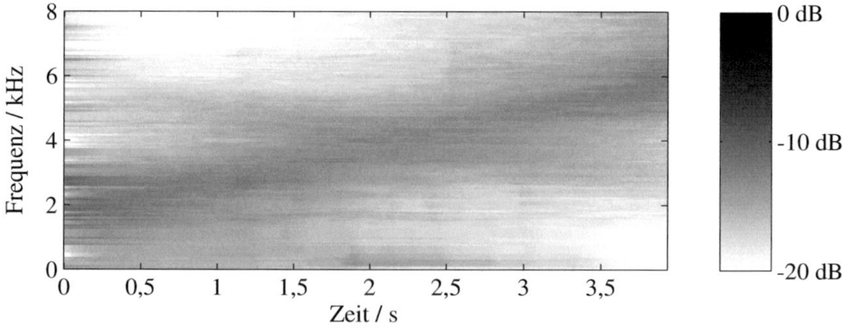

(c) Geschätzte Störung

Abbildung 4.8: Zeit-Frequenz-Ebenen zur Störschätzung mittels AWP

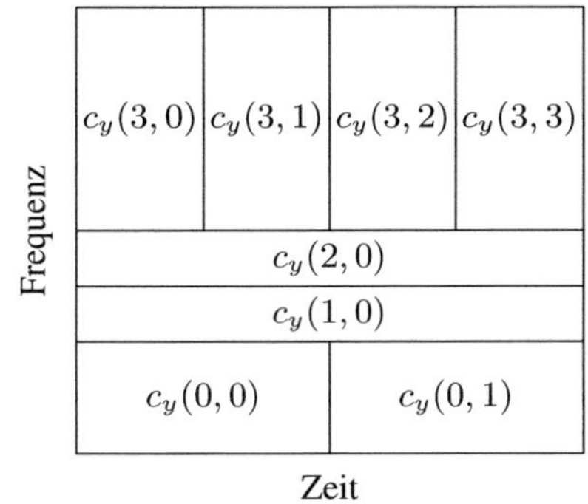

(a) Ursprüngliche WP-Aufteilung $|c_y(p,n)|$

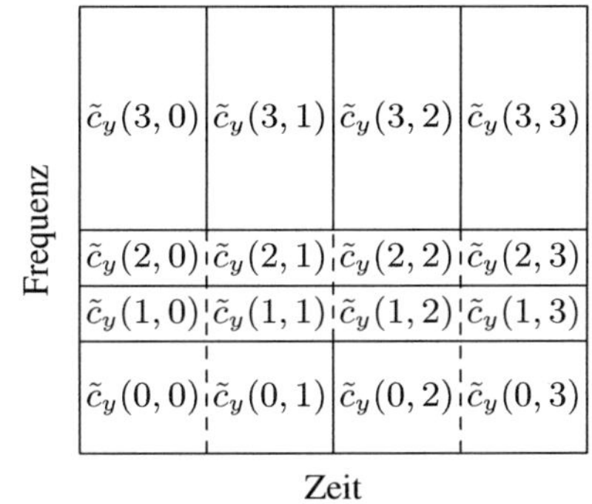

(b) Darstellung mit äquidistanter Zeitaufteilung $|c_y(p,m)|$

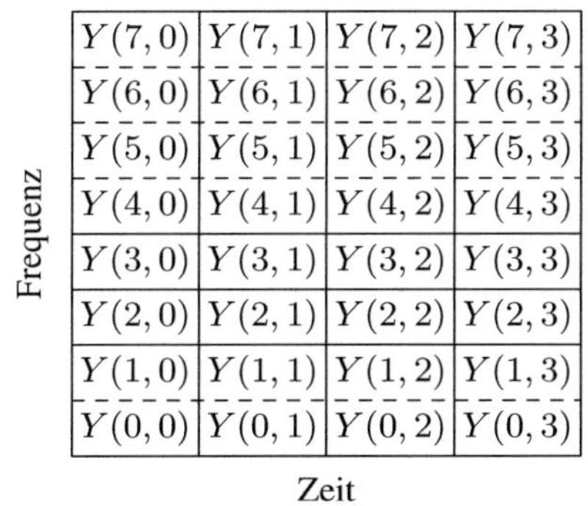

(c) Äquidistante Zeit-Frequenz-Aufteilung $|Y(l,m)|$

Abbildung 4.9: Beispiel zur äquidistanten Zeit-Frequenz-Aufteilung der WP-Koeffizienten eine äquidistante Frequenzaufteilung notwendig. Dabei wird analog zur zeitlichen Aufteilung vorgegangen. Die Ebene der feinsten Frequenzauflösung ist am tiefsten im Wavelet-Packet-Baum angeordnet und wird daher mit $k_{\max}$ bezeichnet. Der Upsampling-Faktor der Frequenz lautet damit

$$U_k^f = \frac{2^{k_{\max}}}{2^k} = 2^{k_{\max}-k} \quad .$$

Die zeit- und frequenzäquidistante Darstellung ergibt sich dann durch:

$$Y(l,m) = \frac{|\tilde{c}_y(p,m)|}{\sqrt{U_k^f}} \quad \text{für} \quad l \in L_p \quad . \tag{4.4}$$

Dabei bezeichnet L_p die Indexmenge aller Frequenzbänder l (äquidistante Aufteilung), die zum Frequenzband p in der ursprünglichen Aufteilung gehören. Abbildung 4.9c zeigt die zeit- und frequenzäquidistante Zeit-Frequenz-Aufteilung.

4.3.3 Erste Schätzung durch Glättung

Die üblichen STFT-basierten Verfahren zur Schätzung des Hintergrundrauschens basieren auf einer zeit-/frequenzabhängigen Glättung der gestörten STFT-Amplituden. Dabei werden die Amplituden in Bereichen von Sprachanwesenheit sehr stark geglättet, womit die Sprache kaum Einfluss auf die geschätzte Störung hat, während die Glättung in Bereichen ohne Sprache lediglich schwach ist. Dieses Vorgehen kann direkt auf die gewonnene äquidistante Zeit-Frequenz-Darstellung $Y(l,m)$ angewendet werden. Dazu muss allerdings zunächst die Sprachwahrscheinlichkeit der WP-Koeffizienten $c_s(p,n)$ aus Abschnitt 4.3.1 in die gleiche zeit- und frequenzäquidistante Darstellung überführt werden wie dies für die gestörten Koeffizienten $c_y(p,n)$ gemacht wurde. Da allerdings die Sprachwahrscheinlichkeit nur null oder eins werden soll, darf dabei die Energie dieser Werte nicht wie bei den WP-Koeffizienten aufgeteilt werden. Daher sind die entsprechenden Berechnungsgleichungen mit (4.3) und (4.4) identisch, mit Ausnahme der entfallenden Normierungsfaktoren $1/\sqrt{U_k^t}$ und $1/\sqrt{U_k^f}$. Die resultierende zeit- und frequenzäquidistante Sprachwahrscheinlichkeit wird mit $S(l,m)$ bezeichnet.

Um kurzzeitige Fehldetektionen der Sprachwahrscheinlichkeit zu beseitigen, kann $S(l,m)$ zunächst geglättet werden:

$$S_{\text{glatt}}(l,m) = \alpha_p \, S_{\text{glatt}}(l,m) + (1-\alpha_p) \, S(l,m) \quad .$$

Diese Glättung sollte aber möglichst schwach gewählt werden, um kurzzeitige Phoneme wie die Plosive noch zu detektieren. Ein typischer Wert ist $\alpha_p = 0{,}05$. In Anlehnung an die STFT-basierten Verfahren soll die Störung durch eine zeit-frequenzabhängige Glättung gemäß

$$\hat{D}(l,m) = \alpha_s(l,m)\,\hat{D}(l,m-1) + (1-\alpha_s(l,m))\,Y(l,m) \quad .$$

erfolgen, wobei der Glättungsfaktor $\alpha_s(l,m)$ von der Sprachwahrscheinlichkeit abhängt. In Bereichen höchster Sprachwahrscheinlichkeit ($p(l,m) = 1$) sollen die gestörten Koeffizienten $Y(l,m)$ überhaupt nicht in die Schätzung eingehen. Folglich muss in diesem Falle $\alpha_s(l,m)$ ebenfalls gleich eins sein. Für den umgekehrten Fall (Sprachabwesenheit, $S_{\text{glatt}}(l,m) = 0$) ist dagegen die Glättung nicht gleich null zu setzen. Stattdessen ist eine bestimmte minimale Glättung in diesem Fall durchaus von Vorteil, um trotz der stochastischen Natur der Störungen die lokale mittlere Störenergie zu bestimmen. Daher wird der Glättungsfaktor durch

$$\alpha_s(l,m) = \alpha_d + (1-\alpha_d)S_{\text{glatt}}(l,m)$$

berechnet. Dabei ist α_d die minimale Glättung bei Sprachabwesenheit.

Beispiel 4.3 (Störschätzung mit AWP)

Für das Sprachsignal und das Chirprauschen aus den Beispielen 4.1 und 4.2 wurde nun nach dem oben beschriebenen Verfahren eine Störschätzung sowohl mittels der STFT- als auch der AWP-Darstellung durchgeführt. Dabei wurden die detektierten Sprachwahrscheinlichkeiten aus diesen Beispielen herangezogen. Für die STFT wurde $\alpha_d^{\text{STFT}} = 0{,}95$ und für die AWP $\alpha_d^{\text{AWP}} = 0{,}99$ gewählt, um die unterschiedlichen zeitlichen Auflösungen der Darstellungen zu berücksichtigen, die sich ungefähr um den Faktor fünf unterscheiden. Auf die Glättung der Sprachwahrscheinlichkeit wurde verzichtet ($\alpha_p = 0$). Damit ergeben sich gleichwertige Schätzergebnisse, wie in den Abbildungen 4.5c (Seite 132, STFT) und 4.8c (Seite 138, AWP) durch Vergleich mit den Zeit-Frequenz-Darstellungen des gestörten Signals zu sehen ist.

Anpassung an das Verfahren der Redundanten Synthese

Das bisher beschriebene Verfahren lässt sich einfach für das Verfahren der Redundanten Synthese aus Abschnitt 3.3.2 anpassen. Dazu muss die Bestimmung der Sprachwahrscheinlichkeit wie in Abschnitt 4.3.1 beschrieben durchgeführt werden, jedoch nicht nur für die Knoten einer bestimmten Basis, sondern für alle Knoten des Wavelet-Packet-Baums. Anstatt der zeit- und frequenzäquidistanten Aufteilung der Koeffizientenenergien und der rekursiven Glättung wird wie bei der Berechnung des Minimums in Abschnitt 4.3.1 ein Referenzsignal erzeugt. Der Ablauf für die Koeffizienten eines Knotens (k,b) ist in Abbildung 4.10 gezeigt. Dabei bezeichnet

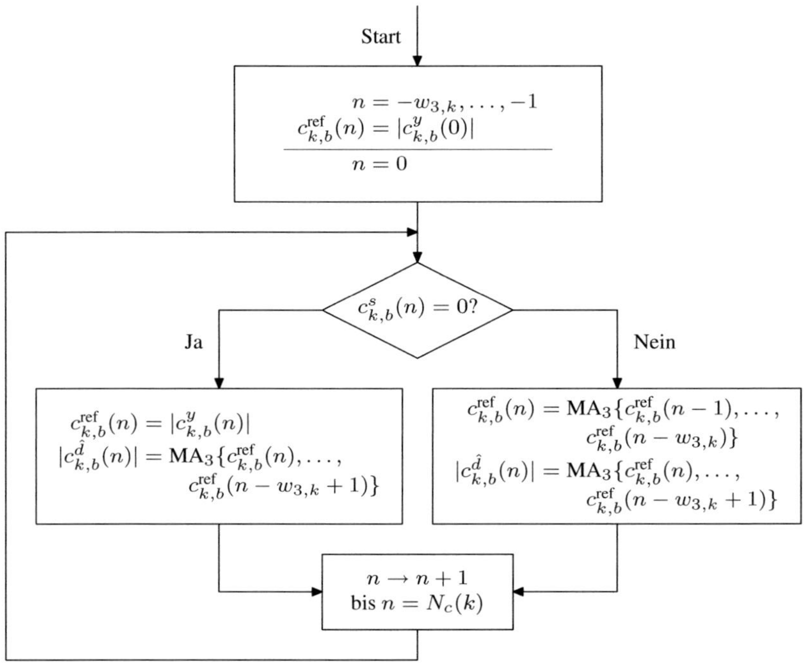

Abbildung 4.10: Störschätzung für die Redundante Synthese

$c^{y}_{k,b}(n)$ die Koeffizienten des gestörten Signals im Knoten (k,b), $c^{s}_{k,b}(n)$ die entsprechende Sprachwahrscheinlichkeit, $c^{\mathrm{ref}}_{k,b}(n)$ das Referenzsignal und $c^{\hat{d}}_{k,b}(n)$ die geschätzte Störung. In einem Knoten (k,b) wird nach der Initialisierung des Referenzsignals für jeden Zeitpunkt geprüft, ob Sprachabwesenheit vorliegt. Ist dies der Fall, wird als Referenzsignal zum Zeitpunkt n der gestörte Koeffizientenbetrag verwendet. Der Koeffizientenbetrag der geschätzten Störung kann dann über eine Mittelwertbildung der vergangenen $w_{3,k}$ Werte des Referenzsignals berechnet werden. Im Fall von Sprachanwesenheit soll der gestörte Koeffizient keinen Einfluss auf die Störschätzung haben. Der Wert des Referenzsignals zum Zeitpunkt n wird daher ebenfalls durch eine Mittelwert der vergangenen $w_{3,k}$ Werte des Referenzsignals berechnet. Der Schätzung des Koeffizientenbetrages $c^{\hat{d}}_{k,b}(n)$ erfolgt daraufhin wie im Fall der Sprachabwesenheit.

4.3.4 Störschätzung mittels Kalman-Filter

Für eine Störung hoher Dynamik, also schneller Veränderlichkeit, ist die Störschätzung des vorangegangenen Abschnitts 4.3 möglicherweise zu langsam, um die Störung hinreichend gut zu schätzen. Liegt der Veränderung der Störung keine Systematik zugrunde, so muss die Störcharakteristik über einen größeren Zeitraum betrachtet werden. Sind die Änderungen allerdings systematisch, so können sie modelliert und mitgeschätzt werden. Zu diesem Zweck wird zunächst ein allgemeines Modell der Störung entworfen. Daraufhin werden dessen Parameter als zu schätzende Größen in einen Zustandsraum überführt. Schließlich wird eine Methode vorgestellt, wie unter Berücksichtigung der Sprachwahrscheinlichkeit der Kalman-Filter-Algorithmus Anwendung finden kann.

Modell der Störung

Ein allgemeiner farbiger, stationärer Rauschprozess $d(n)$ kann durch einen weißen, mittelwertfreien Rauschprozess $q(n)$ modelliert werden, der ein Filter mit entsprechendem Frequenzgang durchläuft. Gebräuchliche zeitdiskrete Modellformen sind die AR-, die MA- und die ARMA-Form [KJ08]. Die größte Verbreitung für die Modellierung von Störungen besitzt das AR-Modell [KK02]

$$G(z) = \frac{g}{1 + a_1 z^{-1} + \ldots + a_N z^{-N}} = \frac{g \cdot z^N}{(z - z_{\infty 1}) \cdots (z - z_{\infty N})}$$

aufgrund der vergleichsweise einfachen Bestimmbarkeit der Filterkoeffizienten a_i sowie der Eignung zur Modellierung schmalbandiger Störungen. In der obigen

Form entspricht N der Filterordnung bzw. der Anzahl der Polstellen $z_{\infty i}$ und g der stationären Verstärkung. Jeder Pol lässt sich in Polarform

$$z_{\infty i} = A_i \cdot \mathrm{e}^{j\,\varphi_i}$$

durch Betrag A_i und Phase φ_i darstellen. Da alle in dieser Arbeit betrachteten Störungen reellwertig sind, ist deren Betragsspektrum achsensymmetrisch. Daher wird angenommen, dass jeweils zwei Pole des Modells konjugiert komplex zueinander sind:

$$z_{\infty,1} = z^*_{\infty,1+N/2} \quad .$$

Es sind also lediglich die Beträge und Phasen von $N/2$ Polen, sowie die Verstärkung g unbekannt.

Zustandsraummodell

Ein lineares Kalman-Filter setzt ein Zustandsraummodell der Form

$$\begin{aligned} \underline{x}(m+1) &= \underline{A}\,\underline{x}(m) + \underline{B}\,\underline{u}(m) + \underline{w}(m) \\ \underline{y}(m) &= \underline{C}\,\underline{x}(m) + \underline{v}(m) \end{aligned}$$

voraus, wobei m den Zeitindex darstellt. Die Matrizen $\underline{A}$, $\underline{B}$ und $\underline{C}$ können zwar im Allgemeinen zeitvariant angenommen werden, zur vereinfachten Notation soll jedoch auf den Zeitindex m verzichtet werden. Unter der Annahme von normalverteilten, weißen, mittelwertfreien Rauschprozessen $\underline{w}(m)$ und $\underline{v}(m)$ liefert das Kalman-Filter den Minimum-Varianz-Schätzwert $\hat{\underline{x}}(m)$ [Wen07, GA01]. Dabei wird zunächst auf Basis des Systemmodells ein Prädiktionsschätzwert $\hat{\underline{x}}^-(m)$ (a-priori-Schätzwert) mit zugehöriger Prädiktionsschätzfehlerkovarianzmatrix $\underline{P}^-_{\underline{x}\underline{x}}(m)$ (a-priori-Kovarianzmatrix) durch die Prädiktions-Gleichungen

$$\begin{aligned} \hat{\underline{x}}^-(m+1) &= \underline{A}\,\hat{\underline{x}}(m) + \underline{B}\,\underline{u}(m) \\ \underline{P}^-_{\underline{x}\underline{x}}(m+1) &= \underline{A}\,\underline{P}_{\underline{x}\underline{x}}(m)\,\underline{A}^{\mathrm{T}} + \underline{P}_{\underline{w}\underline{w}} \end{aligned}$$

berechnet. Dabei stellt $\underline{P}_{\underline{w}\underline{w}}$ die Kovarianzmatrix des Systemrauschens $\underline{w}$ dar. In einem zweiten Schritt – Mess-, Update- oder Filterschritt genannt – wird der a-priori-Schätzwert durch den Messwert $\underline{y}(m)$ verbessert, wobei die Kovarianz des Messrauschens berücksichtigt wird:

$$\begin{aligned} \hat{\underline{x}}(m) &= \hat{\underline{x}}^-(m) + \underline{K}(m)\left(\underline{y}(m) - \underline{C}\,\hat{\underline{x}}^-(m)\right) \\ \underline{P}_{\underline{x}\underline{x}}(m) &= \left(\underline{I} - \underline{K}(m)\,\underline{C}\right)\underline{P}^-_{\underline{x}\underline{x}}(m) \\ \underline{K}(m) &= \underline{P}^-_{\underline{x}\underline{x}}(m)\,\underline{C}^{\mathrm{T}}\left(\underline{C}\,\underline{P}^-_{\underline{x}\underline{x}}(m)\,\underline{C}^{\mathrm{T}} + \underline{P}_{\underline{v}\underline{v}}\right)^{-1} \quad . \end{aligned}$$

Dabei ist $\underline{P}_{\underline{v}\underline{v}}$ die Kovarianzmatrix des Messrauschens $\underline{v}$ und $\underline{I}$ die Einheitsmatrix. $\underline{\hat{x}}(m)$ wird a-posteriori-Schätzwert genannt.

Da die betrachteten Störungen im Allgemeinen nichtstationär sind, reicht es nicht aus, lediglich die Parameter des Störmodells als Zustände $\underline{x}$ zu verwenden. Eine Veränderung der Störung geht mit einer Verschiebung der Pole $z_{\infty i}$ in der z-Ebene einher. Diese Bewegung muss ebenfalls vom Zustandsraummodell erfasst werden. Für ein möglichst passendes Modell muss Vorwissen über die systematische Veränderlichkeit der Störung herangezogen werden. Ist dies nicht möglich, so kann allgemein zusätzlich zur Lage der Pole in der z-Ebene – repräsentiert durch die Parameter g, A_i und φ_i – ähnlich einer Taylor-Reihenentwicklung die „Geschwindigkeit“, die „Beschleunigung“ usw. der Pole im Zustandsraummodell berücksichtigt werden. Dazu müssen die entsprechenden Differenzen der Störmodellparameter

$$\begin{aligned}\Delta^r g(m) &= \Delta^{r-1} g(m) - \Delta^{r-1} g(m-1),\\ \Delta^r A_i(m) &= \Delta^{r-1} A_i(m) - \Delta^{r-1} A_i(m-1),\\ \Delta^r \varphi_i(m) &= \Delta^{r-1} \varphi_i(m) - \Delta^{r-1} \varphi_i(m-1)\end{aligned} \tag{4.5}$$

mit $r \in \mathbb{N}$ in den Zustand $\underline{x}$ aufgenommen werden. Ein allgemeines Modell erster Ordnung ist durch

$$\underline{x}(m+1) = \begin{bmatrix} g(m+1)\\ \Delta g(m+1)\\ A(m+1)\\ \Delta A(m+1)\\ \varphi(m+1)\\ \Delta\varphi(m+1)\end{bmatrix} = \begin{bmatrix} 1&1&0&0&0&0\\ 0&1&0&0&0&0\\ 0&0&1&1&0&0\\ 0&0&0&1&0&0\\ 0&0&0&0&1&1\\ 0&0&0&0&0&1\end{bmatrix} \cdot \underline{x}(m). \tag{4.6}$$

gegeben. Es prädiziert die Position der Pole unter der Annahme einer gleichförmigen Bewegung der Pole in der z-Ebene. Eine Erweiterung um die „Beschleunigungen“ $\Delta^2 g$ etc. würde ein allgemeines Modell zweiter Ordnung liefern. Die Eingangsmatrix $\underline{B}$ wurde im obigen Modell zu null gesetzt. Wenn es eine messbare Größe gäbe, die das Verhalten der zu schätzenden Parameter (und damit die Störung) beeinflusst, könnte diese durch die Matrix $\underline{B}$ berücksichtigt werden.

Für die Umsetzung der Messgleichung spielt die Wahl der „Messgrößen“ eine wichtige Rolle. Tatsächlich gemessen wird das verrauschte Signal. Die AWP-Analyse und anschließende zeit- und frequenzäquidistante Aufteilung stellen die Zeit-Frequenz-Darstellung $|Y(l,m)|$ zur Verfügung. Nun können die prädizierten Koeffizientenbeträge $|Y^-(l,m')|$ aus den Störmodellparameter zu einem bestimmten Zeitpunkt m' berechnet werden, indem abschnittsweise über den geschätzten Frequenzgang $G(z = \exp(j2\pi f t_A))$ integriert wird. Diese Abbildung ist allerdings nichtlinear, womit nichtlineare Kalman-Filter wie das erweiterte oder das Sigma-Point-Kalman-Filter [vdM04] zum Einsatz kommen müssten. Die Implementierung eines Sigma-Point-Kalman-Filters erwies sich allerdings als sehr sensibel auf die Wahl der einzustellenden Parameter. Des Weiteren benötigte es vergleichsweise viel Rechenzeit. Daher wurde in [WS08] eine andere Vorgehensweise vorgestellt.

Anstatt die Koeffizientenbeträge als Messgrößen zu verwenden wird in jedem Abtastschritt zu dem gegebenen äquidistanten Koeffizientenverlauf $|Y(l,m')|$ mittels AR-Modellschätzung die „gemessenen" Störmodellparameter zum Zeitpunkt m' berechnet. Dies kann beispielsweise durch LMS-Schätzung erfolgen [Lju99]. Dadurch können die Zustandsgrößen direkt als Messgrößen verwendet werden und man erhält die einfache Messgleichung:

$$\underline{y}(m) = \underline{x}(m) \quad \Rightarrow \quad \underline{C} = \underline{I} \quad .$$

Einsatz des Kalman-Filters

Da das Kalman-Filter die Parameter des Störmodells schätzt, stellt die Sprache die „Störung" bezüglich der Kalman-Schätzung dar, die durch das Messrauschen $\underline{v}$ berücksichtigt werden muss. Es lassen sich dabei Sprechpausen von Sprachabschnitten unterscheiden. Da die Frequenzinformation der Sprachanwesenheit $S(l,m)$ für das Kalman-Filter ohne Bedeutung ist, muss diese eliminiert werden. Dazu wird einfach die Sprachwahrscheinlichkeit zu einem bestimmten Zeitpunkt m aufsummiert und mit einer zu wählenden Schwelle δ_S (z.B. 0,08) verglichen:

$$s(m) = \begin{cases} 1, & \text{wenn } \frac{\sum_{l=0}^{L-1} S(l,m)}{L} > \delta_S \\ 0, & \text{sonst} \end{cases}$$

Dabei ist L die Anzahl der Frequenzbänder.

Während Sprechpausen liegt ausschließlich die Störung vor. Daher könnte die Messfehlerkovarianzmatrix $\underline{P}_{\underline{v}\underline{v}}$ auf sehr kleine Werte gesetzt werden. Aufgrund der stochastischen Natur von Störungen ist es allerdings sinnvoller, die Kovarianzen der einzelnen Messgrößen durch übliche Verfahren, siehe z.B. [KE08], schätzen zu lassen. Die Kreuzkovarianzen können zu null angenommen werden. Es erweist sich darüber hinaus als nützlich, die geschätzten Kovarianzen noch mit den Faktoren $\underline{G}_{\underline{v}\underline{v}}$ zu verstärken, um eine größere Berücksichtigung des Modells und damit eine glattere Schätzung zu erzwingen.

Da die Energie der Sprache nicht als weißes, normalverteiltes Rauschen in Sprachabschnitten zu interpretieren ist, verletzt dies die Voraussetzungen des Kalman-Filters. Es liefert daher nicht mehr den Minimum-Varianz-Schätzwert. Es können dennoch sinnvolle Ergebnisse erzielt werden, indem die Messfehlerkovarianzen während Sprache auf sehr große Werte gesetzt werden. Dadurch verlässt sich das Kalman-Filter bei der Störschätzung während Sprachabschnitten fast ausschließlich auf seine Prädiktion auf Basis des Modells und der geschätzten Parameter zum Ende der letzten Sprechpause. Da im Zustandsraum allerdings nicht nur die

Parameter des Störmodells, sondern darüber hinaus die Bewegung der Pole in der z-Ebene erfasst werden können, ist die Prädiktion auch für nichtstationäre Störungen geeignet. Eine Verringerung des Einflusses der Sprache ist außerdem dadurch möglich, dass in Sprachabschnitten die zuvor geschätzte Störung $|\hat{D}(l,m)|$ aus Abschnitt 4.3.3 anstelle der gestörten Koeffizienten $|Y(l,m)|$ verwendet wird.

Weiterhin ist zu beachten, dass durch die Differenzbildung zur Berechnung der Δ-Größen nach Gleichung (4.5) hohe Frequenzen verstärkt werden. Dadurch wird das Rauschen der Störmodellparameter g, A_i und φ_i während Sprechpausen deutlich verstärkt und die so berechneten Δ-Größen führen in der Prädiktion des folgenden Sprachabschnitts zu Fehlern. Daher ist es sinnvoll, die Δ-Größen über einen größeren Zeitraum zu berechnen, z.B. für die Phase gemäß

$$\Delta\varphi(m) = \frac{\varphi(m) - \varphi(m-r)}{r} \quad ,$$

wobei die rückblickende Größe r maximal bis zum Beginn der letzten Sprechpause zurückreichen darf. Anstatt eine Gerade durch die beiden Punkte $\varphi(m)$ und $\varphi(m-r)$ zu legen, kann auch mittels einer Least-Squares-Ausgleichsrechnung basierend auf den Messwerten $\varphi(m)$ bis $\varphi(m-r)$ eine Gerade für dieses Intervall berechnet und deren Steigung als $\Delta\varphi(m)$ verwendet werden.

Schließlich kann die Kovarianz des Systemrauschens $\underline{\underline{P}}_{ww}$ auf eine konstante Größe eingestellt werden, um die Unsicherheit der Glättungsschätzung aus Abschnitt 4.3.3 zu berücksichtigen.

Beispiel 4.4 (Schätzung der Polphase eines Chirprauschens)

Das vorgestellte Verfahren zur modellbasierten Störschätzung wird anhand des gleichen mit Chirprauschen überlagerten Sprachsignals wie in den Beispielen 4.2 und 4.3 demonstrieren, dass die Phase des Pols des zugrundeliegenden Störmodells besser geschätzt werden kann. Die Phase des Pols in der oberen z-Halbebene beträgt zu Beginn $0{,}3\pi$ und nimmt linear bis auf $0{,}7\pi$ zu. Die Startwerte der Schätzung werden zu

$$\underline{\hat{x}}(0) = \begin{bmatrix} g(0) \\ \Delta g(0) \\ A(0) \\ \Delta A(0) \\ \varphi(0) \\ \Delta\varphi(0) \end{bmatrix} = \begin{bmatrix} 0{,}007 \\ 10^{-4} \\ 0{,}55 \\ 10^{-4} \\ 0{,}3 \\ 10^{-4} \end{bmatrix}, \qquad \underline{\underline{P}}_{\hat{x}\hat{x}}(n) = 10^{-3} \cdot \underline{\underline{I}}.$$

gesetzt. Das Prozessrauschen wird konstant zu

$$\underline{\underline{P}}_{ww} = 10^{-6} \cdot \underline{\underline{I}}$$

gewählt. Die Kovarianzmatrix $\underline{\underline{P}}_{\underline{v}\,\underline{v}}$ des Messrauschens wird in Sprachintervallen ebenfalls auf einen festen Wert gesetzt:

$$\underline{\underline{P}}_{\underline{v}\,\underline{v}}^{\mathrm{Sprache}} = 10^5 \cdot \underline{\underline{I}} \quad .$$

In Sprechpausen werden dagegen die Kovarianzen für die einzelnen Messgrößen geschätzt, verstärkt und zur Messfehlerkovarianzmatrix zusammengesetzt:

$$\underline{\underline{P}}_{\underline{v}\,\underline{v}}^{\mathrm{Pause}} = \mathrm{diag}\left\{ \begin{bmatrix} 10^4 \cdot \hat{\sigma}_g^2 \\ 10^4 \cdot \hat{\sigma}_{\Delta g}^2 \\ 10^2 \cdot \hat{\sigma}_A^2 \\ 10^2 \cdot \hat{\sigma}_{\Delta A}^2 \\ 10^3 \cdot \hat{\sigma}_\varphi^2 \\ 10^3 \cdot \hat{\sigma}_{\Delta\varphi}^2 \end{bmatrix} \right\} \quad .$$

Dabei erzeugt der Operator *diag* eine Diagonalmatrix mit dem übergebenen Vektor in der Hauptdiagonalen. Zu Beginn der Kalman-Filterung liegen allerdings nur wenige Messwerte vor, wodurch die geschätzten Kovarianzen nicht zuverlässig sind. Daher wird die Messfehlerkovarianzmatrix für die ersten 10 Abtastschritte fest auf

$$\underline{\underline{P}}_{\underline{v}\,\underline{v}}^{\mathrm{Start}} = \mathrm{diag}\left\{ \begin{bmatrix} 10^{-4} \\ 10^{-4} \\ 1 \\ 1 \\ 10^{-2} \\ 10^{-2} \end{bmatrix} \right\}$$

eingestellt. Mit diesen Einstellungen des Kalman-Filters erhält man für das gegebene Beispiel schließlich das Ergebnis in Abbildung 4.11. In beiden Teilabbildungen ist in grau die ideale, lineare Polphase eingezeichnet. In der oberen Abbildung ist die mittels AR-Modellschätzung aus den gestörten Koeffizienten $Y(l,m)$ erhaltene Polphase zu sehen. Man erkennt, dass in Sprachintervallen die Polphase stark abgesenkt wird, da die Sprache die größten Energieanteile bei tiefen Frequenzen aufweist. Es wird deutlich, dass dieses Signal in Sprachintervallen nicht als Messung für das Kalman-Filter dienen kann, da das additive „Rauschen“ $\underline{v}$ nicht mittelwertfrei ist.

In Abbildung 4.11b ist daher als durchgezogene Linie die Polphase zu sehen, die in Sprachintervallen zur AR-Schätzung die geschätzte Störung $\hat{D}(l,m)$ anstatt der gestörten Koeffizienten $Y(l,m)$ verwendet. Diese weist zwar immer noch eine mittelwertbehaftete Störung auf, jedoch ist der Mittelwert deutlich geringer als bei der Polphase in Abbildung 4.11a. Das Kalman-Filter stützt sich nun in

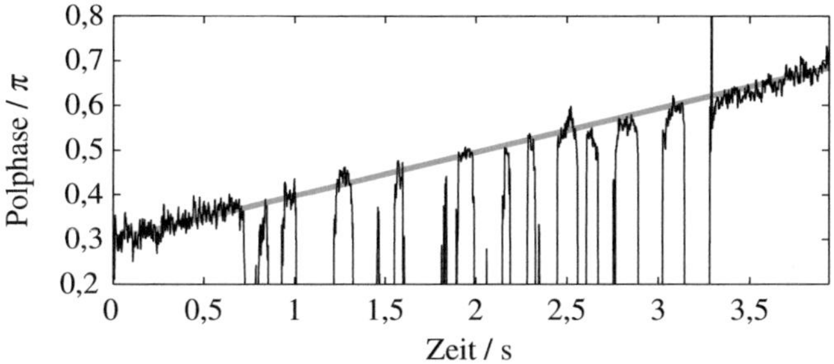

(a) Reale Polphase (grau) und gemessene Polphase aufgrund der Sprache (schwarz)

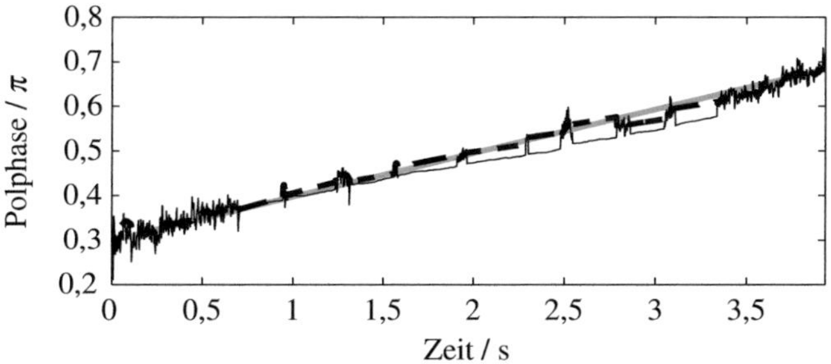

(b) Reale Polphase (grau), Polphase durch erste Schätzung (durchgezogen) und durch Kalman-Filter geschätzte Polphase (gestrichelt)

Abbildung 4.11: Schätzung der Polphase mittels Kalman-Filterung

Sprachintervallen hauptsächlich auf die Prädiktion mittels des Zustandsraummodells (4.6), während in Sprechpausen der gestörte Verlauf geglättet wird. Die erste Schätzung wird damit weiter verbessert und liegt nun in den meisten Sprachintervallen exakt auf der tatsächlichen Phase.

4.3.5 Berechnung der Schwellwerte

Aus den geschätzten Störparametern $g(n)$, $A_i(n)$ und $\varphi_i(n)$ müssen zum Zwecke der Filterung noch die entsprechenden Schwellwerte berechnet werden. Dazu wird zunächst die Zeit-Frequenz-Verteilung der Störung $\hat{D}_{\mathrm{KF}}(l,m)$ aus den geschätzten Parametern rekonstruiert. Da die Darstellungen $Y(l,m)$ bzw. $\hat{D}(l,m)$ zu einem festen Zeitpunkt m als Abtastwerte eines zugehörigen Spektrums in die AR-Modellschätzung eingingen, wird die gesuchte Verteilung $\hat{D}_{\mathrm{KF}}(l,m)$ durch Abtastung des geschätzten Amplitudengangs $G(z = \exp(j2\pi f t_A))$ zum Zeitpunkt m gefunden:

$$|\hat{D}_{\mathrm{KF}}(l,m)| = |G(z = \mathrm{e}^{j(l \cdot B_{\min} + B_{\min}/2)}, m)| \quad .$$

Dabei ist $B_{\min}$ die Bandbreite (im Bogenmaß) des Frequenzbandes mit der feinsten Frequenzauflösung in der ursprünglichen Zeit-Frequenz-Aufteilung. Nun müssen die geschätzten Störkoeffizienten der äquidistanten Zeit-Frequenz-Aufteilung $\hat{D}_{\mathrm{KF}}(l,m)$ in die ursprüngliche Wavelet-Packet-Aufteilung überführt werden. Dazu werden sie zunächst unter Beachtung der Energieerhaltung gemäß

$$|\tilde{c}_{\hat{D}}(p,m)| = \sqrt{\sum_{l \in L_p} \hat{D}^2_{\mathrm{KF}}(l,m)} \tag{4.7}$$

in Frequenzrichtung zusammengefasst, wobei L_p die Indexmenge aller Frequenzbänder l (in äquidistanter Aufteilung) ist, die zum Frequenzband p (in ursprünglicher Aufteilung) gehören. Im zweiten Schritt müssen die Koeffizienten $|\tilde{c}_{\hat{D}}(p,m)|$ wieder in die ursprüngliche Zeitaufteilung überführt werden:

$$|c_{\hat{D}}(p,n)| = \sqrt{\sum_{m \in M_n} |\tilde{c}_{\hat{D}}(p,m)|^2} \quad . \tag{4.8}$$

Dabei beschreibt M_n die Menge der Zeitindizes m, die zum Zeitindex n gehören.

Beispiel 4.5 (Modellbasierte Störschätzung anhand eines Chirprauschens)
Anhand der in Beispiel 4.4 durchgeführten Schätzung der Polphase des Störmodells $G(z)$ für das verwendete Chirprauschen wird nun die geschätzte Zeit-Frequenz-Energieverteilung der Störung in der ursprünglichen Wavelet-Packet-Aufteilung bestimmt. Abbildung 4.12a zeigt die gestörten zeit- und frequenzäquidistanten Koeffizienten $Y(l,m')$ (grau) zu einem festen Zeitpunkt m', der

$t = 1{,}8\,\mathrm{s}$ entspricht, sowie die Abtastwerte des geschätzten Störmodells $|G(z,m')|$ (schwarz). Die hohen Amplituden von $Y(l,m')$ für $\omega < 0{,}2\pi$ rühren dabei von Sprache mit stimmhafter Anregung her. Es ist zu sehen, dass die modellgestützte Schätzung davon nicht negativ beeinflusst wird, da sich das Kalman-Filter in Sprachintervallen auf die Prädiktion verlässt.

Die Zusammenfassung der Koeffizienten $Y(l,m)$ bzw. $\hat{D}(l,m)$ in Frequenzrichtung gemäß Gleichung (4.7) führt zu Abbildung 4.12. Man erkennt, dass je nach Breite der ursprünglichen WP-Frequenzbänder unterschiedlich viele Koeffizienten zusammengefasst werden. Schließlich führt die Zusammenfassung der Koeffizienten $|\tilde{c}_{\hat{D}}(p,m)|$ in zeitlicher Richtung gemäß Gleichung (4.8) zu den geschätzten Koeffizienten $|c_{\hat{D}}(p,n)|$ der Störung in der ursprünglichen Wavelet-Packet-Aufteilung. Diese sind in Abbildung 4.12c dargestellt. Man erkennt, dass die Schätzung der Störung in den kurzzeitigen Sprechpausen zwischen 0,7 und 3,4 s aktualisiert wird, während das Kalman-Filter dazwischen vorwiegend prädiziert.

Abschließend müssen die Schwellwerte in Abhängigkeit der geschätzten Störverteilung $c_{\hat{D}}(p,n)$ gewählt werden. Um die Störung wirksam zu entfernen, sollte der Schwellwert $c_{\mathrm{th}}(p,n)$ mindestens so groß sein wie der entsprechende geschätzte Störanteil. Dabei kann zusätzlich die Sprachwahrscheinlichkeit $c_s(p,n)$ berücksichtigt werden. Ist wahrscheinlich Sprache in einem bestimmten Koeffizienten $c_y(p,n)$ vorhanden, so sollte die Filterung schwächer sein als in Bereichen ohne Sprache, da dadurch die Sprache weniger verzerrt wird, was für den Zuhörer angenehmer klingt. Anders gesagt wird die Filterung in Bereichen der Sprachabwesenheit verstärkt. Die Schwellwerte ergeben sich damit zu

$$c_{\mathrm{th}}(p,n) = \begin{cases} \alpha_{\mathrm{th,s}} \cdot |c_{\hat{D}}(p,n)|, & \text{wenn } c_s(p,n) = 1 \text{ (Sprache)} \\ \alpha_{\mathrm{th}} \cdot |c_{\hat{D}}(p,n)|, & \text{wenn } c_s(p,n) = 0 \text{ (Sprechpause)} \end{cases} .$$

Typische Werte sind beispielsweise $\alpha_{\mathrm{th,s}} = 1$ und $\alpha_{\mathrm{th}} = 2$.

4.4 Schätzung periodischer Störungen

Eine häufige akustische Störungsquelle sind periodisch arbeitende Maschinen und Prozesse, wie sie beispielsweise in Fabrikhallen auftreten. Aufgrund der zyklischen Arbeitsweise lassen sich die erzeugten Störungen als zyklostationäre Prozesse beschreiben. Die stochastischen Eigenschaften (bzw. die Dichte $f(d)$) der Störung d sind dabei nicht stationär, allerdings mit einer festen Periode L periodisch:

$$f(d;t+mL) = f(d;t), \qquad m \in \mathbb{Z} \quad .$$

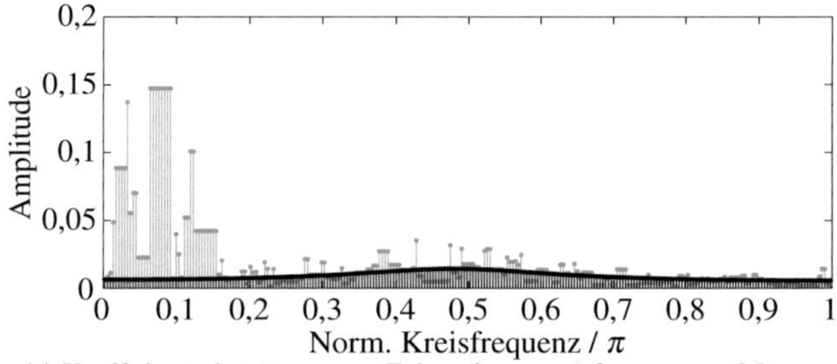

(a) Koeffizientenbeträge zum Zeitpunkt $t = 1{,}8$ s, grau: Messwerte $Y(l,m')$, schwarz: abgetasteter Amplitudengang $\hat{D}_{\mathrm{KF}}(l,m')$

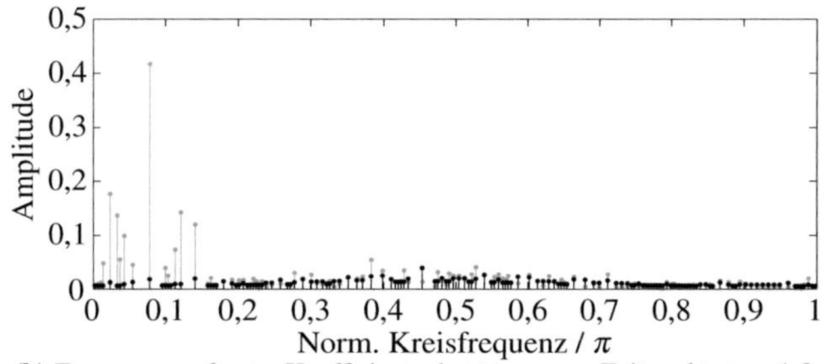

(b) Zusammengefasste Koeffizientenbeträge zum Zeitpunkt $t = 1{,}8$ s, grau: $\tilde{c}_y(p,m')$, schwarz: $\tilde{c}_{\hat{D}}(p,m')$

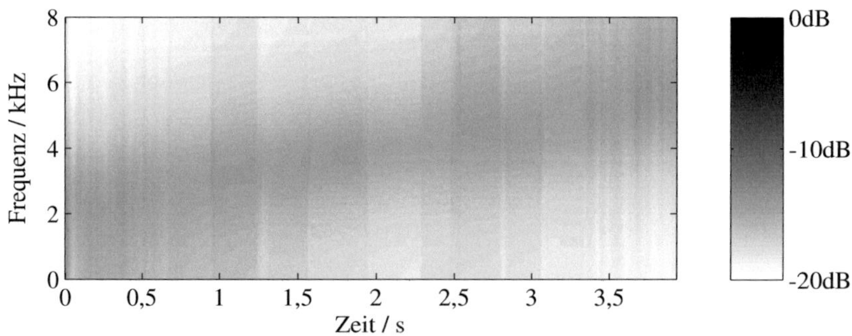

(c) Geschätzte Störung in der Zeit-Frequenz-Ebene

Abbildung 4.12: Schätzung eines Chirprauschens mittels Kalman-Filterung

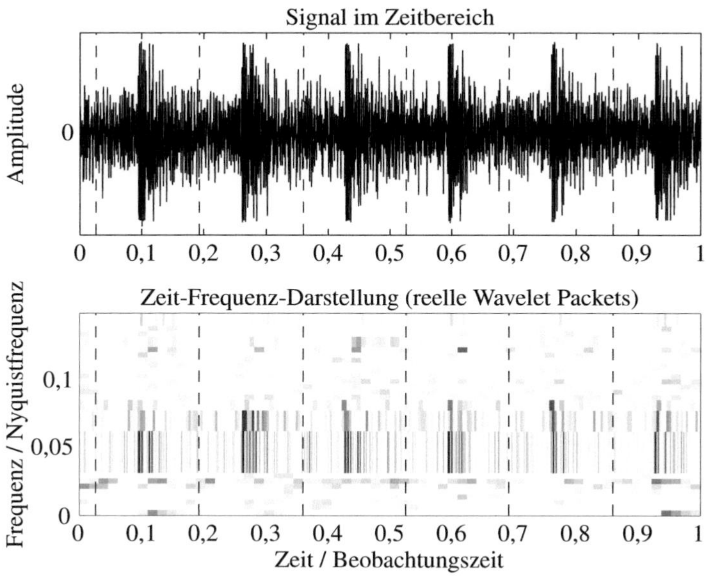

Abbildung 4.13: Maschinenlärm als periodische Störung. Die Zeit-Frequenz-Darstellung offenbart die nur näherungsweise Zyklostationarität.

Die Leistungsdichte $S_{dd}(f)$ der Störung ist also zeitlich veränderlich, wiederholt sich allerdings mit fester Periode. Ein reales, aufgezeichnetes Signal eines Motors ist in Abbildung 4.13 zu sehen. Die Zeit-Frequenz-Darstellung zeigt dabei, dass die Annahme der Zyklostationarität nur näherungsweise gilt: Jede Periode weist eine leicht unterschiedliche Energieverteilung auf. Dies liegt zum einen an dem stochastischen Charakter von Störungen. Des Weiteren ist die Periode realistischer Störungen nicht vollkommen konstant. Aufgrund der Verschiebungsvarianz reeller Wavelets und Wavelet Packets – siehe Abschnitt 3.1.1 – wirkt sich dies besonders stark auf die reellwertigen WP-Koeffizienten aus. Daher ist der Einsatz der Analytischen Wavelet Packets sinnvoller.

Dieser Abschnitt ist wie folgt gegliedert. Zunächst wird die Period-Wavelet-Packets-Transformation (PWP) vorgestellt, mit der die Analyse einer Signalperiode beliebiger Länge möglich ist. Basierend auf dieser Darstellung werden daraufhin die zeit- und frequenzabhängigen Schwellwerte bestimmt. Abschließend wird auf die bei Signalen endlicher Länge auftretenden Probleme eingegangen.

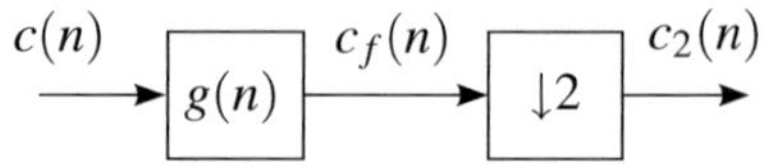

Abbildung 4.14: WP-Filterstufe

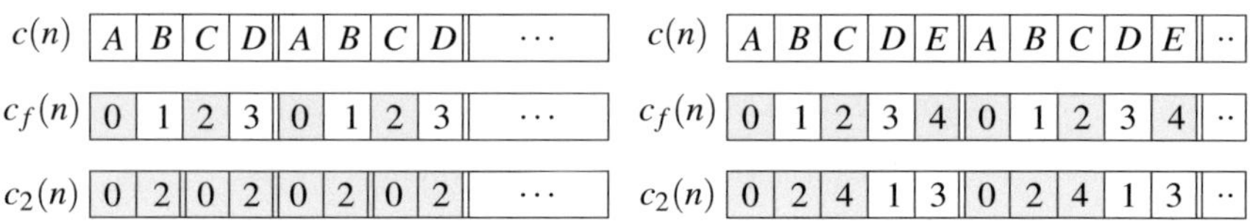

(a) Periode gerade **(b)** Periode ungerade

Abbildung 4.15: Beispiele zur Verarbeitung von Koeffizientenfolgen mit gerader bzw. ungerader Periode, in grau sind die Koeffizienten mit geradem Index hervorgehoben

4.4.1 Period Wavelet Packets

Die Periodizität der betrachteten Störungen ist eine Information, die bei der Störschätzung ausgenutzt werden kann. Dazu wird im Fall periodischer Störungen die Energieverteilung einer Periode der Störung in der Zeit-Frequenz-Ebene bestimmt. Da sich die Störenergieverteilung nach der getroffenen Annahme periodisch fortsetzt, ist auch in darauf folgenden Sprachintervallen die Störenergie in der Zeit-Frequenz-Ebene bekannt. Daraus können dann entsprechende Schwellwerte für jeden einzelnen WP-Koeffizienten abgeleitet werden.

Als problematisch erweist sich, dass eine Periode eine beliebige Länge aufweisen kann, während mit einer Wavelet-Packet-Filterbank in Blockverarbeitung lediglich Signale dyadischer Länge verarbeitet werden können. Grund dafür sind die Downsampling-Operatoren, die die Länge der Koeffizientenfolgen mit jeder Filterbankstufe halbieren. Daher müsste ab derjenigen Stufe, die zuerst eine Koeffizientenfolge ungerader Länge zu verarbeiten hat, ein anderes Vorgehen gewählt werden. Im Folgenden wird allerdings ein einheitliches Verfahren vorgestellt [WK07].

Betrachtet wird dazu eine Hochpass- oder Tiefpassfilterstufe der Analysefilterbank in Abbildung 4.14. Die periodische Koeffizientenfolge $c(n)$ mit Periode L werde zunächst mit einem Hoch- oder Tiefpassfilter $g(n)$ gefaltet. Die gefilterten Koeffizienten $c_f(n)$ sind ebenfalls periodisch mit Periode L. Aufgrund der Downsampling-Operation werden in Abbildung 4.15 zwei Fälle betrachtet. In dem gegebenen Beispiel wird ohne Beschränkung der Allgemeinheit angenommen, dass die Downsmpling-Operatoren die geradzahligen Abtastwerte behalten.

In Abbildung 4.15a ist zunächst der Fall einer Koeffizientenfolge mit geradzahliger Periode gezeigt. In diesem Beispiel ist $L = 4$. Die einzelnen Perioden sind in der Abbildung durch Doppelstriche voneinander getrennt. Es wird dadurch verdeutlicht, dass nach dem Downsampling einer Koeffizientenfolge gerader Periode die Ausgangskoeffizientenfolge $c_2(n)$ gerade aus den Koeffizienten mit geradzahligem Index n besteht. Die Periodenlänge halbiert sich also und beträgt nach dem Downsampling $L/2$. Jedoch sind alle Vielfachen von $L/2$ wiederum gültige Periodenlängen der Folge $c_2(n)$.

Den konträren Fall zeigt Abbildung 4.15b. Die Periodenlänge ist hier ungerade mit $L = 5$. Man erkennt, dass der Downsampling-Operator zuerst die Koeffizienten mit geradem Index der ersten Periode behält. Aus der zweiten Periode werden anschließend die Koeffizienten mit ungeradem Index hinzugefügt. Dieses Schema wiederholt sich, womit die Periode der Koeffizientenfolge $c_2(n)$ gleich L ist. Zusammengefasst kann also gesagt werden, dass bei der Analyse eines periodischen Signals mit Periode L auch nach beliebig vielen Filterbankstufen die Länge L eine gültige Periode der Ausgangskoeffizientenfolge ist.

Aufgrund dieser Überlegungen muss zur Analyse einer einzigen Periode beliebiger Länge eines periodischen Signals der Downsampling-Operator ersetzt werden, da ansonsten die Koeffizientenfolge um den Faktor zwei verkürzt wird, während die Periodenlänge konstant bleibt. Statt dem Downsampling-Operator kann ein Sortieroperator verwendet werden. Dieser muss im Falle einer geraden Periodenlänge, die Koeffizienten $c_f(n)$ mit geradem Index einmal wiederholen. Im Falle einer ungeraden Periode werden die Koeffizienten mit ungeradem Index an die Koeffizienten mit geradem Index angehängt. Dies lässt sich mathematisch durch

$$c_f(n) = c(n) * g(n) \quad ,$$

$$c_2(n) = \underbrace{[c_2(0), \ldots, c_2(L-1)]}_{L \text{ Werte}} = \begin{cases} [\overbrace{c_{f,\text{even}}(m)}^{\frac{L}{2} \text{ Werte}}, \overbrace{c_{f,\text{even}}(m)}^{\frac{L}{2} \text{ Werte}}] & , L \text{ gerade} \\ [\underbrace{c_{f,\text{even}}(m)}_{\lceil \frac{L}{2} \rceil \text{ Werte}}, \underbrace{c_{f,\text{odd}}(l)}_{\lfloor \frac{L}{2} \rfloor \text{ Werte}}] & , L \text{ ungerade} \end{cases}$$

ausdrücken, wobei $c_{f,\text{even}}(m)$ die Koeffizienten von $c_f(n)$ mit geradem Index und $c_{f,\text{odd}}(l)$ die Koeffizienten mit ungeradem Index sind. Die Analyse eines Signals führt damit zu einem Wavelet-Packet-Baum wie bei den gewöhnlichen Wavelet Packets in Abbildung 2.20 (Seite 48), jedoch ist die Anzahl der Koeffizienten in jedem Knoten konstant $N_c = L$.

4.4.2 Adaptive Bestimmung des Schwellwert-Packets

Mit dem oben beschriebenen Sortieroperator anstelle des Downsampling-Operators ist es möglich, eine einzige Störperiode beliebiger Länge zu analysieren. Da sich allerdings die verschiedenen Perioden leicht unterscheiden, ist es zweckmäßig die Störverteilung über mehrere Perioden zu mitteln. Da sich im Laufe der Filterung die Störung systematisch verändern könnte – beispielsweise könnte die Lautstärke ansteigen – sollte die Mittelung jüngere Störperioden höher gewichten als weiter zurückliegende:

$$F_r(k,b,n) = \frac{\sum_{i=1}^{r} \lambda^{r-i} P_i(k,b,n)}{\sum_{i=1}^{r} \lambda^i} \quad .$$

Dabei stellt $P_i(k,b,n)$ das PWP der i-ten Periode der Störung und $F_r(k,b,n)$ das Schwellwertpaket nach der adaptiven Mittelung von r Perioden dar. Der Faktor λ ist ein Vergessensfaktor, der ein i Perioden zurückliegendes Störpacket $P_{r-i}(k,b,n)$ mit λ^i gewichtet. Rekursiv wird die Mittelung durch die Formeln

$$\begin{aligned} F_1(k,b,n) &= P_1(k,b,n) \\ F_r(k,b,n) &= \frac{\sum_{i=1}^{r} \lambda^{r-i} P_i(k,b,n)}{\sum_{i=0}^{r-1} \lambda^i} \end{aligned} \tag{4.9}$$

erreicht, die in Anhang B.6 bewiesen sind.

Die adaptive Mittelung liefert die mittlere Zeit-Frequenz-Verteilung einer Periode der Störung. Aufgrund der stochastischen Natur der Störung liegen allerdings Koeffizienten über dem entsprechenden Mittelwert. Wie auch in Abschnitt 4.3 kann es daher sinnvoll sein, die Schwellwerte als ein Vielfaches der mittleren Störkoeffizientenbeträge zu setzen. Alternativ zur gewichteten Mittelung (4.9) kann auch das Maximum des aktuellen Störpakets P_r und der gedämpften, vergangenen Schätzung gebildet werden:

$$F_{r+1}(k,b,n) = \max\{P_{r+1}(k,b,n), \lambda \cdot F_r(k,b,n)\} \quad . \tag{4.10}$$

Diese Form ist allerdings anfälliger gegen Fehler, womit eine ausreichend hohe Dämpfung (kleines λ) wichtiger ist, als bei der adaptiven Mittelung.

4.4.3 Überführung in WP-Darstellung

Wurde nun in Sprechpausen die Störverteilung $F_r(k,b,n)$ mittels der PWP-Transformation bestimmt, und wurde ein zu filterndes Signal $y(n) = x(n) + d(n)$ einer bestimmten Länge N mittels Wavelet Packets analysiert, so muss die geschätzte Störverteilung $F_r(k,b,n)$ noch in eine WP-Darstellung überführt werden, um mit der Darstellung des gestörten Signals vergleichbar zu sein. Jeder Knoten des PWP-Baums enthält L Koeffizienten. Ein Frequenzband des WP-Baums in Ebene k enthält dagegen $N_c(k) = N/2^k$ Koeffizienten. Für einen Knoten, für den $N_c(k) > L$ gilt, müssen die Koeffizienten $F_r(k,b,n)$ so oft wiederholt werden, bis die benötigte

$c_f(n)$	0	1	2	3	4	0	1	2	0	1	$\cdots$

(a) Zyklische Faltung, Fortsetzungsfehler

$c_f(n)$	0	1	2	3	4	0	1	2	3	4	$\cdots$

(b) Periodenkorrigierte Faltung

Abbildung 4.16: Beispiel: Signallänge $N = 8$, Periode $L = 5$, $\Delta L = 3$, grau: Wiederholungen

Länge erreicht ist. Umgekehrt muss die Koeffizientenfolge $F_r(k,b,n)$ entsprechend gekürzt werden, falls für einen Knoten $N_c(k) < L$ gilt. Man erhält so die Störverteilung in WP-Darstellung $F_r^{\text{WP}}(k,b,n)$ für eine gegebene Länge N des gemessenen, gestörten Signals. Daraus können die geschätzten Störbeträge $c_{\hat{d}}(p,n)$ der Störung in der gewählten Basis extrahiert werden. Schließlich ergeben sich die Schwellwerte $c_{\text{th}}(p,n)$ als ein Vielfaches der geschätzten Störkoeffizienten:

$$c_{\text{th}}(p,n) = \alpha_{\text{th}} \cdot c_{\hat{d}}(p,n) \quad .$$

4.4.4 Signale endlicher Länge

Wie bereits in Abschnitt 2.4.4 erläutert wurde, wird bei der Analyse von Signalen endlicher Länge eine zyklische Faltung in den Filterbänken verwendet. Da allerdings bei der Analyse des gestörten Signals mittels der WP-Transformation nur ein Signal dyadischer Länge verwendet werden kann, liegt im Allgemeinen eine nichtganzzahlige Anzahl an Perioden im analysierten Intervall. Die Signallänge lässt sich also durch

$$N = iL + \Delta L, \qquad 0 \leq \Delta L < L$$

darstellen, wobei ΔL die Länge der letzten, nicht vollendeten Periode ist. Für $\Delta L > 0$ entsteht durch die zyklische Fortsetzung ein Fehler in der Periodizität. Dies ist für eine beispielhafte Koeffizientenfolge in Abbildung 4.16a gezeigt. Durch die zyklische Fortsetzung wird die unvollständige, letzte Periode nicht korrekt fortgesetzt. Da dieser Fortsetzungsfehler bei der Überführung des Schwellwertpakets $F(k,b,n)$ von der PWP- in die WP-Darstellung nicht auftritt, ergibt sich eine Abweichung der Darstellung der analysierten und der geschätzten Störung an den Rändern des Zeitinvervalls. Dies führt zu einer Verschlechterung der Filterung. Der Effekt macht sich mit zunehmender Filterbanktiefe immer mehr bemerkbar, da mit jeder Stufe der Fehler weiter in das Zeitinvervall eindringt.

Periodische Fortsetzung unter Beachtung der Zyklizität

Eine Lösung dieses Problems stellt eine periodenkorrigierte Faltung dar [WK07]. Anstatt das Signal bei der Faltung ab $n = 0$ zu wiederholen, wird es erst ab $n = \Delta L$

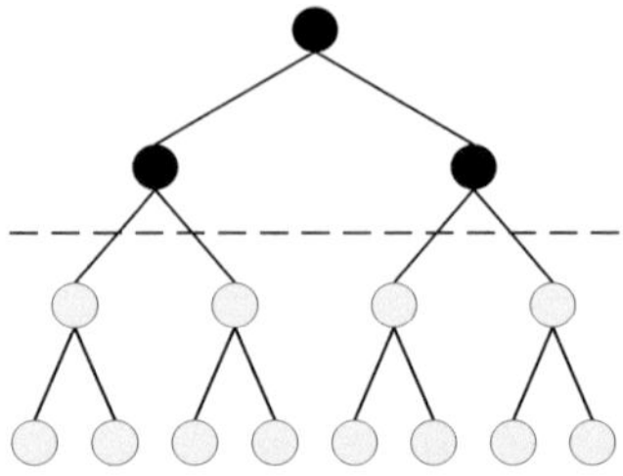

Abbildung 4.17: Beispiel für ein Composite Wavelet Packet (CWP) aus WP und PWP, $K_{\text{krit}} = 2$, schwarz: WP-Knoten, grau: PWP-Knoten

wiederholt. Das Prinzip ist in Abbildung 4.16b gezeigt. Die letzte Periode wird fehlerfrei fortgesetzt. Analog muss im Falle einer linksseitigen Fortsetzung die Wiederholung nicht ab dem letzten Koeffizienten $n = N-1$, sondern ab $n = N-1-\Delta L$ beginnen. Diese periodenkorrigierte Faltung kann leider nur bis zu einer kritischen Filterbanktiefe von

$$K_{\text{krit}} = \lfloor \log_2 N - \log_2 L + 1 \rfloor$$

durchgeführt werden, da die Längen der Koeffizientenfolgen für $k \geq K_{\text{krit}}$ kürzer sind als die Periodenlänge:

$$N_c(k \geq K_{\text{krit}}) < L \quad .$$

Um dieses Problem zu umgehen kann ab der kritischen Tiefe die PWP- anstatt der WP-Transformation verwendet werden. Dadurch bleibt die Anzahl der Koeffizienten in jedem Knoten konstant und eine periodenkorrigierte Faltung ist möglich. Eine solche zusammengesetzte Struktur ist in Abbildung 4.17 gezeigt und wird Composite Wavelet Packet genannt. Nach der vollständigen Berechnung dieses Pakets kann es genauso wie ein PWP in eine äquivalente WP-Darstellung überführt werden, siehe Abschnitt 4.4.3.

Diese Methode hat einen entscheidenden Nachteil. Das analysierte Signal setzt sich aus einer als periodisch angenommenen Störung und einem Sprachsignal zusammen. Das Sprachsignal ist allerdings nicht periodisch. Da die periodenkorrigierte Faltung aber einige Koeffizienten nicht wiederholt, entsteht ein Informationsverlust des nicht-periodischen Anteils des Signals, also der Sprache. Die Filterbank verliert bezüglich der Sprache also die Perfect-Reconstruction-Eigenschaft.

Berechnung eigener Schwellwerte für die Randkoeffizienten

Anstatt der periodenkorrigierten Faltung ist es auch möglich, das gestörte Signal mittels einer normalen WP-Transformation zu analysieren und stattdessen separa-

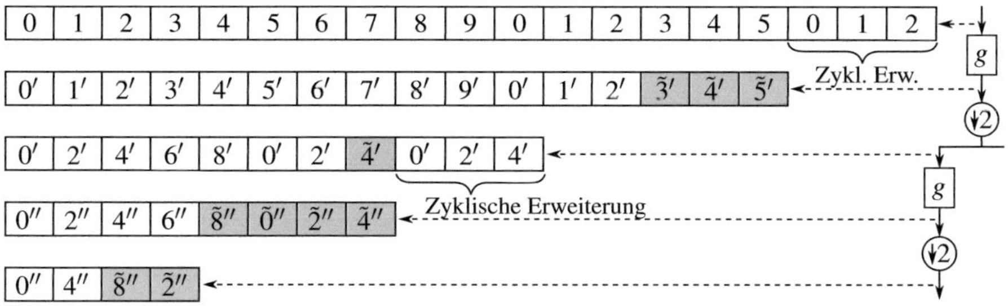

Abbildung 4.18: Beispiel zur Entstehung der Randkoeffizienten (grau)

te Schwellwerte für die Randkoeffizienten zu berechnen. Die Anzahl der Randkoeffizienten $N_e(k)$, also derjenigen Koeffizienten, bei denen es eine Abweichung der WP- und der PWP-Analyse periodischer Signale gibt, ist dabei nach oben beschränkt und wächst nicht mit der Filterbanktiefe k streng monoton an:

$$\max\{N_e(k)\} = N_f - 2 \quad .$$

Dabei ist N_f die Länge der FIR-Impulsantworten. Der Beweis ist in Anhang B.7 zu finden. In jeder Stufe lässt sich die Anzahl der benötigten Randwerte rekursiv durch

$$N_e(k+1) = \left\lfloor \frac{N_e(k) + N_f - 1}{2} \right\rfloor, \qquad N_e(0) = 0$$

berechnen. Die Entstehung der Randwerte ist zunächst anhand eines Beispiels in Abbildung 4.18 veranschaulicht. Analysiert wird ein Signal endlicher Länge mit $N = 16$, $\Delta L = 6$ und einer Filterlänge $N_f = 4$. Bei einer einseitigen Erweiterung müssen $N_f - 1 = 3$ Werte zyklisch fortgesetzt werden. Entsprechend entstehen bei der Filterung drei Randkoeffizienten, die in Abbildung 4.18 grau hervorgehoben sind. Der Downsampling-Operator erhält allerdings nur einen einzigen dieser Werte. An den bereits berechneten Randwert werden in der nächsten Filterstufe wiederum $N_f - 1 = 3$ Werte durch zyklische Fortsetzung angehängt, so dass schließlich nach der zweiten Stufe vier Randwerte existieren. Wurde ein PWP $F_r(k,b,n)$ einer Periode der Störung nach Abschnitt 4.4.1 und 4.4.2 berechnet, so kann dazu für jeden Knoten (k,b) eine zugehörige Folge $F_r^e(k,b,n)$ von $N_e(k)$ Randkoeffizienten berechnet werden, indem der Fehler aufgrund der nicht-periodentreuen Fortsetzung nachgebildet wird. Dafür müssen für jeden Knoten (k,b) für $k = 0$ bis $k = K$ die folgenden Schritte ausgeführt werden:

1. Zyklische Erweiterung der Koeffizienten $F_r(k,b,n)$ des Knotens (k,b) um ΔL.

2. Die letzten $N_e(k)$ Koeffizienten mit den zuvor für diese Stufe berechneten Randkoeffizienten $F_r^e(k,b,n)$ ersetzen.

3. Zyklische Faltung (Hochpass- und Tiefpassfilter) und Downsampling durchführen.

4. Die letzten $N_e(k+1)$ Werte sind die Randwerte $F_r^e(k+1,2b,n)$ und $F_r^e(k+1,2b+1,n)$.

Bei der Überführung der geschätzten Störverteilung $F_r(k,b,n)$ in eine WP-Darstellung nach Abschnitt 4.4.3 tritt anschließend in jedem Knoten k,b eine Ersetzung der $N_e(k)$ entsprechenden Koeffizienten durch die berechneten Randkoeffizienten $F_r^e(k,b,n)$ hinzu.

Beispiel 4.6 (Schätzung einer periodischen Motorenstörung)

Abschließend wird ein realistisches Beispiel zur periodischen Störschätzung betrachtet. Es wurde ein aufgezeichnetes Motorengeräusch als Störsignal verwendet. Die Abtastfrequenz beträgt $f_A = 22{,}05\,\text{kHz}$. Es wurden zur Analyse Analytische Wavelet Packets mit q-Shift-14-Filtern und einer maximalen Baumtiefe von $K = 8$ verwendet. Die Verteilung der Koeffizientenenergie in der Zeit-Frequenz-Ebene für mehrere Perioden ist in Abbildung 4.19a zu sehen.

Es wird nun eine Störschätzung mittels des vorgestellten Verfahrens durchgeführt. Dazu werden 10 Perioden der Störung verwendet, die direkt dem in Abbildung 4.19a gezeigten Signalausschnitt vorangegangen sind. Es wird die adaptive Mittelung nach Gleichung (4.9) sowie die adaptive Maximumbildung nach Gleichung (4.10) angewendet. Für $\lambda = 0{,}95$ erhält man die Zeit-Frequenz-Darstellungen in den Abbildungen 4.19b und 4.19c. Man erkennt die gute Übereinstimmung der Schätzung mit der tatsächlichen Störung.

4.5 Schätzung impulsartiger Störungen

Bei der Schätzung von allgemeinem nichtstationärem Hintergrundrauschen in Abschnitt 4.3 wurde angenommen, dass sich die Leistungsdichte der Störung langsamer verändert als die der Sprache. Dieser Ansatz kann daher keine Störungen erfassen, die schlagartig auftreten. Ändert sich die Störung zu bestimmten Zeitpunkten plötzlich, verändert sich ansonsten aber langsam verglichen mit der Sprache, so benötigt das in Abschnitt 4.3 vorgestellte Verfahren einige Sekunden, um sich an die neue Störcharakteristik zu adaptieren. Zwischen den Zeitpunkten der schlagartigen Änderungen ist die Schätzung allerdings zur Filterung verwendbar. Problematischer sind daher Störungen, die sich schlagartig zuschalten und nur von kurzer Zeitdauer sind, sogenannte impulsartige Störungen oder Impulsstörer. Dabei wird

(a) Tatsächliche Störenergie

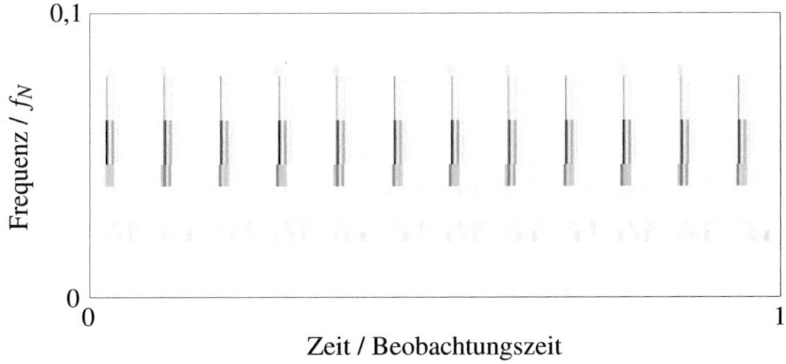

(b) Geschätzte Störenergie mittels adaptiver Mittelung

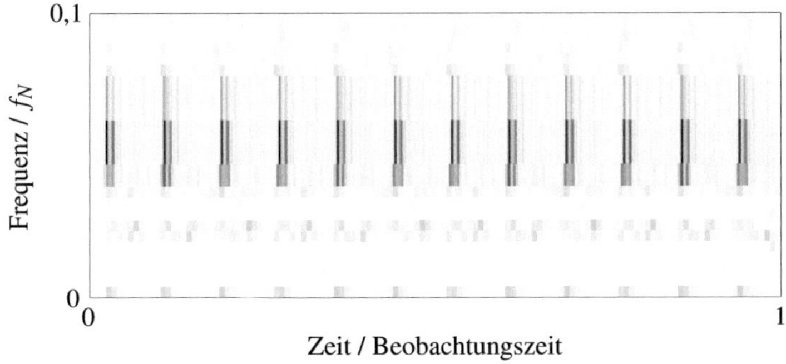

(c) Geschätzte Störenergie mittels adaptiver Maximumbildung

Abbildung 4.19: Störschätzung bei periodischen Störungen

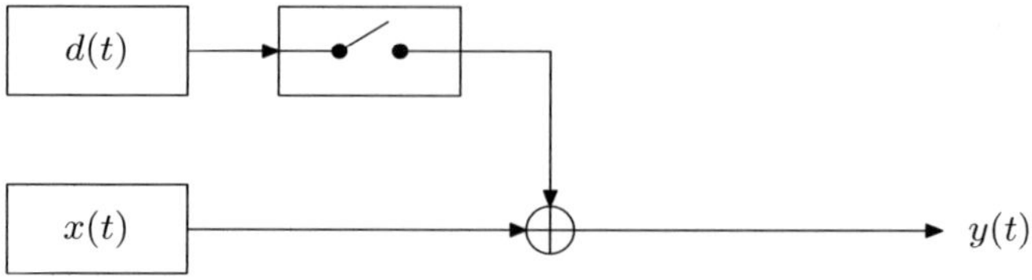

Abbildung 4.20: Signalmodell von zeitinvarianten Impulsstörern

in der Sprachverarbeitung unter dem Begriff „Impuls“ nicht ein idealer Dirac-Stoß $\delta(t)$, also ein einzelner verfälschter Wert, verstanden, sondern eine Störung mehrerer aufeinanderfolgender Abtastwerte, die allerdings nur kurzzeitig auftritt. Beispiele für Impulsstörungen sind Regentropfen auf Fensterscheiben, die Geräusche beim Anschlagen der Computertastatur oder auch Komponenten von Maschinenlärm. Da die einzelnen Impulse normalerweise zufällig auftreten, steht das Problem ihrer Detektion im Vordergrund.

Es werden zwei verschiedene Modelle für Impulsstörungen unterschieden. Abschnitt 4.5.1 behandelt die sogenannten zeitinvarianten Impulsstörer. Dabei wird angenommen, dass die der Störung zugrundeliegende Quelle stationär ist und daher die Leistungsdichte der Störung während der Zeitdauer der Impulse konstant ist. Verändert sich die Leistungsdichte allerdings während der Dauer eines Impulses, so wird diese Störung als zeitvarianter Impulsstörer bezeichnet. Diese Klasse wird in Abschnitt 4.5.2 behandelt.

4.5.1 Zeitinvariante Impulsstörer

Zunächst werde das Signalmodell in Abbildung 4.20 angenommen. Dabei stellt $d(t)$ eine stationäre Störung dar. Diese wird durch einen Schalter kurzzeitig ein- und ausgeschaltet. Die Zeitdauern der Impulse sowie die Auftretenszeitpunkte seien dabei unbekannt. Mathematisch lässt sich dieser Zusammenhang durch

$$y(t) = x(t) + \sum_{i=-\infty}^{\infty} d(t) \cdot r_{T_i}(t - t_i)$$

darstellen, wobei sich die einzelnen Rechteckfunktionen $r_{T_i}(t-t_i)$ nicht überlappen dürfen. Es wird angenommen, dass das Leistungsdichtespektrum der Störung $d(t)$ bestimmt werden kann, z.B. durch die Analyse des Signals in Sprechpausen. Um die Störung wirksam zu entfernen, müssen die Ein- und Ausschaltzeitpunkte detektiert werden. Da es also wichtig ist, dass alle Frequenzbänder die gleiche zeitliche Auflösung besitzen, muss die STFT oder Wavelet Packets in zeitäquidistanter Darstellung (siehe Abschnitt 4.3.2) zur Anwendung kommen. Die folgenden Verfahren werden der Anschaulichkeit wegen mittels der STFT entworfen [WK08], sie werden allerdings später ohne Einbußen der Leistungsfähigkeit auf Wavelet Packets übertragen.

Detektion durch spektrale Änderungen

Die hier betrachteten zeitinvarianten Impulsstörungen haben zwei wesentliche Eigenschaften, die zur Detektion ausgenutzt werden können. Zum einen wird angenommen, dass das Ein- und Ausschalten schlagartig erfolgt. Zweitens wird das Betragsspektrum der Störung als bekannt vorausgesetzt. Daher kann bei einer Änderung des Kurzzeit-Spektrums $Y^{\gamma}(m,k)$ entsprechend dem geschätzten Störspektrum auf das Ein- bzw. Ausschalten des Impulsstörers geschlossen werden. Es wird daher das sogenannte Differenzspektrum

$$Y^{\gamma}_{\mathrm{diff}}(m,k) = |Y^{\gamma}(m,k)| - |Y^{\gamma}(m-1,k)| \quad .$$

definiert. Die Betragsbildung wird vor der Subtraktion durchgeführt, um Ein- und Ausschaltvorgänge voneinander unterscheiden zu können. Das diskrete Spektrum der Störung werde mit $S_d(k)$ bezeichnet. Die Ähnlichkeit zwischen $Y^{\gamma}_{\mathrm{diff}}(m,k)$ und $S_d(k)$ wird nun mittels zweier Ähnlichkeitsmaße bewertet.

Kreuzkorrelationsfunktion Die Kreuzkorrelationsfunktion zweier ergodischer stochastischer Prozesse $x(t)$ und $y(t)$ ist durch

$$R_{xy}(\tau) = \langle x(t+\tau), y(t)\rangle$$

gegeben, siehe [KE08, Pap91]. Sie wird auch der Einfachheit halber „Korrelation“ genannt. Um ein von der Energie der Signale unabhängigs Ähnlichkeitsmaß zu erhalten, wird die normierte Korrelation, der sogenannte Korrelationskoeffizient, durch

$$r_{xy}(\tau) = \frac{R_{xy}(\tau)}{\sqrt{R_{xx}(0)\cdot R_{yy}(0)}} = \frac{\langle x(t+\tau),\ y(t)\rangle}{\sqrt{\langle x(t),\ x(t)\rangle \cdot \langle y(t), y(t)\rangle}}$$

berechnet. Der Korrelationskoeffizient liegt damit immer im Bereich $r_{xy}(\tau) \in [-1,1]$. Ein Korrelationskoeffizient gleich eins bedeutet eine maximale Ähnlichkeit zwischen den beiden Signalen. Ein Wert von -1 bedeutet ebenfalls eine maximale Ähnlichkeit, allerdings mit entgegengesetztem Vorzeichen. Völlig unähnliche Signale dagegen weisen idealerweise einen Korrelationskoeffizienten von null auf. Um die Ähnlichkeit zwischen dem Differenzspektrum zum Zeitpunkt m und dem

Störspektrum zu bestimmen, muss der Korrelationskoeffizient in diskreter Form durch

$$r_{yn}(m) = \frac{\sum_{k=0}^{K-1} Y_{\text{diff}}^{\gamma}(m,k) \cdot |S_d(k)|}{\sqrt{\sum_{k=0}^{K-1} \left|Y_{\text{diff}}^{\gamma}(m,k)\right|^2 \cdot \sum_{k=0}^{K-1} |S_d(k)|^2}} \quad .$$

berechnet werden. Zur Detektion müssen nun zwei Schwellwerte κ_{ein} und κ_{aus} gewählt werden. Dabei muss κ_{ein} positiv, κ_{aus} negativ sein. Beim Überschreiten von κ_{ein} wird ein Einschalten zum Zeitpunkt m detektiert, beim Unterschreiten von κ_{aus} dementsprechend ein Ausschalten. Typische Werte sind $\kappa_{\text{ein}} = 0{,}5$ und $\kappa_{\text{aus}} = -0{,}5$.

Spektrale Distanz Ein anderes häufig verwendetes Ähnlichkeitsmaß ist die spektrale Distanz [KE08]:

$$\begin{aligned} d(Y(f),X(f)) &= \|Y(f) - X(f)\|^2 \\ &= \|Y(f)\|^2 + \|X(f)\|^2 - 2 \cdot \Re\{\, \langle X(f),\, Y(f) \rangle \,\} \quad . \end{aligned}$$

Wie bei der Verwendung des Korrelationskoeffizienten ist es aus Gründen der Unabhängigkeit von der Signalenergie sinnvoll, eine Normierung durchzuführen:

$$d_{\text{norm}}(Y(f),\, X(f)) = \frac{\|Y(f)\|^2 + \|X(f)\|^2 - 2 \cdot \Re\{\, \langle X(f),\, Y(f) \rangle \,\}}{\|Y(f)\|^2 + \|X(f)\|^2} \quad .$$

Es gilt $d_{\text{norm}}(Y(f),\, X(f)) \in [0{,}2]$. Ein normierter Abstand von null entspricht identischen Spektren. Ein normierter Abstand von zwei bedeutet identische Spektren, jedoch mit negativem Vorzeichen. Orthogonale Signale schließlich weisen einen normierten Abstand von eins auf. Der normierte Abstand des Differenzspektrums und des Störspektrums kann damit durch

$$\begin{aligned} & d_{\text{norm}}\left(Y_{\text{diff}}^{\gamma}(m,k),\, |S_d(k)|\right) \\ &= \frac{\left\|Y_{\text{diff}}^{\gamma}(m,k)\right\|^2 + \|S_d(k)\|^2 - 2 \cdot \Re\left\{\, \left\langle |S_d(k)|,\, Y_{\text{diff}}^{\gamma}(m,k) \right\rangle \,\right\}}{\left\|Y_{\text{diff}}^{\gamma}(m,k)\right\|^2 + \|S_d(k)\|^2} \\ &= \frac{\sum_{k=0}^{K-1} \left|Y_{\text{diff}}^{\gamma}(m,k)\right|^2 + \sum_{k=0}^{K-1} |S_d(k)|^2 - 2 \cdot \Re\left\{\sum_{k=0}^{K-1} Y_{\text{diff}}^{\gamma}(m,k) \cdot |S_d(k)|\right\}}{\sum_{k=0}^{K-1} \left|Y_{\text{diff}}^{\gamma}(m,k)\right|^2 + \sum_{k=0}^{K-1} |S_d(k)|^2} . \end{aligned}$$

berechnet werden. Analog zur Detektion mittels des Korrelationskoeffizienten müssen zwei Schwellwerte λ_{ein} und λ_{aus} eingeführt werden. Dabei wird beim Unterschreiten von λ_{ein} ein Einschaltvorgang, beim Überschreiten von λ_{aus} dagegen ein Ausschaltvorgang detektiert. Typsische Werte sind in diesem Fall $\lambda_{\text{ein}} = 0{,}5$ und $\lambda_{\text{aus}} = 1{,}5$.

Detektion durch Signaleigenschaften

Ein zweiter Detektionsansatz besteht in der Auswertung bestimmter Signaleigenschaften. Dies ist motiviert durch die Annahme, dass die Störung gewisse Eigenschaften des Signals verändert und sich deswegen eine Detektion innerhalb eines Merkmalsraums durchführen lässt. Als Signaleigenschaften werden die lokale Signalenergie, die Mittenfrequenz und die Bandbreite betrachtet.

Die Energie zu einem Zeitpunkt m kann aus der STFT mittels

$$E_m^Y = \sum_{k=0}^{K-1} |Y^\gamma(m,k)|^2$$

berechnet werden. Die Mittenfrequenz ist im Allgemeinen das erste Moment der normierten Energiedichte im Spektralbereich [KSW08]:

$$f^Y = \int_{-\infty}^{\infty} f \cdot \frac{|Y(f)|^2}{\|Y(f)\|^2} df \quad .$$

Da reellwertige Signale angenommen werden, ist das Betragsspektrum allerdings symmetrisch, d.h. eine gerade Funktion. Daher ist die Beachtung der positiven Hälfte des Spektrums ausreichend. Des Weiteren kann die kontinuierliche Frequenz f diskretisiert werden. Man erhält schließlich:

$$f_m^Y = \frac{1}{E_m^Y} \sum_{k=0}^{K/2} \frac{2}{K} \cdot k \cdot |Y^\gamma(m,k)|^2 \quad .$$

Die Bandbreite im Sinne von [KSW08] ist das zweite, zentrale Moment der nomierten Energiedichte:

$$\Delta_f^2 = \int_{-\infty}^{\infty} (f - f^Y)^2 \cdot \frac{|Y(f)|^2}{\|Y(f)\|^2} df \quad .$$

Sie lässt sich als die mittlere, quadratische Abweichung der Signalenergie von der Mittenfrequenz im Spektralbereich interpretieren und ist daher ein Maß für die Kompaktheit des Spektrums. Unter der Berücksichtigung lediglich positiver Frequenzen und einer Diskretisierung der Frequenz erhält man:

$$\Delta_f^2(m) = \frac{1}{E_m^Y} \sum_{k=0}^{K/2} \left(\frac{2}{K} \cdot k - f_m^Y \right)^2 \cdot |Y^\gamma(m,k)|^2 \quad .$$

Diese drei angegebenen Merkmale können in einem dreidimensionalen Merkmalsraum vereinigt werden. Die Detektion von Impulsstörungen ist dann möglich, da

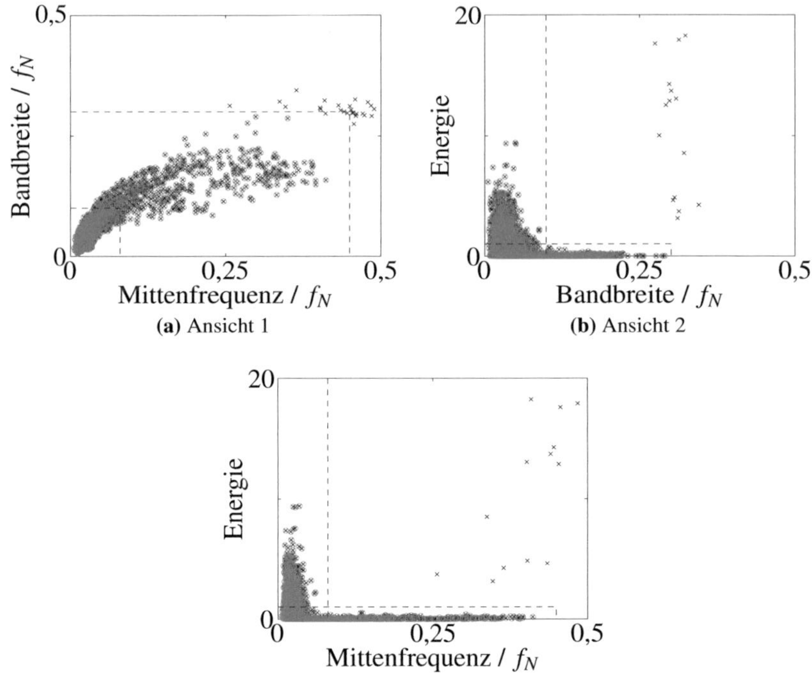

(**a**) Ansicht 1 (**b**) Ansicht 2 (**c**) Ansicht 3

Abbildung 4.21: Beispiel des dreidimensionalen Merkmalsraums; Kreise: reine Sprache, Kreuze: gestörte Sprache, gestrichelt: Entscheidungsgrenzen

Kurzzeit-Spektren die eine solche Störung enthalten nur in bestimmten Bereichen des Merkmalsraums auftreten. Dies ist für ein beispielhaftes Signal in Abbildung 4.21 gezeigt. Die Abbildungen 4.21a bis (c) zeigen die Projektionen der Merkmale auf die drei möglichen Ebenen (Bandbreite - Mittenfrequenz, Energie - Bandbreite und Energie - Mittenfrequenz). Die Kreise kennzeichnen die Kurzzeit-Spektren des reinen Sprachsignals. Nach der Überlagerung des Sprachsignals mit Impulsstörungen erhält man die Kurzzeit-Spektren, die als Kreuze eingezeichnet sind. Man erkennt, dass die von Impulsstörern beeinflussten Kurzzeit-Spektren (nicht von Kreisen umschlossene Kreuze) sich von den störungsfreien Spektren trennen lassen. Zur Trennung werden im dreidimensionalen Merkmalsraum zwei

Quader definiert, die in den Projektionen in Abbildung 4.21 als Rechtecke erscheinen. Formell sind die Quader durch

Quader 1	Quader 2
$E_m^Y \in [0; 20]$	$E_m^Y \in [0; 1]$
$f_m^Y \in [0; 0{,}1]$	$f_m^Y \in [0; 0{,}45]$
$\Delta_f^2(m) \in [0; 0{,}1]$	$\Delta_f^2(m) \in [0; 0{,}3]$

definiert. Der erste Quader beinhaltet große Energiewerte, aber kleine Mittenfrequenzen und Bandbreiten. Der zweite Quader dagegen umschließt kleine Energien, allerdings große Mittenfrequenzen und Bandbreiten. Dies ist der menschlichen Sprache angepasst. Stimmhafte Laute besitzen hohe Energien, sind allerdings bei tiefen Frequenzen konzentriert. Stimmlose Laute dagegen weisen weniger Energie, dafür allerdings ein breiteres Spektrum bei höheren Frequenzen auf. Folglich werden alle Spektren, deren Merkmale innerhalb eines dieser Quader liegen, als störungsfrei detektiert, alle außerhalb als störimpulsbehaftet.

Beispiel 4.7 (Detektion von zeitinvarianten Impulsstörern)

Ein Sprachsignal von neun Sekunden Länge wurde aufgezeichnet. Es ist in Abbildung 4.22a dargestellt. Ein farbiges Rauschen wurde generiert, indem ein weißer Rauschprozess mit einem Tiefpassfilter erster Ordnung gefiltert wurde. Das farbige Rauschen wurde nur für kurze Zeitdauern an zufälligen Zeitpunkten dem Sprachsignal überlagert. Dies wurde für verschiedene SNR des Impulsstörers durchgeführt. Die Abbildungen 4.22(b) bis (d) zeigen die gestörten Signale. Die Ergebnisse der Detektion mittels der Methode der spektralen Änderungen zeigt Abbildung 4.23. In grau ist der wahre, in schwarz der detektierte Impulsindikator eingezeichnet. Die Ergebnisse bei Verwendung des Korrelationskoeffizienten sind in der linken Spalte, die Ergebnisse bei Verwendung der spektralen Distanz in der rechten Spalte abgebildet. Man erkennt, dass mit beiden Verfahren die meisten Impulse erkannt werden, bei einer einzigen Fehldetektion. Durch eine Korrektur der Detektionsgrenzen κ_{ein}, κ_{aus}, λ_{ein} und λ_{aus} könnte ein besserer Kompromiss gefunden werden. In den Abbildungen 4.23(a), (c), (d) und (e) ist zudem ein grundlegendes Problem der Detektion durch spektrale Änderungen festzustellen. Es kann passieren, dass das Ausschalten eines Impulsstörers nicht erkannt wird und der geschätzte Impulsindikator so bis zum nächsten Impuls aktiv bleibt. Andererseits kann auch ein fälschlicherweise detektiertes Einschalten zu einem lange Zeit aktiven Impulsindikator führen. Dieser Effekt kann gemindert werden, indem eine maximale Zeitdauer für einen Impuls festgeschrieben wird, nach der sich der geschätzte Impulsindikator auch ohne ein detektiertes Aussschalten zu null setzt.

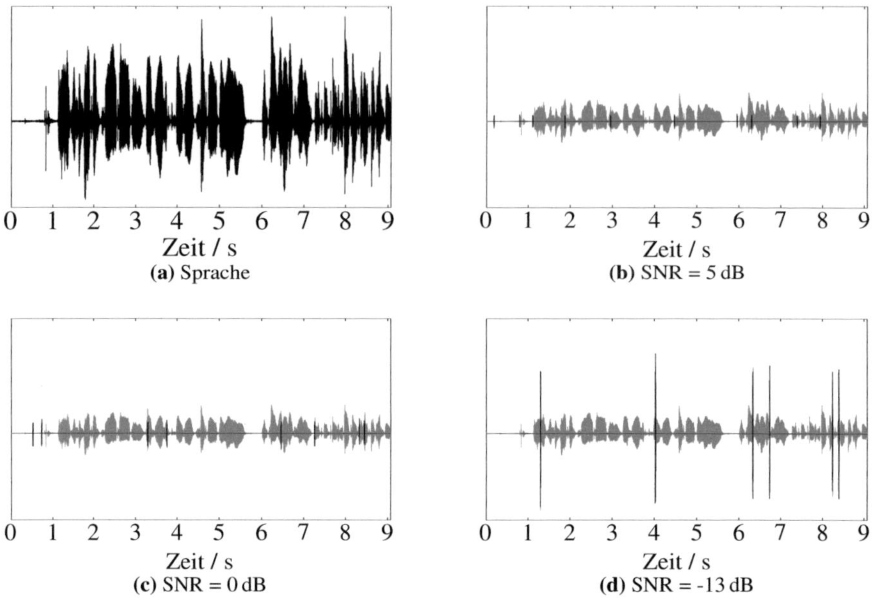

Abbildung 4.22: Klares Sprachsignal und gestörtes Signal bei verschiedenem SNR

Die Ergebnisse für die Detektion mittels Signaleigenschaften zeigt Abbildung 4.24. Es werden beinahe alle Impulse erkannt, dafür existieren leider auch bei allen drei Fällen je zwei Fehldetektionen. Vergleicht man das Ergebnis mit der Detektion über spektrale Änderungen, so ist der Detektion über Signaleigenschaften der Vorzug zu geben, da die Detektionsergebnisse zumindest gleichwertig sind, jedoch bei der Detektion mittels Signaleigenschaften keine dauerhaften Impulsstörer detektiert werden können.

Übergang auf Wavelet Packets

Die bisherigen Überlegungen galten für eine Signaldarstellung in der Zeit-Frequenz-Ebene mittels der STFT. Prinzipiell lassen sich die entwickelten Verfahren aber auch auf eine WP-Darstellung übertragen, da in beiden Fällen die Koeffizienten ein Maß für die Energie des Signals in einem bestimmten Bereich der Zeit-Frequenz-Ebene darstellen. Da sich die Detektion mittels Signaleigenschaften als vorteilhafter erwies, soll nur dieses auf Wavelet Packets übertragen werden. Für das bisherige Verfahren wird allerdings eine zeitäquidistante Zeit-Frequenz-Darstellung vorausgesetzt. Die WP-Darstellung könnte also wie bereits in Ab-

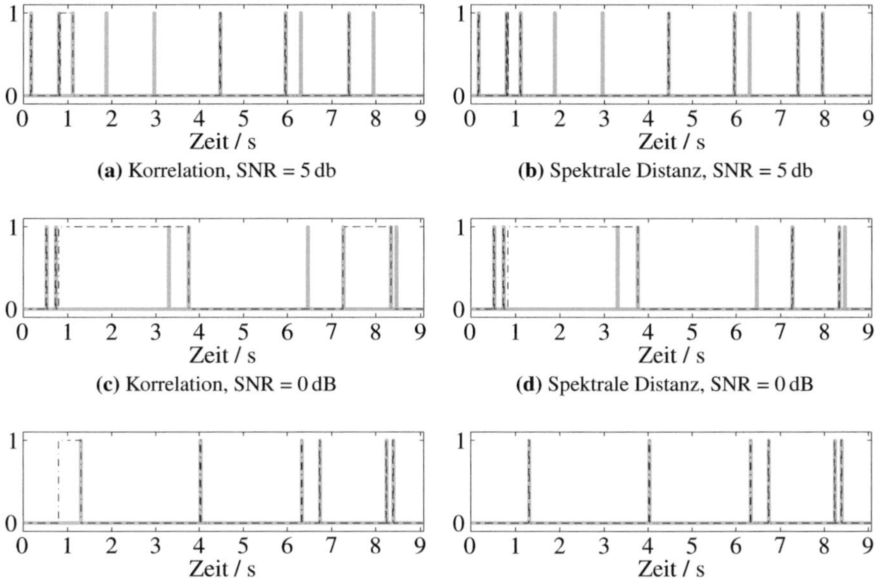

(a) Korrelation, SNR = 5 db

(b) Spektrale Distanz, SNR = 5 db

(c) Korrelation, SNR = 0 dB

(d) Spektrale Distanz, SNR = 0 dB

(e) Korrelation, SNR = -13 dB

(f) Spektrale Distanz, SNR = -13 dB

Abbildung 4.23: Detektion durch spektrale Ändergung; grau: wahrer Impulsindikator, schwarz: geschätzter Impulsindikator

schnitt 4.3.2, Gleichung (4.3), in jedem Frequenzband auf die Koeffizientenrate des Frequenzbandes der feinsten Zeitauflösung aufgeteilt werden. Es hat sich allerdings gezeigt, dass eine zu feine Zeitauflösung nicht sinnvoll ist, da die Signaleigenschaften (Energie, Mittenfrequenz und Bandbreite) erst ab der Betrachtung über eine gewisse Zeitdauer charakteristisch für Sprache sind. Für die Baumtiefe der Filterbank muss also eine minimale Tiefe $K_{\min}$ vorgegeben werden. Dies entspricht bei der STFT einer minimalen Fensterlänge des Analysefensters. Als minimale Zeitauflösung hat sich experimentell 6 ms erwiesen.

Entspricht nun das Frequenzband mit der feinsten Zeitauflösung einem Knoten mit $k \geq K_{\min}$, so kann das Verfahren zur Koeffizientenaufteilung nach Abschnitt 4.3.2 direkt angewandt werden. Andernfalls werden alle Koeffizienten der Frequenzbänder mit $k \geq K_{\min}$ gemäß Gleichung (4.3) aufgeteilt, während die Koeffizienten mit $k < K_{\min}$ nach Gleichung (4.8) zusammengefasst werden. Des Weite-

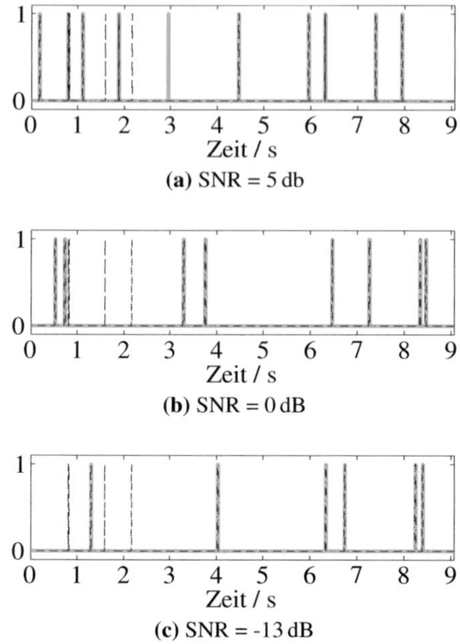

(a) SNR = 5 db

(b) SNR = 0 dB

(c) SNR = -13 dB

Abbildung 4.24: Detektion durch Signaleigenschaften; grau: wahrer Impulsindikator, schwarz: geschätzter Impulsindikator

ren muss die Mittenfrequenz f_p jedes Frequenzbandes p berechnet werden. Damit lassen sich die drei Merkmale durch

$$E_m^Y = \sum_{p=0}^{P-1} |\tilde{c}(p,m)|^2$$

$$f_m^Y = \frac{1}{E_m^Y} \sum_{p=0}^{P-1} f_p \cdot |\tilde{c}(p,m)|^2$$

$$\Delta_f^2(m) = \frac{1}{E_m^Y} \sum_{p=0}^{P-1} (f_p - f_m^Y)^2 \cdot |\tilde{c}(p,m)|^2$$

berechnen. Dabei stellt P die Anzahl der Frequenzbänder (Knoten) in der gewählten Basis dar. Anschließend erfolgt die Detektion wieder anhand der Position des Merkmalsvektors $\mu(m) = \left[E_m^Y, f_m^Y, \Delta_f^2(m)\right]$ bezüglich der definierten Quader im Merkmalsraum.

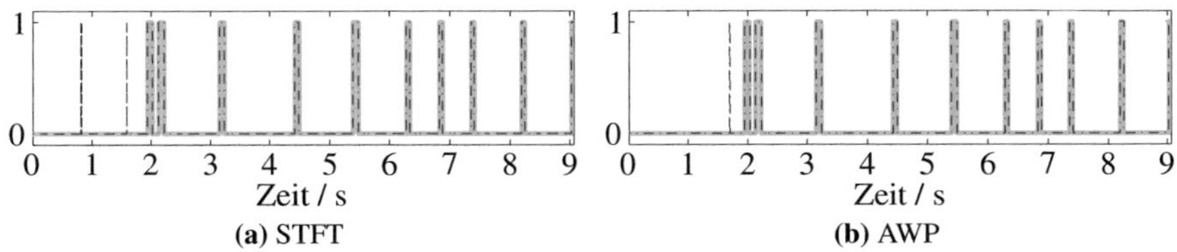

Abbildung 4.25: Vergleich der Detektion basierend auf STFT- oder AWP-Darstellung

Beispiel 4.8 (Vergleich der Detektion basierend auf STFT und AWP)

Das in Beispiel 4.7 verwendete Sprachsignal wird wieder mit Impulsstörern überlagert, diesmal bei einem SNR von -1. Die Detektion mittels Signaleigenschaften wurde basierend auf STFT- sowie auf AWP-Darstellung durchgeführt. Die Ergebnisse sind in Abbildung 4.25 dargestellt. Man erkennt, dass beide Ergebnisse gleichwertig sind.

Wählen der Schwellwerte

Da es sich bei der Störquelle $d(t)$ um ein stationäres, farbiges Rauschen handelt, muss für jedes Frequenzband ein eigener Schwellwert gewählt werden. Dazu wird aus Impulsstörungen während Sprachabwesenheit die durchschnittliche Koeffizientenenergie $\sigma_p^2 = \mathrm{E}\left\{|c(p,n)|^2\right\}$ in jedem Frequenzband p bestimmt. Wie bei der Filterung von gewöhnlichem farbigen Rauschen kann ein Vielfaches von σ_p als sinnvoller Schwellwert gewählt werden. Jedoch wird dieser Schwellwert nur angewandt, wenn ein Impulsstörer detektiert wurde. Ansonsten soll keine Filterung stattfinden und folglich der Schwellwert zu null gesetzt. Dies lässt sich durch

$$c_{\text{th}}(p,n) = \begin{cases} \alpha_{\text{th}} \cdot \sigma_p, & \text{wenn } \mu(n) \in \mathfrak{I} \\ 0, & \text{sonst} \end{cases} \tag{4.11}$$

zusammenfassen. Dabei ist $\mu(n)$ der Merkmalsvektor und $\mathfrak{I}$ der Bereich des Merkmalsraums, indem Impulsstörer detektiert werden.

4.5.2 Zeitvariante Impulsstörer

Im Gegensatz zu den zeitinvarianten Impulsstörern aus dem vorigen Abschnitt wird nun nicht mehr vorausgesetzt, dass die Störquelle $d(t)$ stationär sei und über einen Schalter ideal ein- und ausgeschaltet wird. Stattdessen wird angenommen, dass die Energieverteilung eines Impulses in der Zeit-Frequenz-Ebene im Mittel für alle Impulse gleich ist, beispielsweise wie in Abbildung 4.26. Diese Annahme ist dann

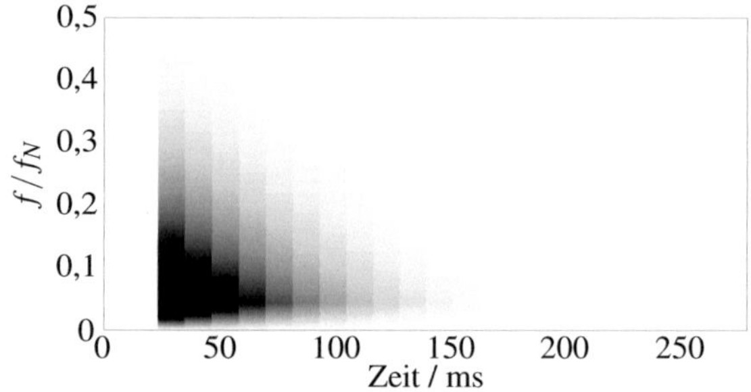

Abbildung 4.26: Beispielhafte Energieverteilung eines Impulses

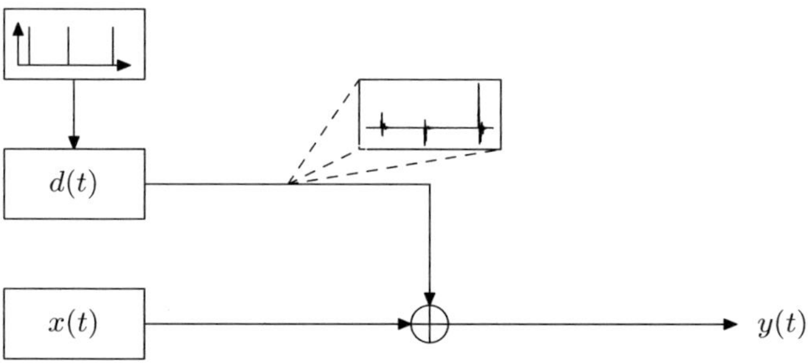

Abbildung 4.27: Signalmodell für zeitvariante Impulsstörungen

gerechtfertigt, wenn die Impulse aus derselben Störquelle stammen, beispielsweise von Regen, Klatschgeräuschen etc. Das Auftreten dieser Impulse sei nach wie vor zufällig. Dies ist in Abbildung 4.27 durch ein Triggersignal dargestellt, das die Störimpulse initiiert. Dabei kann auch ein weiterer Impuls beginnen, bevor der vorhergehende vollständig abgeklungen ist. Die meisten in der Realität vorkommenden Impulse weisen eine ähnliche Energieverteilung wie in Abbildung 4.26 auf. Zunächst besitzt ein Impulsstörer (beispielsweise ein Klatschen) eine gewisse spektrale Färbung. Nach der akustischen Anregung des Schalls werden die Schwingungen des Störers bzw. der Luft exponentiell gedämpft. Die Grundidee für das folgende neue Verfahren ist, dass aus aufgezeichneten Impulsen ohne Sprache ein Referenzmuster der Energieverteilung in der Zeit-Frequenz-Ebene erstellt wird, das im Folgenden „Template" genannt wird. Dabei wird wie in Abschnitt 4.5.1 zuerst der vereinfachten Anschauung wegen ein STFT-basiertes Verfahren entwickelt, das dann auf AWP übertragen wird. Des Weiteren müssen bei der STFT-Darstellung lediglich positive Frequenzen des Signals berücksichtigt werden, da die betrachteten Signale reellwertig sind und die entwickelten Verfahren lediglich den Betrag der STFT-Koeffizienten verwenden.

Das Verfahren untergliedert sich in die folgenden Schritte:

1. Berechnung dcs Templates
2. Suchen des Templates in der STFT des gestörten Signals
3. Spektrale Subtraktion (bei der STFT) bzw. Wavelet-Schwellwertfilterung

Template-Berechnung

Es wurde zunächst versucht, ein parametrisches Modell des Templates für realistische Impulsstörer zu entwickeln, da insbesondere das exponentielle Abklingen in zeitlicher Richtung für alle gemessenen Impulsstörungen charakteristisch war. Die Parameter des Modells können dann von mehreren gemessenen Impulsen mittels geeigneter Schätzverfahren bestimmt werden. Es hat sich allerdings gezeigt, dass ein nicht-parametrischer Ansatz bessere Ergebnisse liefert.

Die STFT-Darstellungen mehrerer gemessener Impulse werden zuerst so in Zeit- und Frequenzrichtung verschoben, dass die Koeffizienten mit maximaler Amplitude aufeinander zum Liegen kommen:

$$|Y^{\gamma}_{0,i}(m,k)| = |Y^{\gamma}_i(m - m_{0,i},k - k_{0,i})| \quad . \tag{4.12}$$

Dabei stellt $(m_{0,i},k_{0,i})$ jeweils den Punkt mit maximaler Amplitude in der Zeit-Frequenz-Ebene und $Y^{\gamma}_i(m,k)$ die STFT-Darstellung des i-ten gemessenen Störimpulses dar. Das Template M_{mk} wird nun als die Mittelung aller zentrierten STFT-Darstellungen $Y^{\gamma}_{0,i}(m,k)$ berechnet

$$M(m,k) = \frac{1}{I} \cdot \sum_{i=1}^{I} |Y^{\gamma}_{0,i}(m,k)| \quad , \tag{4.13}$$

wobei I die Menge der gemessenen Impulse bezeichnet. Abschließend wird das Template auf einen endlichen Bereich von $T_1 \times T_2$ Werten beschränkt. Außerhalb dieses Bereichs sollte das Template keine wesentlichen Signalanteile mehr enthalten.

Detektion

Nachdem ein Template berechnet wurde, kann dies in der STFT des gestörten Signals $y(t)$ wiedergefunden werden. Dazu werden die lokalen Maxima des zweidimensionalen Korrelationskoeffizienten

$$R_{YM}(m,k) = \frac{\sum_{i_1=0}^{T_1-1} \sum_{i_2=0}^{T_2-1} |Y^{\gamma}(m+i_1,k+i_2)| \cdot M(i_1,i_2)}{\sqrt{\sum_{i_1=0}^{T_1-1} \sum_{i_2=0}^{T_2-1} |Y^{\gamma}(m+i_1,k+i_2)|^2 \cdot \sum_{i_1=0}^{T_1-1} \sum_{i_2=0}^{T_2-1} |M(i_1,i_2)|^2}} \tag{4.14}$$

gesucht. Zu diesem Zweck werden alle Korrelationswerte unter einer bestimmten Schwelle zu null gesetzt und für das weitere Vorgehen ignoriert. Für die verbleibenden Bereiche in der Zeit-Frequenz-Ebene, für die der Korrelationskoeffizient ungleich null ist, werden nun die lokalen Maxima bestimmt. Es kann darüber hinaus notwendig sein, alle Korrelationskoeffizienten zu null zu setzen, die einer Frequenz kleiner 1,8 kHz entsprechen, da die hohen Signalanteile der Sprache bei tiefen Frequenzen zu entsprechend hohen Korrelationskoeffizienten führten.

Das beschriebene Verfahren vereinfacht sich wenn angenommen wird, dass die Impulse nur in zeitlicher Richtung gegeneinander verschoben sind. Dafür muss der Korrelationskoeffizient $R_{YM}(m,\bar{k})$ nach Gleichung (4.14) für die feste, mittlere Frequenzverschiebung

$$\bar{k} = \frac{1}{I}\sum_{i=1}^{I} k_{0,i}$$

ausgewertet und die Maxima bezüglich m wie oben beschrieben gesucht werden.

Übergang auf Wavelet Packets

Nach Möglichkeit sollte die Basiswahl zur Analyse der einzelnen Störimpulse allein auf der Störung beruhen, damit die Impulse so prägnant wie möglich dargestellt werden. Nach der Basiswahl und der Extraktion der entsprechenden WP-Koeffizienten aus dem AWP werden diese wieder in eine zeitäquidistante Darstellung nach Abschnitt 4.3.2 überführt. Die Berechnung des Templates erfolgt dann nach den Gleichungen (4.12) und (4.13), wobei allerdings auf die Verschiebung in Frequenzrichtung verzichtet wird.

Zur Detektion wird das gestörte Signal zunächst einer AWP-Analyse unterzogen und in eine zeitäquidistante Darstellung überführt. Wie in der STFT-Darstellung werden mittels Gleichung (4.14) die Korrelationskoeffizienten ermittelt. Da die Impulse bei der Template-Berechnung allerdings nicht frequenzverschoben wurden, wird diesmal $R_{YM}(m,0)$ ausgewertet. Die Maximasuche erfolgt dann analog zum Vorgehen in der STFT-Darstellung. Es wird ein als Impulsindikator bezeichnetes Signal erzeugt werden, das die zeitliche Lage der Impulse angibt:

$$I_{\text{imp}}(m) = \begin{cases} 1, & \text{falls lokales Maximum von } R_{YM}(m,0) \text{ bei } m \\ 0, & \text{sonst} \end{cases}$$

Schwellwert-Berechnung

Das zeit- und frequenz-abhängige Template $M(p,m)$ (zeitäquidistante AWP-Darstellung) muss jeweils an die vom Impulsindikator $I_{\text{imp}}(m)$ angezeigten Zeitpunkte verschoben und bei Überlappung kumuliert werden. Dies erreicht man am

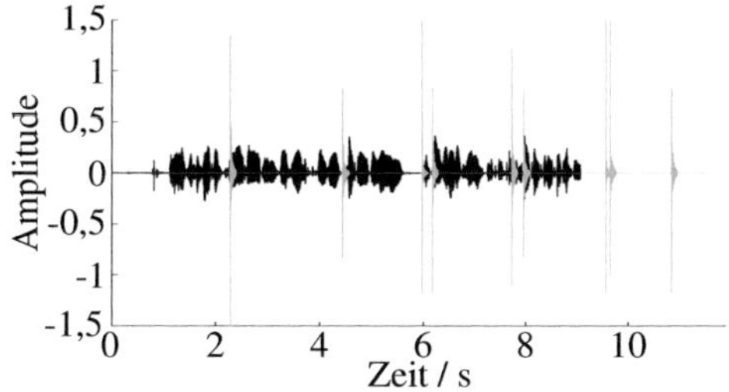

Abbildung 4.28: Sprachsignal (schwarz) und überlagerte Störung (grau)

einfachsten durch eine Faltung jedes Frequenzbandes p des Templates mit dem Impulsindikator. Die Schwellwerte ergeben sich durch die so geschätzte Störung multipliziert mit einem Faktor α_{th}, analog zu Formel (4.11). Abschließend werden die Schwellwerte mittels Gleichung (4.8) in die ursprüngliche AWP-Darstellung überführt.

Beispiel 4.9 (Schätzung von zeitvarianten Impulsstörern)

Abschließend wird das Verfahren an einem selbst aufgezeichneten Sprachsignal getestet. Als Störung werden durch Aufeinanderschlagen der Hände erzeugte Klatschgeräusche verwendet, die ebenfalls selbst aufgenommen wurden. Abbildung 4.28 zeigt das Sprachsignal (schwarz) sowie die Klatschgeräusche (grau). Der Abstand zwischen den einzelnen Klatschgeräuschen variiert dabei deutlich, während die Intensität weitestgehend gleich stark ist. Um auch die schwächeren Signalanteile der Störung besser zu erkennen, wird die logarithmische Koeffizientenenergie

$$c^{\text{dB}}(p,n) = 10 \cdot \log\left(|c(p,n)|^2\right)$$

betrachtet. Die logarithmische Energie der Störimpulse ist in Abbildung 4.29a dargestellt. Der Vergleich mit der geschätzten Störung in Abbildung 4.29b zeigt eine gute Übereinstimmung. Das Template weist für hohe Frequenzen eine geringere Energie auf als die tatsächliche Störung. Daher kann es für die Filterung sinnvoll sein, die Schwellwerte als ein Vielfaches der geschätzten Störenergie festzulegen.

4.6 Filterung und Rücktransformation

Nach der Schätzung der Störenergie und der Wahl der entsprechenden Schwellwerte in den Abschnitte 4.3 bis 4.5 ist die eigentlich Filterung vergleichsweise einfach. Jeder Koeffizient $c_y(p,n)$ wird mittels einer Schwellwertfilterung verarbeitet.

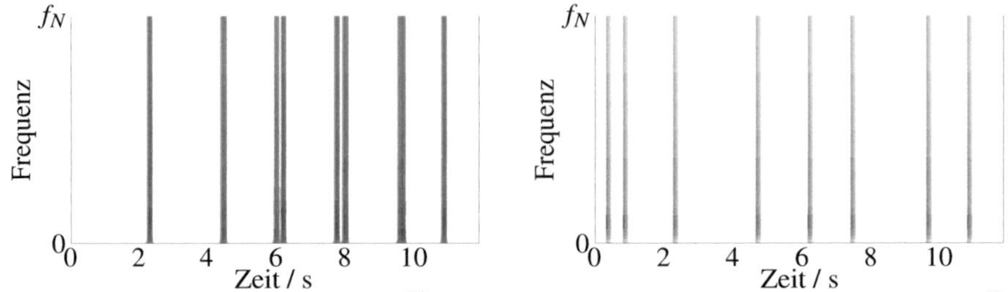

(a) Logarithmische Störenergie c_d^{dB}

(b) Geschätzte logarithmische Störenergie $c_{\hat{d}}^{\mathrm{dB}}$

Abbildung 4.29: Sprachsignal (schwarz) und überlagerte Störung (grau)

Dazu muss eine Schwellwertfunktion gewählt werden. Die beiden am häufigsten verwendeten Funktionen sind die Hard- und Soft-Thresholding-Funktion, die in Abschnitt 2.6.3 vorgestellt wurden.

Das Hard Thresholding weist üblicherweise eine gute Filterung bezüglich des SNR auf. Jedoch hat es den Nachteil, dass die Schwellwertfunktion unstetig an der Stelle des Schwellwertes ist. Verrauschte Koeffizienten, die über dem Schwellwert liegen, werden dadurch überhaupt nicht gefiltert. Dies macht sich als tonhafte Störung bemerkbar, die Musical Noise genannt wird. Da diese Art des Restrauschens besonders unangenehm empfunden wird, müssen die Schwellwerte bei Hard Thresholding durch Wahl der Faktoren α_{th} entsprechend hoch gewählt werden. Dies führt allerdings zu einer zusätzlichen Sprachverzerrung. Das Hard Thresholding ist daher nicht geeignet zur Sprachsignalfilterung.

Soft Thresholding bei der Wavelet-Filterung entspricht im Prinzip der Spektralen Subtraktion bei der STFT. Da auch Koeffizienten über dem Schwellwert um diesen vermindert werden, kann der Verstärkungsfaktor α_{th} kleiner als bei Hard Thresholding gewählt werden. Es ergibt sich allerdings das Problem, dass betragsmäßig große Koeffizienten ebenfalls gefiltert werden, auch wenn diese überwiegend Sprache enthalten. Schon aus Sicht der SNR-Optimierung wäre es besser, Koeffizienten mit großem Betrag gegenüber dem Schwellwert nicht zu filtern. Bei Sprache kommt zusätzlich hinzu, dass die menschliche Wahrnehmung die sogenannte Verdeckungs- oder Maskierungseigenschaft besitzt [Vir99]. Eine Störung wird demnach nicht wahrgenommen, wenn sie unter der sogenannten Maskierungsschwelle liegt, die von einer zeitlich und spektral benachbarten lauteren Geräuschquelle ausgebildet wird. Dies ist ein zusätzlicher Grund, betragsmäßig große Koeffizienten nicht zu filtern.

Beide Vorzüge, den stetigen Übergang an der Stelle des Schwellwertes (Soft Thresholding) und die fehlende Dämpfung großer Koeffizienten (Hard Thresholding) vereint die nicht-negative Garrotte-Funktion. Sie wird daher in dieser Arbeit als Schwellwertfunktion verwendet.

Nach der Schwellwertfilterung der Koeffizientenbeträge werden die gefilterten Koeffizienten durch

$$c_{\text{filt}}(k) = |c_{\text{filt}}(k)| \cdot \mathrm{e}^{\angle c_y(k)}$$

gebildet. Abschließend berechnet sich das gefilterte Signal im Zeitbereich über die inverse Analytische Wavelet-Packet-Transformation.

5 Evaluation der Sprachsignalfilterung

Die entwickelten Verfahren zur Signaldarstellung und Filterung (Abschnitt 3) sowie die Störschätzungen für verschiedene Störszenarien werden im Folgenden gemeinsam evaluiert. Dazu werden die beiden in Abbildung 5.1 gezeigten Sprachsignale verwendet. Beide Sprecher sind unterschiedlichen Geschlechts und sprechen verschiedene Sätze, die beide etwa 4 Sekunden lang sind. Die Abtastfrequenz beträgt 16 kHz. Da in den Abschnitten 4.3 bis 4.5 zur Störschätzung zwischen verschiedenen Störerklassen unterschieden wurde, werden die jeweiligen Verfahren für entsprechende Störungen in den Abschnitten 5.1 bis 5.3 getrennt evaluiert. Das Verfahren der Redundanten Synthese wird mit den Anpassungen zur Störschätzung aus Abschnitt 4.3.3 separat in Abschnitt 5.4 für allgemeines nichtstationäres Hintergrundrauschen betrachtet und mit den Ergebnissen durch Basiswahl verglichen.

Zur Evaluation wird zunächst eine objektive Bewertung mittels des Signal-zu-Rausch-Verhältnisses (SNR) des gefilterten Signals

$$\mathrm{SNR}_{\hat{x}} = 10 \cdot \log_{10}\left(\frac{\sum_n |x(n)|^2}{\sum_n |x(n)-\hat{x}(n)|^2}\right) \quad .$$

vorgenommen. Dabei wird das SNR des gestörten Signals zwischen −5 und 10 dB variiert. Die Verbesserung des SNRs eignet sich insbesondere dazu, die Entfernung der Störung zu bewerten. Die subjektive Qualität eines Sprachsignals korreliert allerdings nicht streng mit der Verbesserung des SNR. Daher wird zusätzlich der sogenannte Mean Opinion Score (MOS) über das PESQ-Verfahren[1] berechnet, das von der International Telecommunication Union zur automatischen Bewertung von Sprachqualität empfohlen wird. Dadurch kann im Gegensatz zum SNR besser bewertet werden, wie sich die durch die Filterung verursachten Sprachverzerrungen auf die Wahrnehmung auswirken. Der niedrigste Wert dabei ist eins.

Um eine Aussage über die Verbesserungen der entwickelten Verfahren machen zu können, werden die erzielten Ergebnisse mit denen anderer etablierter Verfahren verglichen. Da in dieser Arbeit von einem einzigen Mikrofon ausgegangen wird, können Beamforming-Verfahren nicht angewandt werden. Stattdessen wird als erstes Verfahren die Spektrale Subtraktion herangezogen, wie sie in Abschnitt 2.6.2 vorgestellt wurde. Die Störenergie wird dabei stationär über der Frequenz geschätzt.

Das zweite verglichene Verfahren ist das ebenfalls weit verbreitete Ephraim-Malah-Filter [EM84]. Es basiert auf einem stochastischen Modell der STFT-Koeffizienten und beinhaltet eine Schätzung der Signalanwesenheit.

[1] ITU Recommendation P.862 : Perceptual evaluation of speech quality (PESQ)

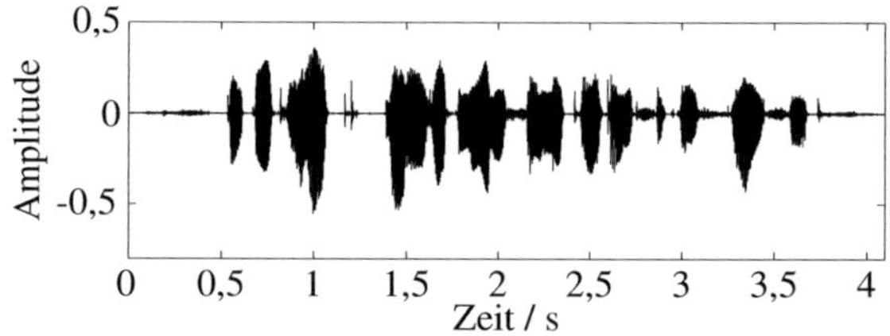

(a) Sprecher 1:„Guten Tag, wann geht morgen Vormittag ein Zug nach Frankfurt?“, weiblich (Datei awed5010.nis)

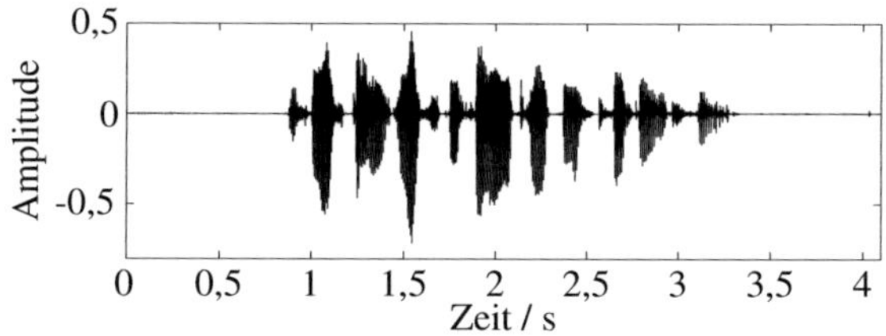

(b) Sprecher 2:„Ich möchte am ersten Feiertag nach Koblenz fahren.“, männlich (Datei chkd5040.nis)

Abbildung 5.1: Zur Evaluation verwendete Sprachsignale aus der PhonDat2-Datenbank [Bay]

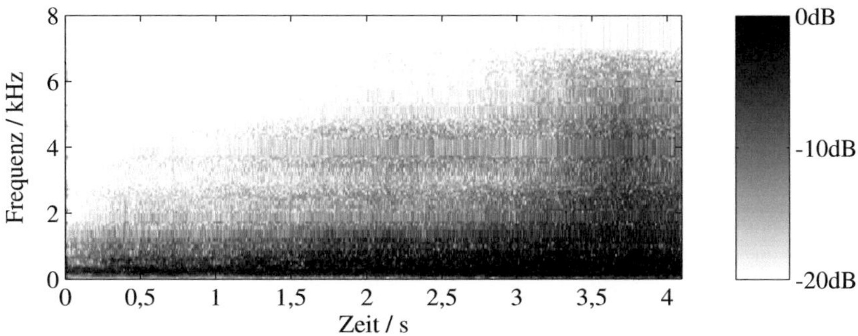

Abbildung 5.2: Störung 2: Vorbeifahrendes Fahrzeug

Für die auf Wavelet Packets basierenden Verfahren werden Filterbänke der maximalen Tiefe $K = 8$ verwendet. Bei Analytischen Wavlet Packets werden q-Shift-14-Filter eingesetzt, bei reellen Filterbänken Symmlets der Länge 14.

5.1 Allgemeines nichtstationäres Hintergrundrauschen

Um die Qualität der in Abschnitt 4.3 entwickelten Verfahren zu testen, werden drei verschiedene Störungen verwendet. Zum einen wird ein farbiges Rauschen mit linear anwachsender Mittenfrequenz überlagert, wie es bereits in Beispiel 4.3 verwendet wurde. Es ist in Abbildung 4.8 auf Seite 138 abgebildet und wird als Chirprauschen bezeichnet. Die zweite verwendete Störung ist das aufgezeichnete Geräusch eines Fahrzeugs, das sich nähert und schließlich den Beobachter passiert. Die entsprechende Verteilung der Störenergie in der Zeit-Frequenz-Ebene zeigt Abbildung 5.2. Bei der dritten verwendeten Störung handelt es sich um ein stationäres, weißes, normalverteiltes Rauschen, mit dem die Leistungsfähigkeit der entwickelten nichtstationären Verfahren bei einer stationären Störung überprüft wird. Aufgrund der stochastischen Natur des farbigen und weißen Rauschens wird für jede Stufe von SNR_y 20 Realisierungen des jeweiligen Rauschens erzeugt. Das gemittelte SNR ergibt sich über die Gleichungen (3.23) und (3.24), der gemittelte MOS ergibt sich über eine einfache Mittelung der MOS der einzelnen Realisierungen.

5.1.1 Reelle und Analytische Wavelet-Packet-Filterung bei Entropie-Basiswahl

Zuerst wird untersucht, wie unterschiedlich die Filterergebnisse bei Verwendung von reellen gegenüber Analytischen Wavelet Packets sind. Für beide Darstellungsarten wird eine Störschätzung mit gleichen Parametern nach Abschnitt 4.3 durchgeführt, wobei das Kalman-Filter nicht verwendet wird. Die Schwellwerte wurden zu

$$c_{\text{th}}(p,n) = \begin{cases} 1 \cdot |c_{\hat{D}}(p,n)|, & \text{wenn } c_s(p,n) = 1 \text{ (Sprache)} \\ 2 \cdot |c_{\hat{D}}(p,n)|, & \text{wenn } c_s(p,n) = 0 \text{ (Sprechpause)} \end{cases} \tag{5.1}$$

gewählt. Die Ergebnisse sind in den Abbildungen 5.3 und 5.4 zu sehen.

Wie in Abschnitt 3.1.5 mathematisch gezeigt wurde, können die Schwellwerte bei Analytischen Wavelet Packets niedriger gewählt werden, um die gleiche Dämpfung der Störung wie bei reellen Wavelet Packets zu erhalten. Da in dieser Simulation allerdings für beide Darstellungen die gleichen Schwellwerte verwendet wurden, enthält das gefilterte Signal mittels reeller Wavelet Packets mehr Restrauschen. Des Weiteren wurde in Beispiel 3.4 bereits gezeigt, dass die Sprechpausenerkennung bei Analytischen Wavelet Packets aufgrund der glatten Koeffizientenverläufe bessere Ergebnisse liefert. Dies verbessert die Schätzung der Störung sowie die Wahl der Schwellwerte nach Gleichung (5.1). Dadurch erklärt sich die Überlegenheit der analytischen gegenüber den reellen Wavelet Packets in den durchgeführten Simulationen.

Auch im Vergleich zu den Referenzverfahren konnten die erzielten Ergebnisse durch AWP-Filterung deutlich verbessert werden. Lediglich für das weiße Rauschen und hohes SNR erreicht das Ephraim-Malah-Filter bzgl. des SNRs gleich gute Ergebnisse.

5.1.2 Vergleich zwischen Entropie- und MSE-Basiswahl

Im Folgenden werden nun Analytische Wavelet Packets verwendet. Es wird verglichen welchen Unterschied die Basiswahl nach dem Entropie- und dem MSE-Kriterium auf die Sprachsignalfilterung hat. Bei Verwendung gleich gewählter Parameter wie in Abschnitt 5.1.1 ergeben sich die Ergebnisse in den Abbildungen 5.5 und 5.6.

Insgesamt lässt sich keine klare Präferenz für die Entropie- oder die MSE-Basiswahl erkennen. Dies war zu erwarten, da bereits das Beispiel in Abbildung 3.27, Seite 107 gezeigt hat, dass beide Basiswahlverfahren für eine breitbandige Störung im Mittel etwa gleich gute Ergebnisse liefern. Jedoch ist die Entropie-Basiswahl nach wie vor anfälliger für eine ungünstige Realisierung des Rauschprozesses. Da in diesem Kapitel jedoch stets das mittlere SNR bzw. MOS verglichen wird, wird im Folgenden die Entropie-Basiswahl verwendet.

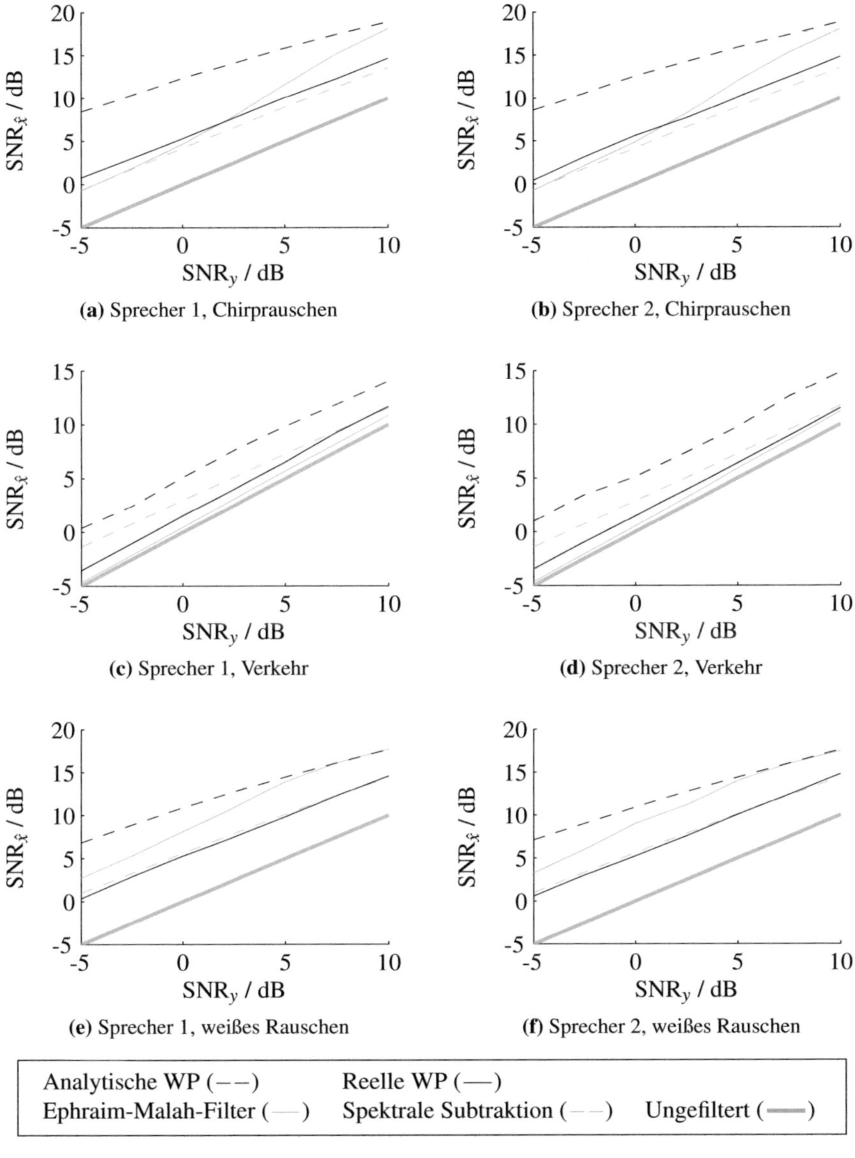

Abbildung 5.3: SNR-Vergleich der Filterung bei Störschätzung nach Abschnitt 4.3 ohne Kalman-Filter

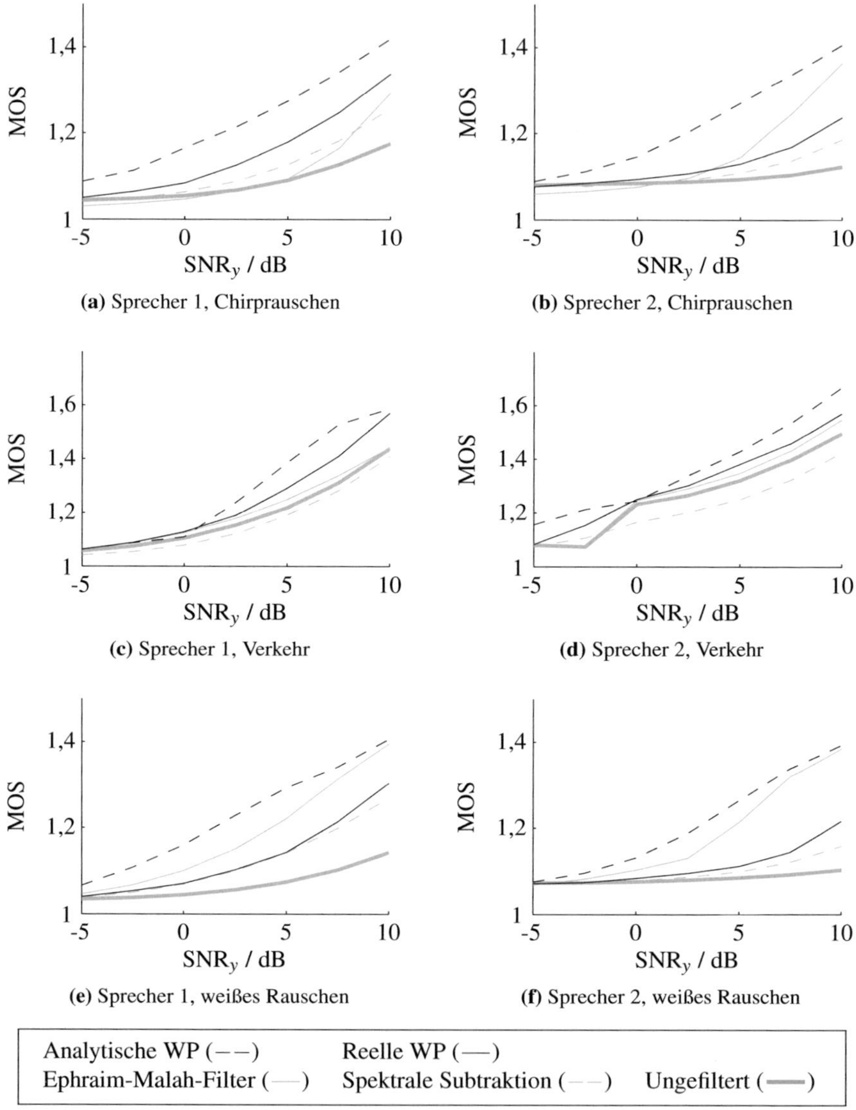

(a) Sprecher 1, Chirprauschen

(b) Sprecher 2, Chirprauschen

(c) Sprecher 1, Verkehr

(d) Sprecher 2, Verkehr

(e) Sprecher 1, weißes Rauschen

(f) Sprecher 2, weißes Rauschen

Abbildung 5.4: MOS-Vergleich der Filterung bei Störschätzung nach Abschnitt 4.3 ohne Kalman-Filter

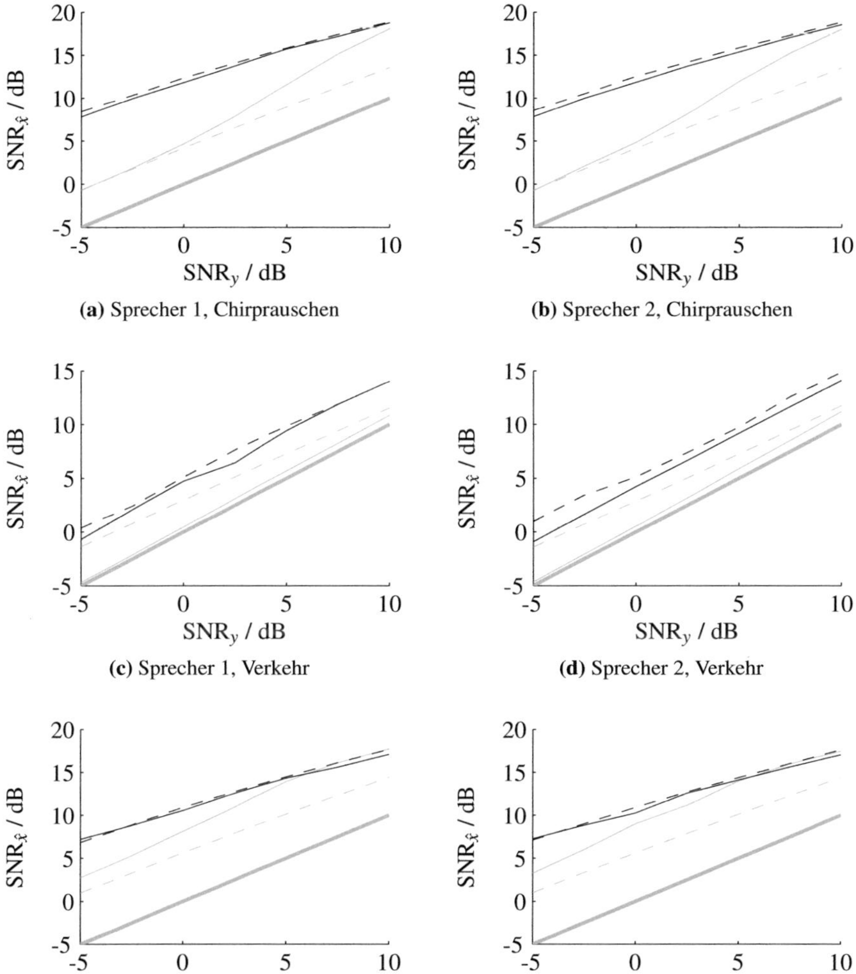

(a) Sprecher 1, Chirprauschen

(b) Sprecher 2, Chirprauschen

(c) Sprecher 1, Verkehr

(d) Sprecher 2, Verkehr

(e) Sprecher 1, weißes Rauschen

(f) Sprecher 2, weißes Rauschen

Entropie-Basiswahl (– –) MSE-Basiswahl (—)
Ephraim-Malah-Filter ( ) Spektrale Subtraktion (– –) Ungefiltert ( )

Abbildung 5.5: SNR-Vergleich der Filterung bei Störschätzung nach Abschnitt 4.3 ohne Kalman-Filter

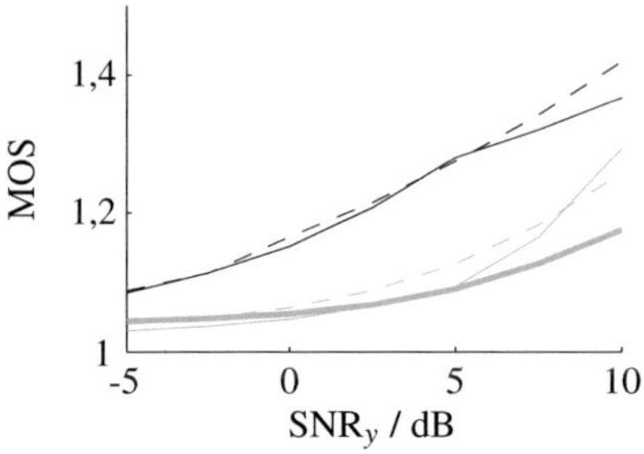

(a) Sprecher 1, Chirprauschen

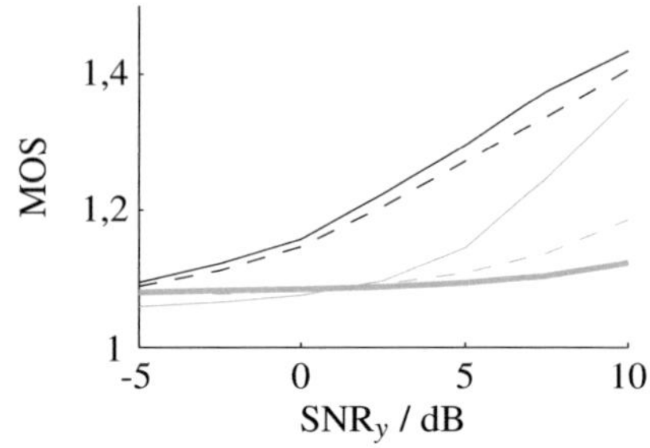

(b) Sprecher 2, Chirprauschen

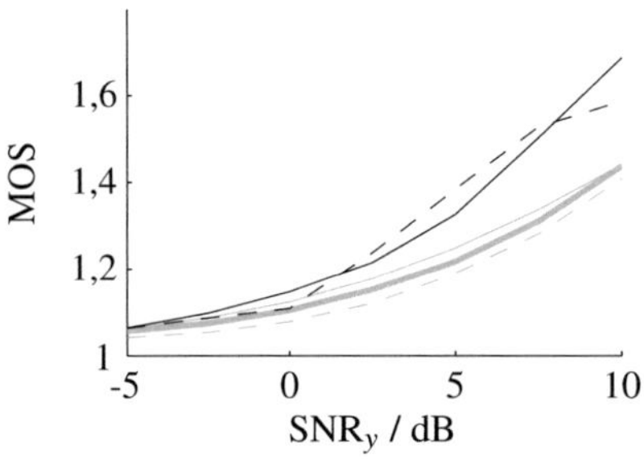

(c) Sprecher 1, Verkehr

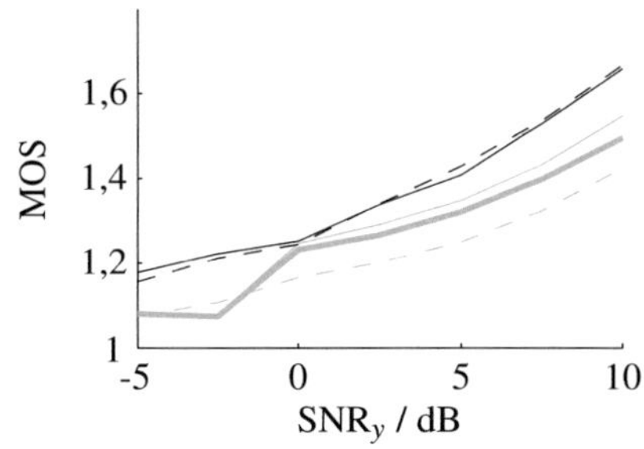

(d) Sprecher 2, Verkehr

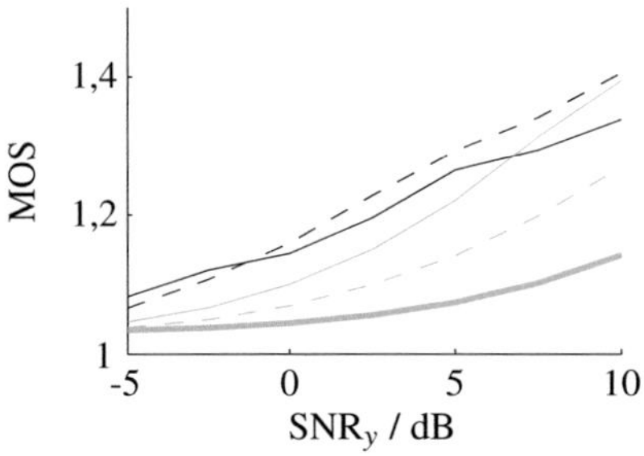

(e) Sprecher 1, weißes Rauschen

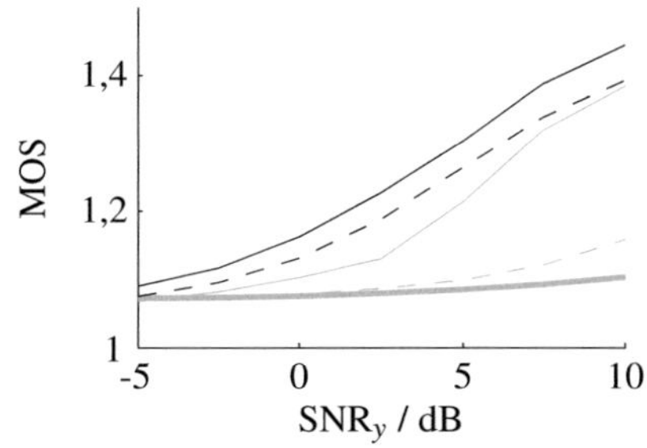

(f) Sprecher 2, weißes Rauschen

Entropie-Basiswahl (– –) MSE-Basiswahl (—)
Ephraim-Malah-Filter (—) Spektrale Subtraktion (– –) Ungefiltert (▬)

Abbildung 5.6: MOS-Vergleich der Filterung bei Störschätzung nach Abschnitt 4.3 ohne Kalman-Filter

5.1.3 Verwendung des Kalman-Filters

Abschließend wird für allgemeines nichtstationäres Hintergrundrauschen die zusätzliche Verwendung des Kalman-Filters evaluiert. Für das Chirprauschen wird das allgemeine Zustandsraummodell erster Ordnung (4.6)

$$\underline{x}(m+1) = \begin{bmatrix} g(m+1) \\ \Delta g(m+1) \\ A(m+1) \\ \Delta A(m+1) \\ \varphi(m+1) \\ \Delta\varphi(m+1) \end{bmatrix} = \begin{bmatrix} 1 & 1 & 0 & 0 & 0 & 0 \\ 0 & 1 & 0 & 0 & 0 & 0 \\ 0 & 0 & 1 & 1 & 0 & 0 \\ 0 & 0 & 0 & 1 & 0 & 0 \\ 0 & 0 & 0 & 0 & 1 & 1 \\ 0 & 0 & 0 & 0 & 0 & 1 \end{bmatrix} \cdot \underline{x}(m)$$

verwendet. Für den Verkehrslärm oder das stationäre, weiße Rauschen wäre dieses Modell zwar ebenfalls einsetzbar, enthielte aber mehr Zustandsgrößen als unbedingt nötig. Bei Betrachtung von Abbildung 5.2 fällt auf, dass sich die Mittenfrequenz des vorbeifahrenden Fahrzeugs nicht ändert, sondern stets nahe 0 Hz liegt. Daher wird für die Schätzung des Verkehrslärms ein Störmodell mit einem einzigen reellen Pol aufgestellt:

$$G_2(z) = \frac{g}{z-A}, \quad g, A \in \mathbb{R}_+ \quad .$$

Die Phase des Pols ist stets konstant null. Das zugehörige Zustandsraummodell ist:

$$\underline{x}(m+1) = \begin{bmatrix} g(m+1) \\ \Delta g(m+1) \\ A(m+1) \\ \Delta A(m+1) \end{bmatrix} = \begin{bmatrix} 1 & 1 & 0 & 0 \\ 0 & 1 & 0 & 0 \\ 0 & 0 & 1 & 1 \\ 0 & 0 & 0 & 1 \end{bmatrix} \cdot \underline{x}(m) \quad .$$

Für das weiße Rauschen schließlich ist kein einziger Pol im Störmodell mehr nötig, da es keine spektrale Färbung aufweist. Daher ist nur die Verstärkung g bzw. deren Änderung Δg zu schätzen. Das Zustandsraummodell für weißes Rauschen ergibt sich damit durch:

$$\underline{x}(m+1) = \begin{bmatrix} g(m+1) \\ \Delta g(m+1) \end{bmatrix} = \begin{bmatrix} 1 & 1 \\ 0 & 1 \end{bmatrix} \cdot \underline{x}(m) \quad .$$

Die Ergebnisse in den Abbildungen 5.7 und 5.8 zeigen für das Chirprauschen und den Verkehrslärm eine Verschlechterung. Auch für das weiße Rauschen ist lediglich eine minimale Verbesserung zu erkennen. Dies liegt an mehreren Gründen. Zum einen lassen sich reale Störungen wie der Verkehrslärm nur näherungsweise durch AR-Modelle modellieren. Das eigentliche Problem stellt allerdings die Schätzung der Sprachwahrscheinlichkeit dar. In Abbildung 5.9a ist die detektierte Sprachwahrscheinlichkeit sowie zum Vergleich das reine Sprachsignal gezeigt.

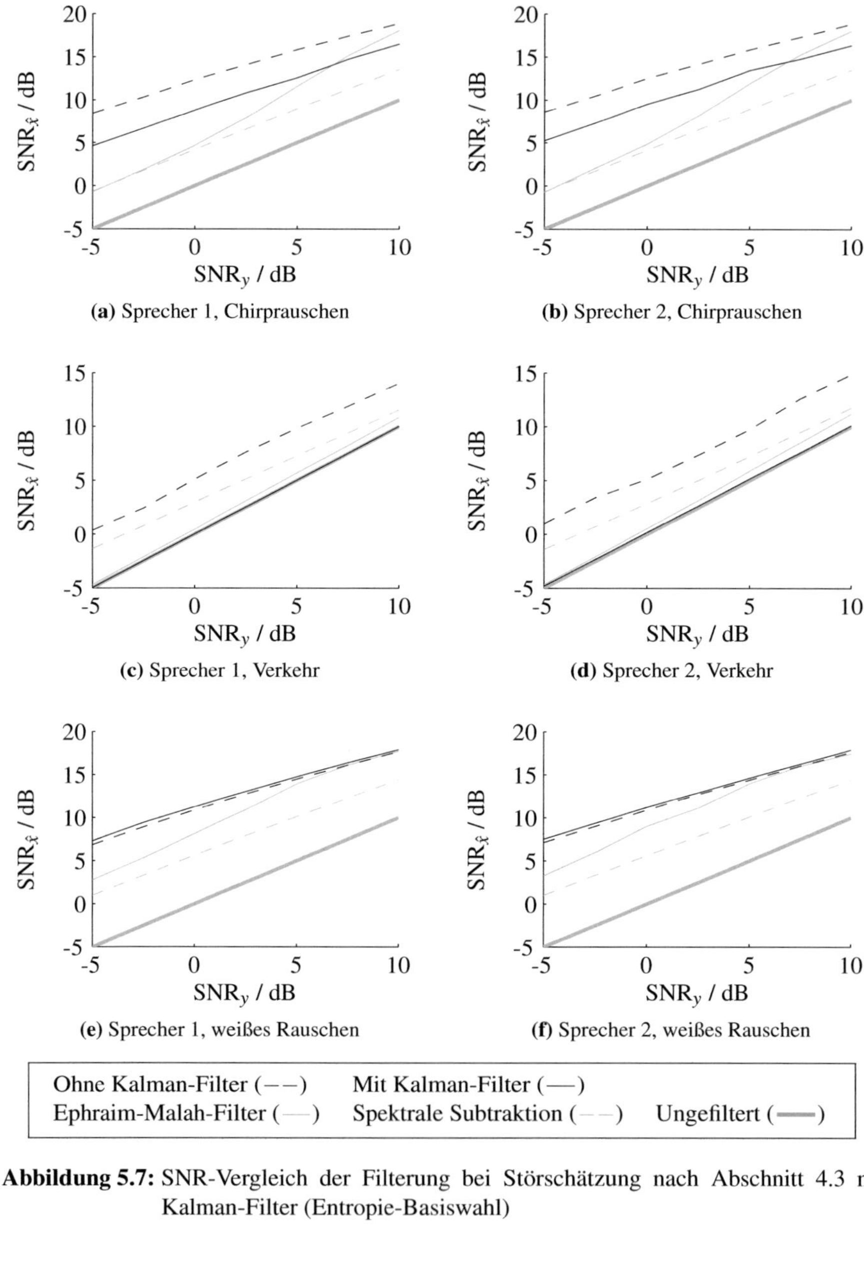

Abbildung 5.7: SNR-Vergleich der Filterung bei Störschätzung nach Abschnitt 4.3 mit Kalman-Filter (Entropie-Basiswahl)

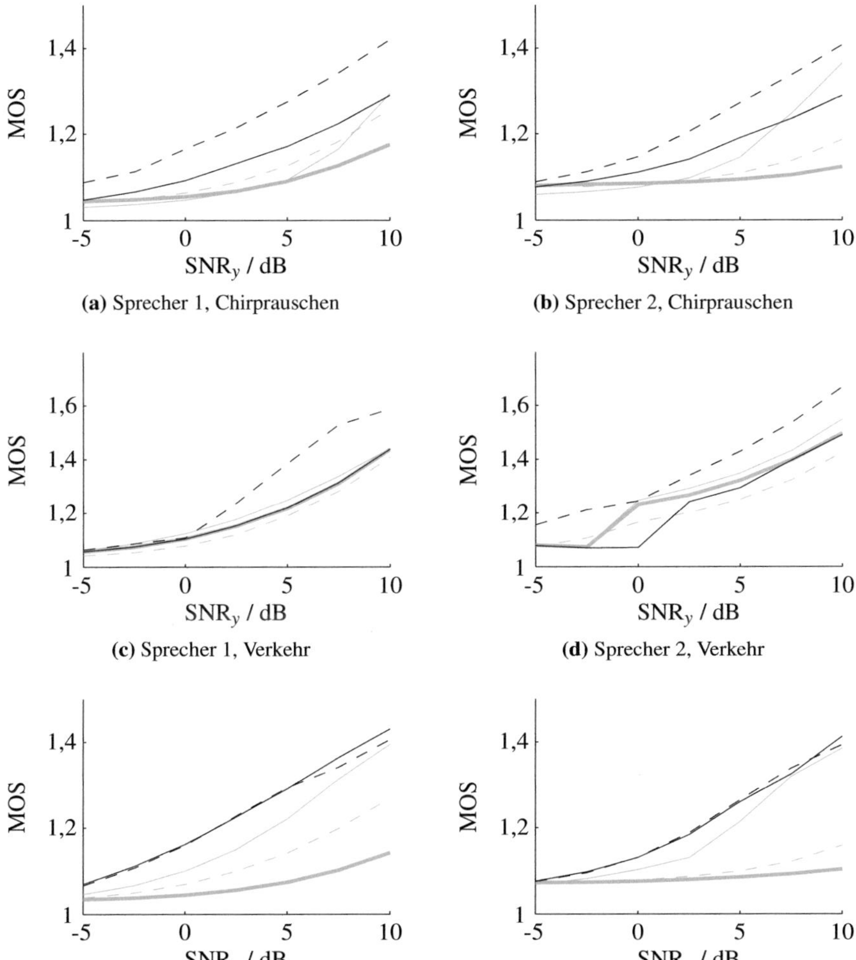

(a) Sprecher 1, Chirprauschen

(b) Sprecher 2, Chirprauschen

(c) Sprecher 1, Verkehr

(d) Sprecher 2, Verkehr

(e) Sprecher 1, weißes Rauschen

(f) Sprecher 2, weißes Rauschen

Ohne Kalman-Filter (– –) Mit Kalman-Filter (—)
Ephraim-Malah-Filter (—) Spektrale Subtraktion (– –) Ungefiltert (—)

Abbildung 5.8: MOS-Vergleich der Filterung bei Störschätzung nach Abschnitt 4.3 mit Kalman-Filter (Entropie-Basiswahl)

Man erkennt, dass die Detektion gut funktioniert. Dennoch führen kleine Fehler in der Sprachdetektion zu einer deutlichen Verfälschung der geschätzten Störung. Dies ist beispielsweise bei 2 und bei 2,75 Sekunden in Abbildung 5.9b am Beispiel des Chirprauschens zu sehen. Da das Kalman-Filter so eingestellt ist, dass es sich in detektierten Sprechpausen fast ausschließlich auf das gestörte Signal als Störschätzung verlässt, führt eine kurzzeitige Fehldetektion sofort zu deutlichen Verfälschungen der Schätzung durch die Sprache. Dies wirkt sich zudem auf alle Frequenzbänder aus, da diese durch das Störmodell miteinander gekoppelt sind. Des Weiteren ist die Störschätzung mittels des Glättungsverfahrens bereits so effektiv, dass eine deutliche Verbesserung wohl auch bei einer robusteren Einstellung des Kalman-Filters nicht zu erzielen ist. Der Einsatz des Kalman-Filters zur Sprachsignalfilterung kann daher im Allgemeinen nicht empfohlen werden. Lediglich für eine Störung, die sich zu schnell für den Schätzalgorithmus durch Glättung verändert und für die ein genaues Modell des Störspektrums sowie der zeitlichen Veränderung entworfen werden kann, ist der Einsatz des Kalman-Filters sinnvoll. Des Weiteren wäre es denkbar, dass sich dieser Ansatz bei anderen Anwendungen als der Sprachsignalfilterung als nützlich erweist.

5.2 Periodische Störungen

Zur Evaluation der Verfahren für periodische Störungen werden zwei Störungen verwendet: eine Chirpreihe und der Lärm eines Motors. Für die Chirpreihe wird zunächst ein Chirpsignal erzeugt, dessen Frequenz innerhalb von $2^{13} \cdot \frac{3}{4} = 6144$ Abtastwerten (entspricht ca. 384 ms) von null auf 1600 Hz anwächst. Dieses Chirpsignal wurde periodisch alle $T = 2^{13}$ Abtastwerte wiederholt, wobei es jeweils zufällig verschoben wurde. Die Verschiebungen besitzen eine mittelwertfreie Normalverteilung mit einer Standardabweichung von 5 % der Periodenlänge T. Der Motorenlärm wurde von einer Maschine mit nahezu konstanter Drehzahl aufgenommen. Die Periodenlänge wurde über eine Autokorrelationsfunktion (AKF) geschätzt und beträgt $T = 1981$ Abtastwerte, was 124 ms entspricht. Die Zeit-Frequenz-Energieverteilung dieser Störung wurde bereits in Abbildung 4.19 dargestellt.

Es werden drei eigene Verfahren miteinander und mit den Referenzverfahren verglichen. Dies sind:

1. PWP-Korr: Schätzung der Störung mittels PWP (Period Wavelet Packets), periodenkorrigierter Faltung und adaptiver Mittelung

2. PWP-Rand-Mittelung: Schätzung der Störung mittels PWP (Period Wavelet Packets), separaten Randkoeffizienten und adaptiver Mittelung

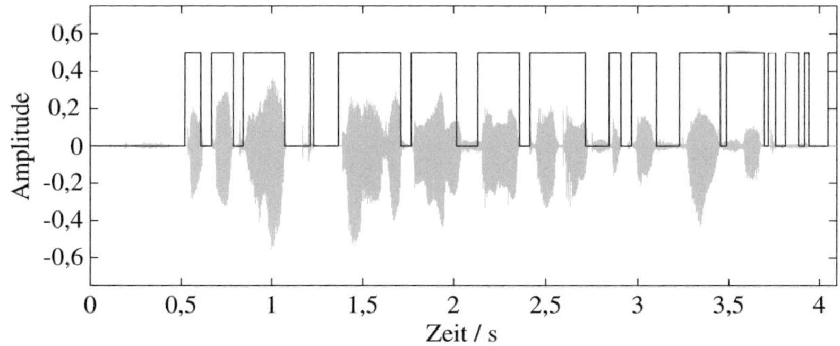

(a) Sprachwahrscheinlichkeit im Zeitbereich; schwarz: Sprachwahrscheinlichkeit, grau: reines Sprachsignal

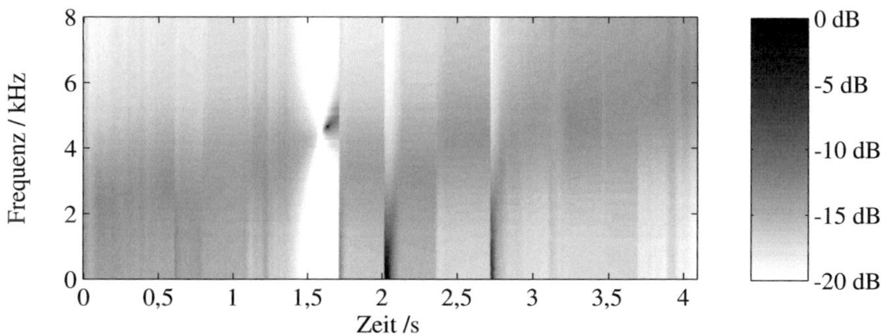

(b) Geschätzte Störung in der Zeit-Frequenz-Ebene

Abbildung 5.9: Störschätzung durch Kalman-Filterung bei nicht-idealer Sprachdetektion

3. PWP-Rand-Max: Schätzung der Störung mittels PWP (Period Wavelet Packets), separaten Randkoeffizienten und adaptiver Maximumbildung

Für die adaptive Mittelung bzw. Maximumbildung werden $N_{\text{Analysis}} = 20$ Perioden des Störsignals zur Störschätzung verwendet. Es muss noch ein Verstärkungsfaktor α_{th} zur Schwellwertwahl gewählt werden. In den Experimenten mit den oben genannten Filterverfahren fiel auf, dass mit einem einzigen Faktor α_{th} nicht für hohes wie für niedriges SNR gute Ergebnisse erzielt werden können. Bei einer Wahl von $\alpha_{\text{th}} = 1$ für die Verfahren PWP-Korr und PWP-Rand-Mittelung bzw. $\alpha_{\text{th}} = 0,5$ für PWP-Rand-Max werden gute Ergebnisse für nieriges SNR erreicht, wie in Abbildung 5.10 zu sehen ist. Man erkennt, dass zwar die Störung bei niedrigem SNR gut entfernt wird, jedoch wird bei hohem SNR auch viel von den Sprachanteilen

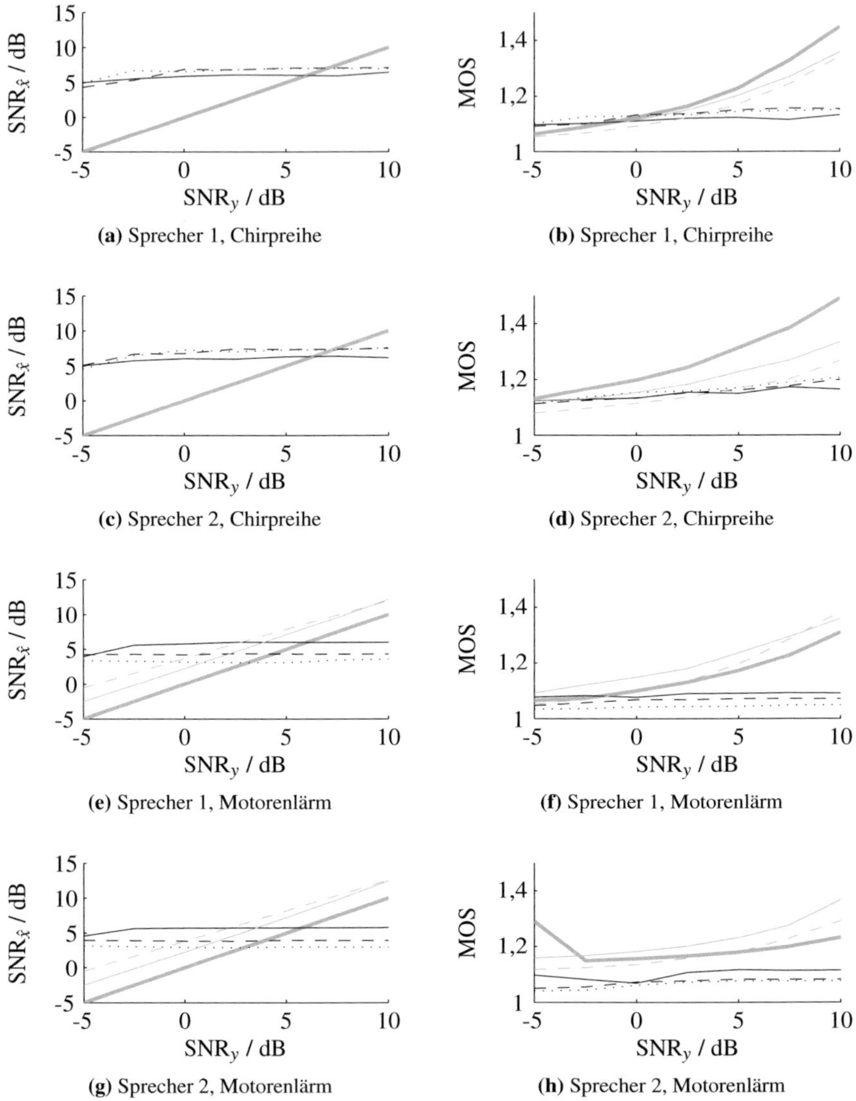

(a) Sprecher 1, Chirpreihe
(b) Sprecher 1, Chirpreihe
(c) Sprecher 2, Chirpreihe
(d) Sprecher 2, Chirpreihe
(e) Sprecher 1, Motorenlärm
(f) Sprecher 1, Motorenlärm
(g) Sprecher 2, Motorenlärm
(h) Sprecher 2, Motorenlärm

PWP-Korr (···) PWP-Rand-Mittelung (– –) PWP-Rand-Max (—)
Ephraim-Malah-Filter (—) Spektrale Subtraktion (– –) Ungefiltert (—)

Abbildung 5.10: Vergleich bei periodischen Störungen, Schwellwert hoch verfälscht, was das gefilterte SNR wie den MOS negativ beeinflusst. Wird dagegen der Schwellwert vergleichsweise niedrig gesetzt, so erhält man die Ergebnisse in Abbildung 5.11. Die Filterung verändert das gestörte Sprachsignal bei niedrigem SNR nur unwesentlich, jedoch wird bei hohem SNR ein sehr viel besseres SNR und MOS erzielt.

Ein Kompromiss lässt sich finden, indem die Schwellwertverstärkung α_{th} anhand des SNR adaptiert wird. Für SNR$\to -\infty$ soll α_{th} gegen ∞ gehen. Für SNR$\to +\infty$ strebe α_{th} gegen null. Aus diesem Grund wird eine exponentielle Anpassung angesetzt:

$$\alpha_{\text{th}} = \exp\left(-\frac{\text{SNR} - A}{B}\right) \quad . \tag{5.2}$$

Um die zwei Parameter A und B zu bestimmen, müssen zwei Referenzpunkte $(\text{SNR},\alpha_{\text{th}})_1$ und $(\text{SNR},\alpha_{\text{th}})_2$ festgelegt werden. Dazu werden jeweils die beiden zuvor eingestellten Schwellwertverstärkungen bei einem SNR von -5 und 10 dB gewählt. Das tatsächliche SNR steht zur Auswertung der Funktion (5.2) nicht zur Verfügung, kann allerdings durch Verwendung der Energie $E_{\hat{d}}$ der geschätzten Störung durch

$$\widehat{\text{SNR}} = 10 \cdot \log\left(\frac{E_y - E_{\hat{d}}}{E_{\hat{d}}}\right)$$

angenähert werden. Dieses Prinzip wurde auf die Verfahren PWP-Rand-Mittelung und PWP-Rand-Max angewandt. Man erhält damit schließlich die Ergebnisse in Abbildung 5.12, die durchgehend bessere Ergebnisse bezüglich des SNR als die Referenzverfahren zeigen. Die Verbesserung bezüglich des MOS kann nur für SNR_y größer null bzw. größer 5 belegt werden. Dies liegt daran, dass die Störenergie, insbesondere bei der Chirpreihe, sehr kompakt in der Zeit-Frequenz-Ebene lokalisiert ist. Das lokale SNR der betreffenden Koeffizienten ist daher sehr niedrig. Eine Filterung kann die Sprachqualität dieser Koeffizienten nicht verbessern, da durch Filterung die Sprache in diesen Koeffizienten ebenfalls entfernt wird, was zwar zu einer Verbesserung des SNR, nicht aber des MOS führt.

5.3 Impulsartige Störungen

Auch für impulsartige Störungen werden zwei Beispiele betrachtet. Zum einen wird eine Sequenz idealer Impulsstörer per Computer erzeugt, die dem zeitinvarianten Modell in Abschnitt 4.5.1 entsprechen. Die Impulse besitzen dabei eine gleichverteilte Länge mit einem Mittelwert von 1000 Abtastwerten (entspricht 62,5 ms) und einer Standardabweichung von 500 Abtastwerten. Die Abstände zwischen den Einschaltzeitpunkten sind exponentialverteilt [JW00] mit $\lambda = 10^4$. Die spektrale Fär-

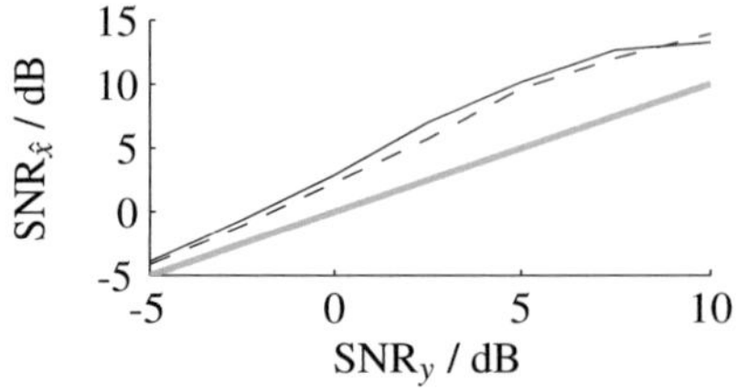

(a) Sprecher 1, Chirpreihe

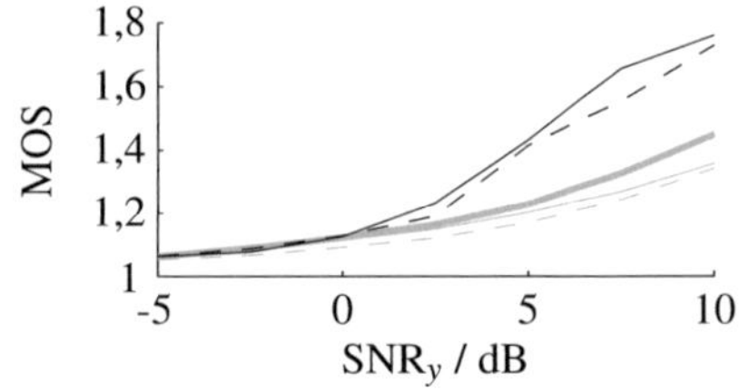

(b) Sprecher 1, Chirpreihe

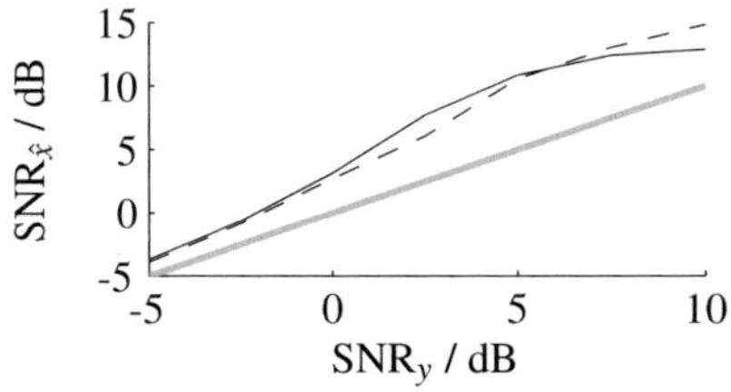

(c) Sprecher 2, Chirpreihe

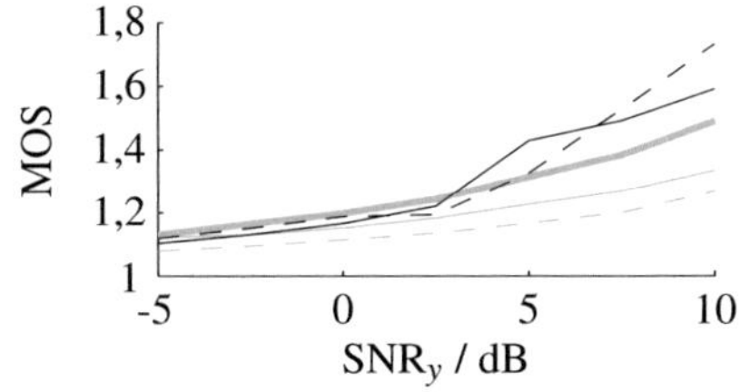

(d) Sprecher 2, Chirpreihe

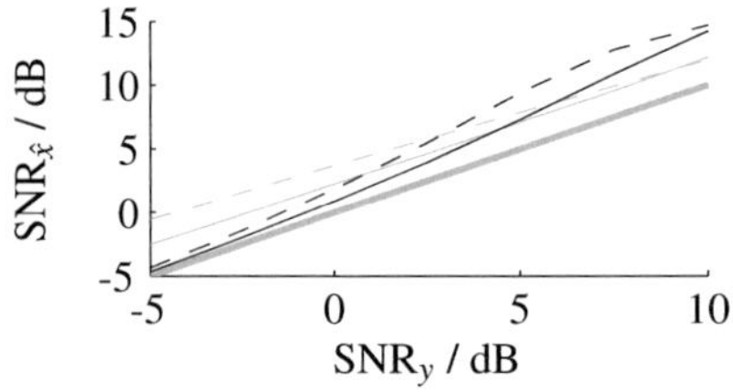

(e) Sprecher 1, Motorenlärm

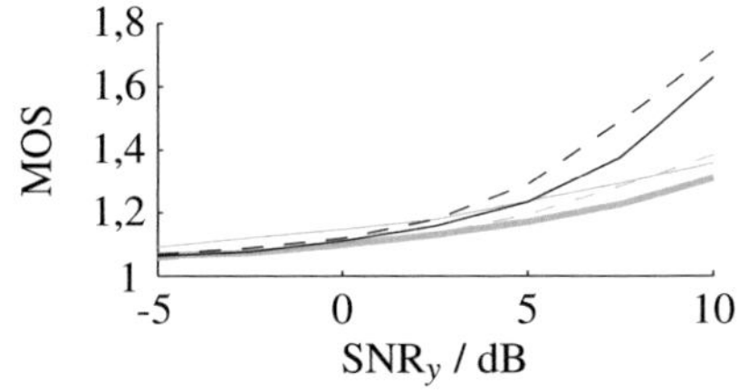

(f) Sprecher 1, Motorenlärm

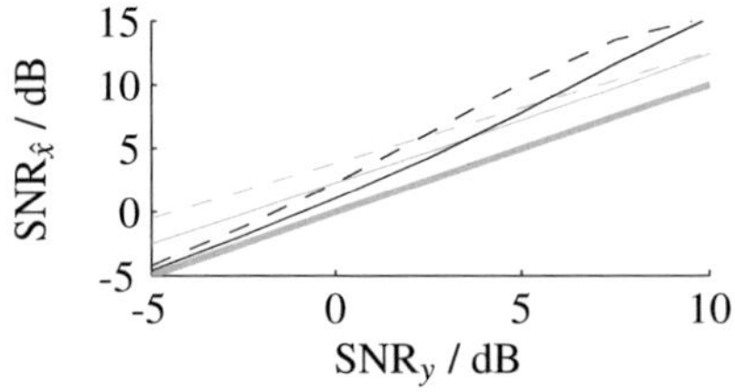

(g) Sprecher 2, Motorenlärm

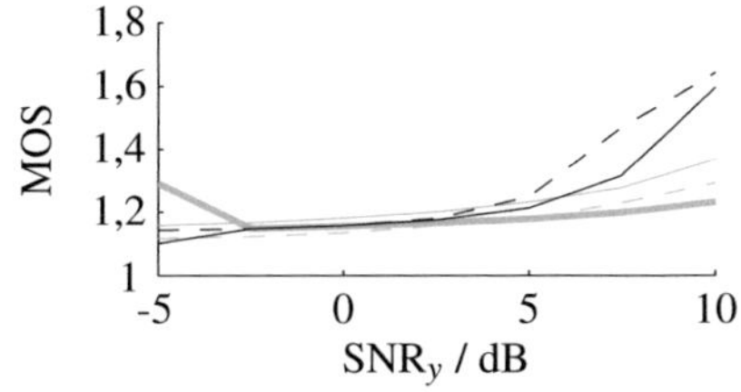

(h) Sprecher 2, Motorenlärm

PWP-Rand-Mittelung (– –) PWP-Rand-Max (—)
Ephraim-Malah-Filter (—) Spektrale Subtraktion (– –) Ungefiltert (—)

Abbildung 5.11: Vergleich bei periodischen Störungen, Schwellwert niedrig

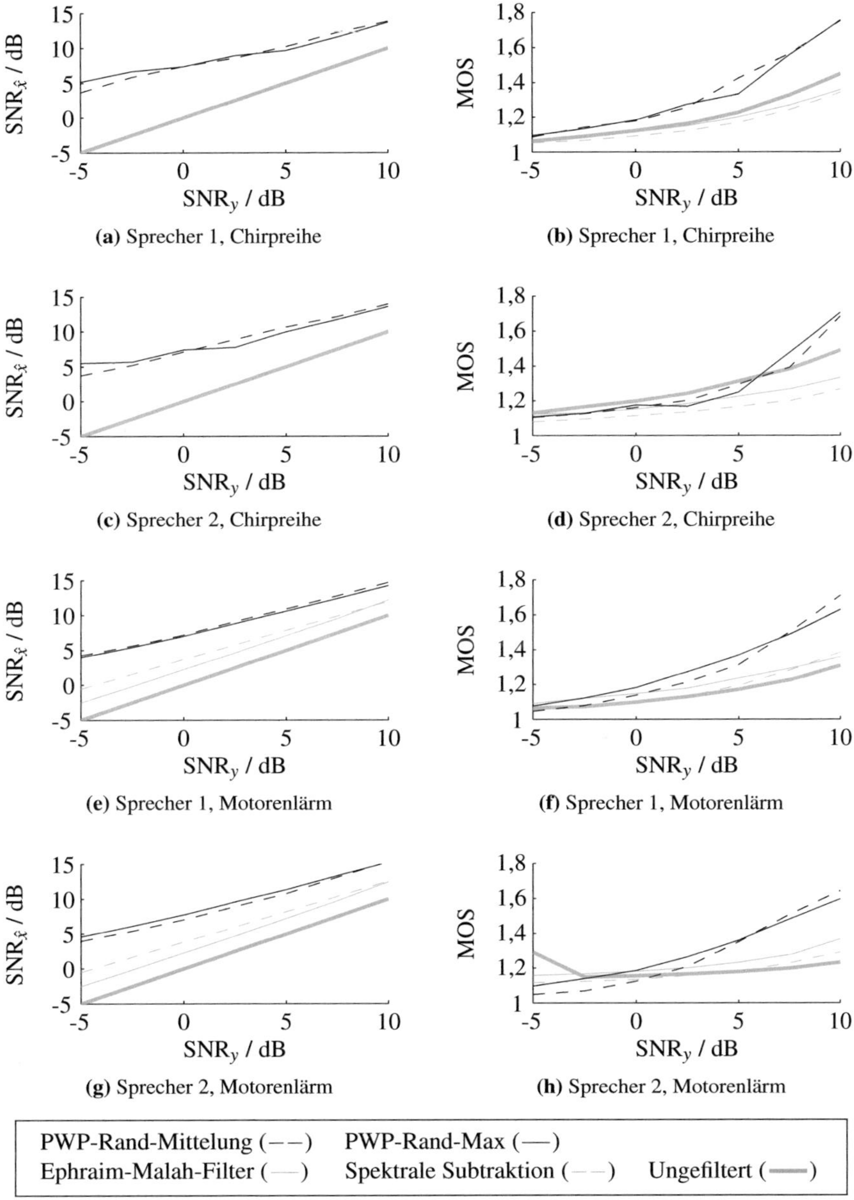

(a) Sprecher 1, Chirpreihe
(b) Sprecher 1, Chirpreihe
(c) Sprecher 2, Chirpreihe
(d) Sprecher 2, Chirpreihe
(e) Sprecher 1, Motorenlärm
(f) Sprecher 1, Motorenlärm
(g) Sprecher 2, Motorenlärm
(h) Sprecher 2, Motorenlärm

Abbildung 5.12: Vergleich bei periodischen Störungen, adaptiver Schwellwert bung wird in diesem Fall als weiß angenommen, um diese Störung von der zweiten zu unterscheiden.

Für die zweite Störung wird eine Reihe von Impulsen erzeugt, indem mit den Händen verschieden stark geklatscht wird. Die einzelnen Impulse werden zufällig angeordnet, wobei der Abstand der Auftretenszeitpunkte wieder exponentialverteilt mit $\lambda = 10^4$ ist. Da für beide Störarten aufgrund der zufälligen Auftretenszeitpunkte die Anzahl der Impulse pro Versuch nicht konstant ist, wird die Störenergie auf die Anzahl N_{imp} der Impulse normiert:

$$\text{SNR}_y = 10 \cdot \log \left(\frac{E_x}{E_d / N_{\text{imp}}} \right) \quad .$$

Aufgrund dieser veränderten Berechnung wird im Gegensatz zu den vorherigen Simulationen ein SNR-Bereich von 0 bis 15 dB betrachtet.

Es wird die Detektion mittels Signaleigenschaften (zeitinvariantes Modell) sowie die Detektion über Template Matching (zeitvariantes Modell) anhand beider Störungen evaluiert. Von den bisherigen Referenzverfahren ist nicht zu erwarten, dass sie für impulsartige Störungen gute Ergebnisse liefern. Die verwendete Spektrale Subtraktion arbeitet stationär, während das Ephraim-Malah-Filter voraussetzt, dass die Sprache dynamischer ist als die Störung. Daher wurde zusätzlich ein Median-Filter implementiert. Das Median-Filter ist aus der Bildverarbeitung bekannt. Es weist einem gefilterten Signal den Median des gestörten Signals in einer gewissen Umgebung des betrachteten Orts (bzw. Zeitpunktes) zu. Impulse können damit gut entfernt werden, wenn diese hinreichend kurz sind. Bei Sprachsignalen ist ein Impuls allerdings nicht ideal, sondern besitzt eine zeitliche Ausdehnung. Der weitere Nachteil ist, dass das Median-Filter das Sprachsignal im gesamten Zeitbereich beeinflusst, während die in Abschnitt 4.5.1 entwickelten Methoden die Impulse detektieren und gezielt entfernen. Dennoch gibt es den Ansatz der Median-Filterung auch in der Sprachsignalfilterung. Zum Vergleich mit den in dieser Arbeit entwickelten Methoden wurde das Verfahren in [Non08] an Wavelet Packets angepasst. Die Fensterlänge w_0 des Median-Filters im Zeitbereich wurde zu 100 ms gewählt. Die Fensterlänge in einem Frequenzband der Ebene k wurde durch

$$w_k = \frac{w_0}{2^k}$$

angepasst. Die Schwellwertverstärkungen wurden für das zeitinvariante Modell zu $\alpha_{\text{th}} = 0{,}3$ und für das zeitvariante Modell zu $\alpha_{\text{th}} = 0{,}25$ gewählt. Es ergeben sich damit die Ergebnisse in Abbildung 5.13. Im Fall der weißen, idealen Impulsstörer ist die Filterung basierend auf dem zeitinvarianten Signalmodell von allen anderen Verfahren unerreicht. Die Klatschgeräusche sollten eigentlich eher zum zeitvarianten Modell passen. Überraschend ist daher, dass bei Betrachtung der Abbildungen 5.13(e) bis (h) das zeitinvariante Signalmodell bessere Ergebnisse liefert.

Bezüglich des SNR ist sogar das Median-Filter besser als das zeitvariante Modell. Für hohes SNR_y erzielt das Median-Filter außerdem gleich gute Ergebnisse wie das zeitinvariante Modell. Jedoch trifft dies nur bei Betrachtung des SNR zu. Bezüglich des MOS ist das Median-Filter immer schlechter als beide in Abschnitt 4.5 entwickelten Filterverfahren. Dies rührt unter anderem daher, dass das Median-Filter zu jedem Zeitpunkt das Signal filtert, auch wenn kein Störimpuls im Signal enthalten ist.

5.4 Redundante Synthese bei nichtstationärem Hintergrundrauschen

Durch die Erweiterung der Störschätzung für nichtstationäres Hintergrundrauschen auf den kompletten Wavelet-Packet-Baum in Abschnitt 4.3.3 ist das Verfahren der Redundanten Synthese für diese Störerklasse anwendbar. Dazu soll zunächst an einigen Beispielen die Wahl des Parameters a betrachtet werden, der an der Berechnung der Gewichte in den Gleichungen (3.26) und (3.30) beteiligt ist. Dazu wurde das Sprachsignal awed5010 (Sprecher 1) verwendet und bei verschiedenen SNR Stufen mit zwei unterschiedlichen Störungen überlagert. Das SNR und der MOS des gefilterten Signals sind über dem Faktor a in Abbildung 5.14 aufgetragen. Man erkennt für alle Beispiele, dass das SNR für $a = 0$ minimal ist. Dies entspricht einer gleichen Gewichtung aller Koeffizienten unabhängig von der geschätzten Güte R_m. Für $a > 10$ befindet sich das SNR näherungsweise auf einem konstanten Niveau. Der MOS dagegen lässt einen Abwärtstrend für anwachsendes a erkennen. Der Faktor a wird daher in den folgenden Simulationen auf 15 gesetzt.

Das Verfahren der Redundanten Synthese wird nun mit der Entropie-Basiswahl aus Abschnitt 5.1 verglichen. Dazu werden die gleichen Störungen und Einstellungen wie zuvor verwendet. Die Ergebnisse sind in den Abbildungen 5.15 und 5.16 dargestellt. Bezüglich des SNR lassen sich nur geringfügige Verbesserungen erzielen. Die Betrachtung des MOS zeigt jedoch in allen außer zwei Fällen eine deutliche Verbesserung. In diesen beiden Fällen ist die Filterung mittels Redundante Synthese gleich gut wie die Filterung per Basiswahl.

Aufschlussreich ist auch eine Hörprobe des gefilterten Signals. Alle Filterverfahren, die in irgendeiner Weise die Störung subtrahieren (Spektrale Subtraktion aber auch Wavelet-Schwellwertfilterung), erzeugen sogenanntes Musical Noise. Durch die stochastische Natur des Rauschens werden einzelne gestörte Koeffizienten größer sein als der zu subtrahierende Wert (bzw. Schwellwert). Bei einer Filterung basierend auf einer Zeit-Frequenz-Darstellung erzeugt dies einen Ton, der nur für kurze Zeit präsent ist. Alle solche Töne gemeinsam bilden das Musical Noise, das als besonders unangenehm empfunden wird. Das Verfahren der Redundanten Synthese mindert Muscial Noise nun deutlich, da ein gefilterter Wert sich aus der gemittelten Information mehrerer Wavelet-Koeffizienten ergibt, von denen nur ein Teil mit Musical Noise behaftet ist.

5.5 Zusammenfassende Bewertung

Die Verwendung Analytischer Wavelet Packets konnte die Filterung entscheidend verbessern. Der Einsatz von Entropie- oder MSE-Basiswahl hatte dagegen keinen bedeutenden Einfluss. Dies liegt teilweise an der Breitbandigkeit der verwendeten Störungen. Zum anderen zeigte bereits die Evaluation in Abschnitt 3.2.4, dass sich die Ergebnisse beider Basiswahlverfahren im Mittel über mehrere Realisierungen nicht wesentlich unterscheiden, obwohl die MSE-Basiswahl robuster gegen eine konkrete ungünstige Realisierung des Rauschprozesses ist. Das Kalman-Filter zur verbesserten Störschätzung bei nichtstationärem Hintergrundrauschen führte zu keiner Verbesserung, sondern in manchen Fällen zu einer Verschlechterung. Dies liegt zum einen daran, dass die Bestimmung der Sprachwahrscheinlichkeit noch nicht hinreichend genau funktioniert, zum anderen ist die Schätzung über das Glättungsverfahren für die verwendeten Störungen bereits sehr gut.

Die Filterung mittels Analytischer Wavelet Packets ohne Kalman-Filter zeigte sich den Referenzverfahren bei nichtstationärem Hintergrundrauschen überlegen. Lediglich für hohes SNR bei weißem Rauschen und Chirprauschen erzielte das Ephraim-Malah-Filter vergleichbare Resultate wie die AWP-Filterung. Bei periodischen Störungen waren die Gewinne der AWP-Filterung in allen Fällen und SNR-Bereichen deutlich größer als die der Referenzverfahren. Bei impulsartigen Störungen erwies sich die Filterung nach dem zeitinvarianten Signalmodell für „weiße“ Impulse immer besser als die Filterung nach dem zeitvarianten Signalmodell oder mittels Median-Filterung. Das Ephraim-Malah-Filter und Spektrale Subtrakion versagten völlig. Bezüglich des SNRs erreichte die Median-Filterung im Falle von Klatschgeräuschen und geringer Störenergie vergleichbare Ergebnisse wie die AWP-Filterung. Jedoch offenbarte der MOS-Wert, dass die Sprachverständlichkeit bei der Median-Filterung stärker leidet.

Das Verfahren der Redundanten Synthese erzielte schließlich vergleichbare Ergebnisse bezüglich des SNR wie die Entropie-Basiswahl. Jedoch konnte der MOS-Wert je nach Sprach- und Störsignal moderat bis deutlich verbessert werden. Hörproben ergaben insbesondere eine Reduzierung des Musical Noise. Somit stellt dieses Verfahren die beste erreichte Filterung dar.

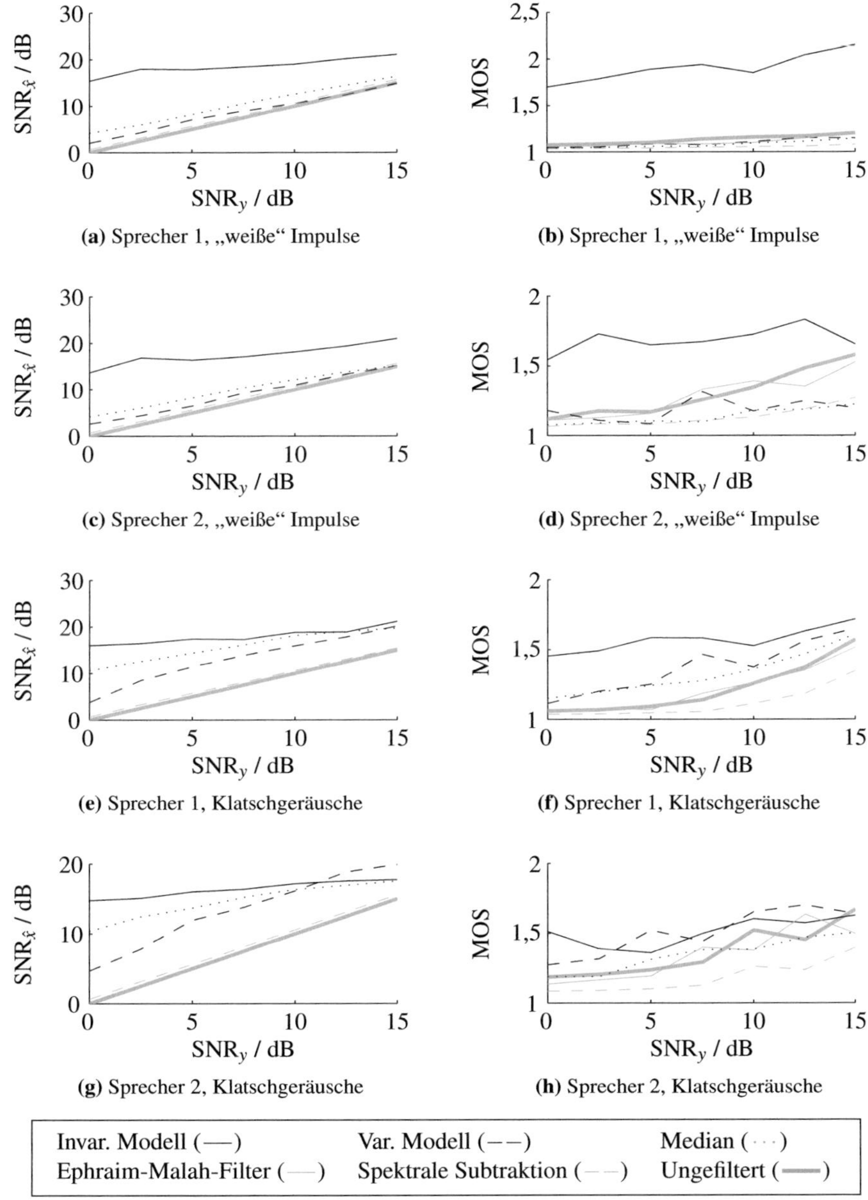

(a) Sprecher 1, „weiße" Impulse

(b) Sprecher 1, „weiße" Impulse

(c) Sprecher 2, „weiße" Impulse

(d) Sprecher 2, „weiße" Impulse

(e) Sprecher 1, Klatschgeräusche

(f) Sprecher 1, Klatschgeräusche

(g) Sprecher 2, Klatschgeräusche

(h) Sprecher 2, Klatschgeräusche

Abbildung 5.13: Vergleich der Filterung bei impulsartigen Störungen

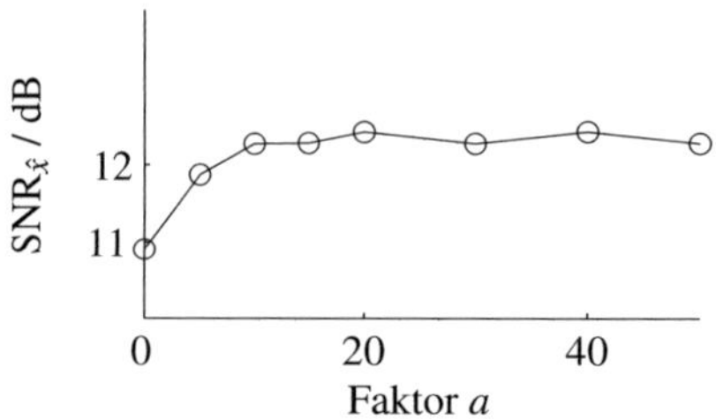

(a) Chirprauschen, $\mathrm{SNR}_y = 0$ dB

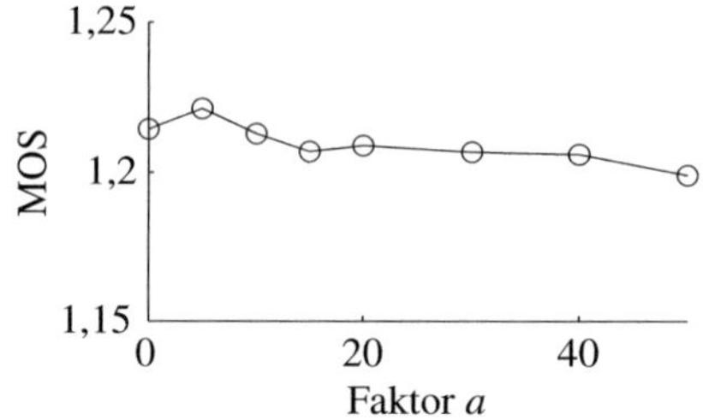

(b) Chirprauschen, $\mathrm{SNR}_y = 0$ dB

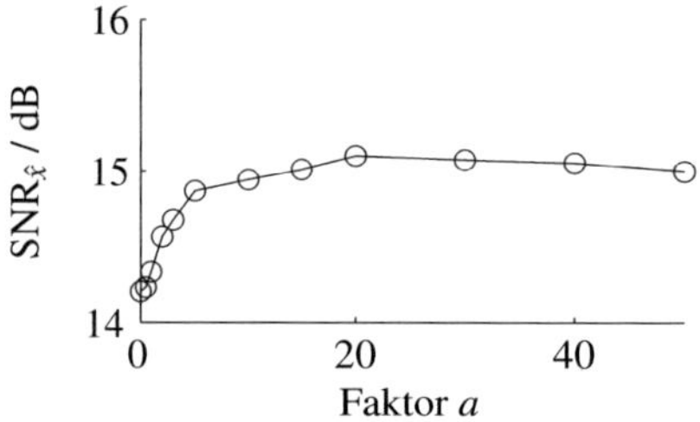

(c) Chirprauschen, $\mathrm{SNR}_y = 5$ dB

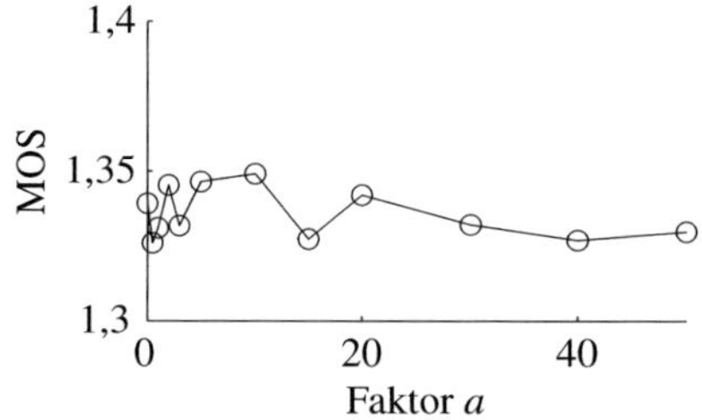

(d) Chirprauschen, $\mathrm{SNR}_y = 5$ dB

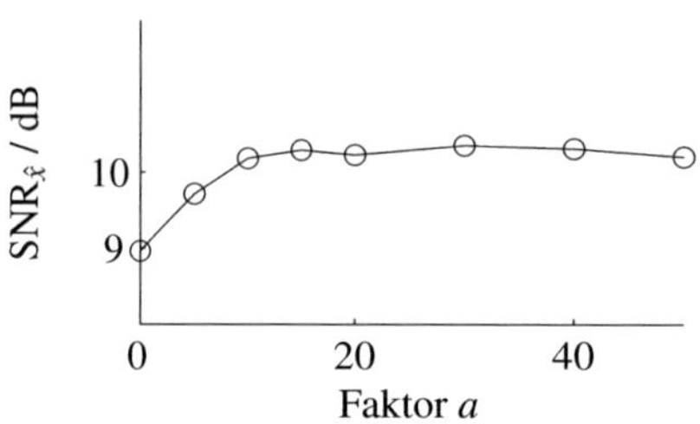

(e) Weißes Rauschen, $\mathrm{SNR}_y = 0$ dB

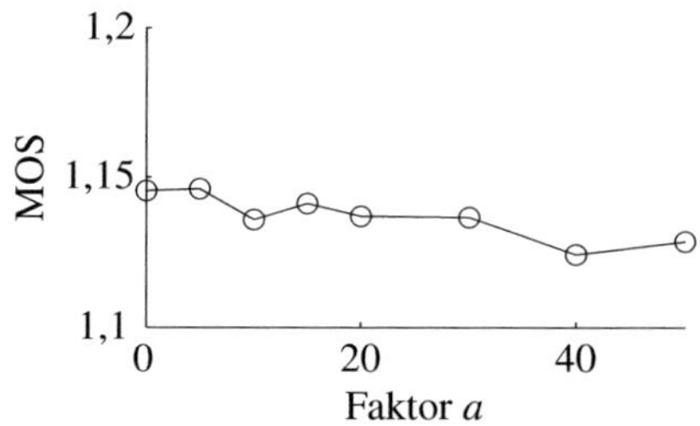

(f) Weißes Rauschen, $\mathrm{SNR}_y = 0$ dB

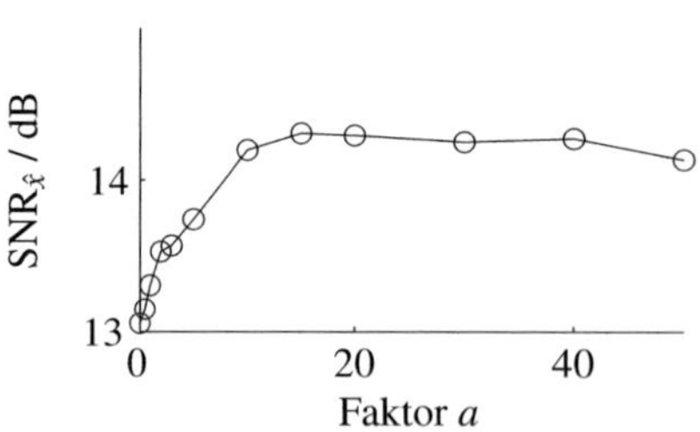

(g) Weißes Rauschen, $\mathrm{SNR}_y = 5$ dB

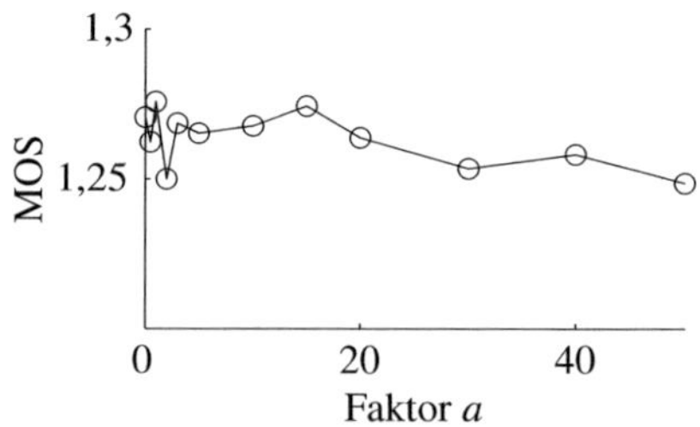

(h) Weißes Rauschen, $\mathrm{SNR}_y = 5$ dB

Abbildung 5.14: Filterung mittels Redundanter Synthese bei Variation des Parameters a

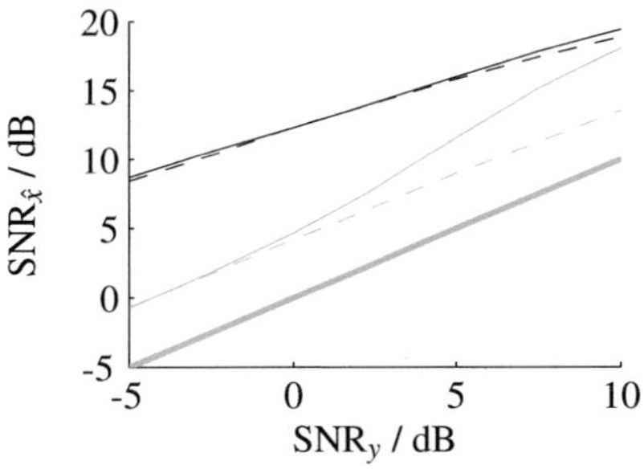

(a) Sprecher 1, Chirprauschen

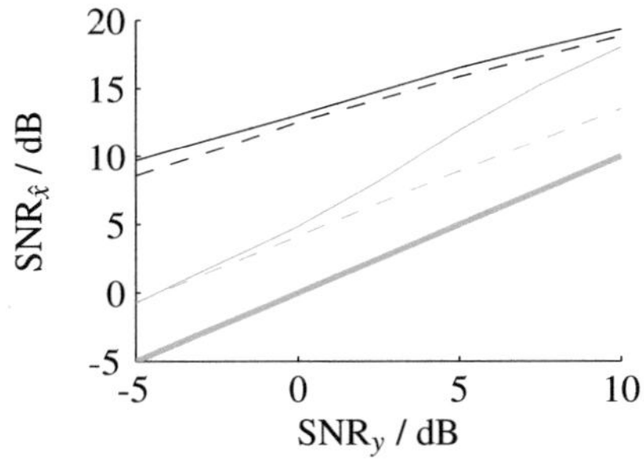

(b) Sprecher 2, Chirprauschen

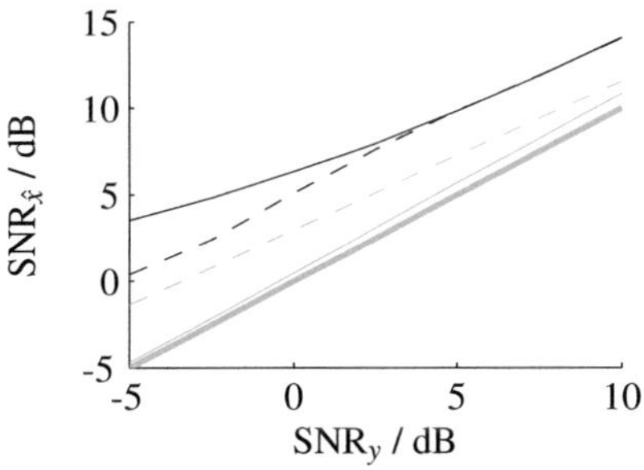

(c) Sprecher 1, Verkehr

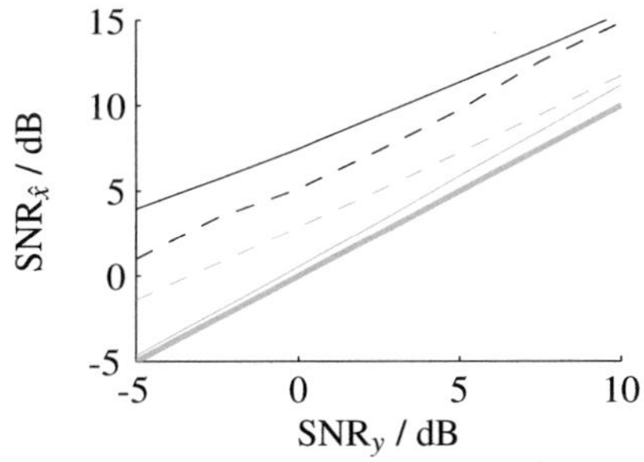

(d) Sprecher 2, Verkehr

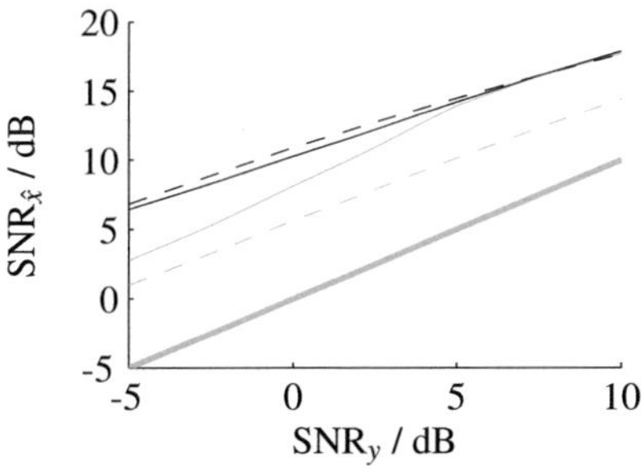

(e) Sprecher 1, weißes Rauschen

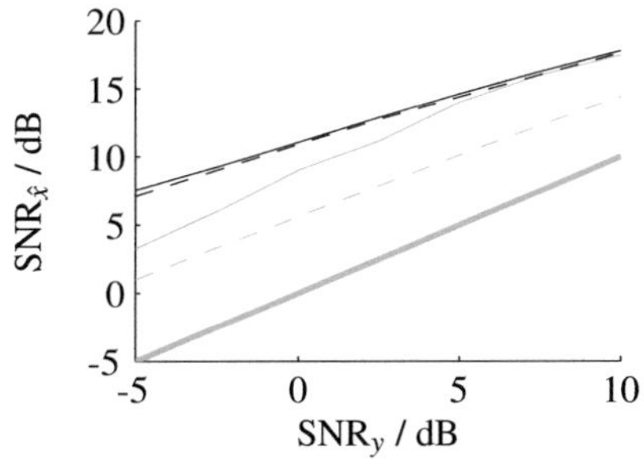

(f) Sprecher 2, weißes Rauschen

Redundante Synthese (—) Entropie-Basiswahl (– –)
Ephraim-Malah-Filter (—) Spektrale Subtraktion (– –) Ungefiltert (—)

Abbildung 5.15: SNR-Vergleich der Filterung mittels Redundanter Synthese

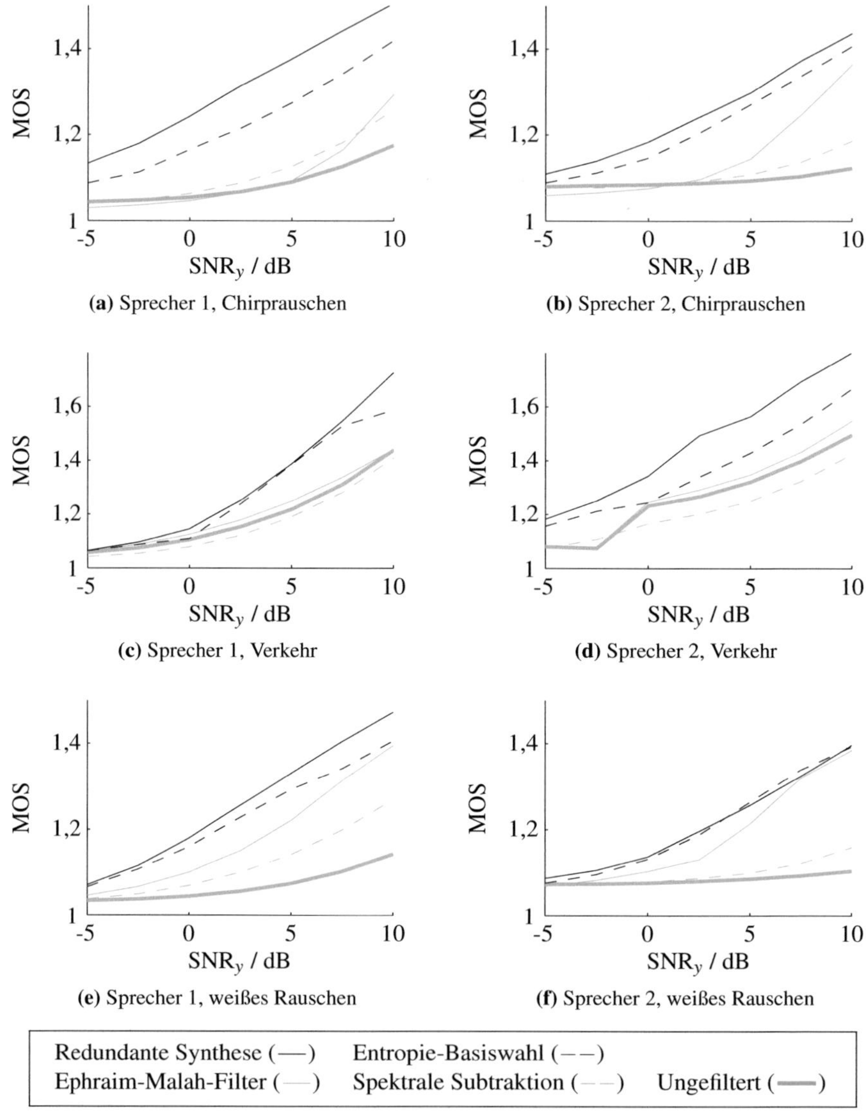

Abbildung 5.16: MOS-Vergleich der Filterung mittels Redundanter Synthese

6 Zusammenfassung

Die verbale Kommunikation über digitale Kanäle hat in den vergangenen Jahren rasanten Einzug in den menschlichen Alltag gehalten. Ob Mobiltelefone, automatische Informationssysteme oder Hörgeräte: Die digitale Verarbeitung und Übertragung von Sprache trägt in vielen Lebensbereichen zur Erhöhung der Lebensqualität bei. Damit steigen auch die Anforderungen an die Sprachqualität im Hinblick auf eine verbesserte Verständlichkeit und automatische Erkennung. Die Nichtstationarität von Sprache und Störungen stellt dabei eine besondere Herausforderung bei der Sprachsignalfilterung dar. Hierauf zielt der Einsatz von Zeit-Frequenz-Darstellungen ab.

Die Filterung nichtstationärer Signale und Störungen ist allerdings nicht nur in der Sprachverarbeitung von Interesse, sondern findet sich in vielen Anwendungen aus allen Bereichen der Signalverarbeitung wieder. Daher war es das Ziel dieser Arbeit, sowohl die Filterung allgemeiner Signale durch eine erweiterte Wavelet-Packet-Darstellung zu verbessern, als auch Störschätzer für die Sprachsignalfilterung zu entwickeln, um die neuartige Wavelet-Packet-Filterung wirksam einsetzen zu können.

Analytische Wavelet Packets

Für eine effektive Entfernung nichtstationärer Störungen bei gleichzeitig möglichst geringer Beeinflussung des Nutzsignals ist eine Schätzung der Störenergieverteilung in der Zeit-Frequenz-Ebene unerlässlich. Diese wird allerdings durch zwei gravierende Nachteile reeller Wavelet Packets erschwert: Ihre Verschiebungsvarianz sowie die Oszillationen der Wavelet-Packet-Basisfunktionen. Eine Möglichkeit zur Umgehung der Verschiebungsvarianz ist die Undecimated Wavelet Transform. Allerdings verdoppelt diese bei der Analyse mit jeder Stufe die Anzahl der Koeffizienten. Des Weiteren bleibt das Problem der oszillierenden Koeffizientenverläufe ungelöst. Aus diesen Gründen stellt sie keinen gangbaren Weg dar. Dagegen erreicht die Dual-Tree Complex Wavelet Transform (DTCWT) durch näherungsweise analytische Wavelets eine Lösung beider Probleme. Die Erweiterung der DT-CWT zu Analytischen Wavelet Packets ist allerdings nicht durch einfache Aufspaltung aller Frequenzbänder zu einem vollständigen Wavelet-Packet-Baum möglich. Hierzu wurde ein Vertauschungsschema der Filter zwischen reellem und imaginärem Baum entwickelt, durch das man analytische Basisfunktionen der Wavelet Packets erhält. Die stochastischen Eigenschaften der komplexen Wavelet-Packet-

Koeffizienten zur Filterung wurden in Abschnitt 3.1.5 untersucht. Es zeigte sich, dass der Filterschwellwert bei Verwendung Analytischer Wavelet Packets bei gleicher Rauschunterdrückung niedriger gesetzt werden kann. Dies führt zu einer verminderten Signalverzerrung. Mehrere Beispiele demonstrierten die erzielten Verbesserungen anhand der Verschiebungsinvarianz, Sprachdetektion sowie Filterung künstlich erzeugter Signale und Sprache.

Basiswahl unter Störeinfluss

Herkömmliche Verfahren der Filterung mittels Wavelet Packets setzen weißes, nichtstationäres Rauschen voraus. Dieses beeinflusst die Basiswahl mittels des Entropie-Kriteriums im Mittel nur unwesentlich. Für farbiges oder nichtstationäres Rauschen gilt dies allerdings nicht. Daher wurde in Abschnitt 3.2 der mittlere, quadratische Fehler (MSE) anstelle der Entropie als zu minimierendes Gütemaß bei der Basiswahl verwendet. Da der wahre MSE in realen Anwendungen nicht berechenbar ist, wurde zunächst ein allgemeiner Ansatz zur MSE-Schätzung vorgestellt und auf die bei der Filterung eingesetzte Garrotte-Schwellwertfunktion angewandt. Die näherungsweise Erwartungstreue des Schätzers wurde mathematisch und experimentell gezeigt. Simulationen demonstrierten die verbesserte Robustheit der Basiswahl und damit der Filterung gegenüber verschiedenen Realisierungen des Rauschens.

Filterung mit Hilfe des gesamten Wavelet-Packet-Frames

Manche Signale sind in keiner gewählten orthonormalen Basis des Wavelet Packets befriedigend darstellbar. Diese Problematik wurde in Abschnitt 3.3 behandelt. Wird eine Komponente des Signals in der gewählten Basis nicht kompakt dargestellt, führt dies zu einer Aufteilung der entsprechenden Energie auf viele Koeffizienten, die näher am entsprechenden Filterschwellwert oder sogar darunter liegen. Eine unerwünschte Verschlechterung dieser Signalkomponente ist der Fall. Aus diesem Grund wurde das Verfahren der Redundanten Synthese entwickelt, das sämtliche Koeffizienten des Wavelet Packets zur Rekonstruktion des gefilterten Signals verwendet. Dabei berücksichtigt es die einzelnen Koeffizienten gemäß ihrer geschätzten Güte, dem MSE. Die Filterergebnisse bezüglich des SNR sind mit denen mittels Basiswahl vergleichbar. Der große Vorteil besteht allerdings darin, dass keine Signalkomponente durch die Filterung stark verzerrt wird. Dies wurde anhand von Beispielen verdeutlicht.

Störschätzung bei der Sprachsignalfilterung

Neben der Darstellung des zu filternden Signals in der Zeit-Frequenz-Ebene ist die Störschätzung der Schlüssel zu einer effektiven Filterung. Daher wurden für verschiedene Störerklassen entsprechende Schätzverfahren entwickelt. Für allgemeines, nichtstationäres Hintergrundrauschen wurde in Abschnitt 4.3 ein Verfahren aus dem STFT-Bereich adaptiert. Dabei wird die Sprachwahrscheinlichkeit in der Zeit-Frequenz-Ebene geschätzt. Diese Detektion konnte aufgrund der glatteren Koeffizientenverläufe durch die Verwendung von Analytischen Wavelet Packets bedeutend verbessert werden. Die eigentliche Störschätzung erfolgt über eine zeitfrequenzabhängige Glättung der Koeffizientenenergie eines Referenzsignals, auf das die Sprache während detektierten Sprachbereichen keinen Einfluss hat. Energieanteile der Sprache im gestörten Signal schlagen sich so idealerweise nicht mehr in der geschätzten Störung nieder. Des Weiteren wurde ein Kalman-Filter zur modellbasierten Verbesserung der ersten Schätzung entworfen. Dies erwies sich allerdings in der Evaluation als nicht zielführend. Zum einen ist die Schätzung des ersten Schätzverfahrens bereits sehr gut, zum anderen würde ein sinnvoller Einsatz des vorgestellten Kalman-Filters eine perfekte Sprechpausendetektion voraussetzen.

Periodische Störungen wurden aufgrund ihres häufigen Auftretens in der Nähe von Maschinen in Abschnitt 4.4 gesondert betrachtet. Dabei wurde eine neue Art der Filterbank vorgestellt, die eine Periode der Störung mit beliebiger Länge zu analysieren vermag. Damit kann eine adaptive Schätzung der Störenergieverteilung einer Periode durchgeführt werden, die dann während Sprachintervallen zur Verfügung steht. Da realistische Störungen keine perfekte Periodizität aufweisen, würde dies bei Verwendung von reellen Wavelet Packets aufgrund ihrer Verschiebungsvarianz zu ungenauen Störschätzungen führen. Folglich führte die Verwendung der Analytischen Wavelet Packets zu verbesserten Filterergebnissen.

Impulsartige Störungen sind die dritte Klasse der betrachteten Störungen, die in Abschnitt 4.5 behandelt wurden. Aufgrund ihrer sehr dynamischen Veränderung erfüllen sie nicht die Voraussetzungen zur Anwendung des Verfahrens nach Abschnitt 4.3. Um in Abwesenheit einer Störung eine Filterung zu vermeiden, wurden zwei Detektionsverfahren basierend auf unterschiedlichen Signalmodellen entwickelt. Das erste Verfahren setzt stationäre stochastische Eigenschaften der Störung während der Dauer des Impulses voraus. Über einen erzeugten Merkmalsraum werden impulsbehaftete von unbehaftete Zeitpunkten unterschieden. Das zweite Signalmodell geht von einer gleichen Energieverteilung der Impulse in der Zeit-Frequenz-Ebene aus. Mittels Template-Matching-Verfahren werden die Störungen lokalisiert. In der abschließenden Evaluation zeigte das Verfahren basierend auf dem ersten Signalmodell die besseren Ergebnisse.

Bewertung

Die abschließende Evaluation in Kapitel 5 zeigte die Leistungsfähigkeit aller entwickelten Verfahren. Die Analytischen Wavelet Packets erwiesen sich den reellen weit überlegen, was maßgeblich der verbesserten Sprachdetektion und Störschätzung zuzurechnen ist. Der Vergleich zwischen Entropie- und MSE-Basiswahl ergab im Mittel keine Präferenz. Dies liegt zum einen an der Breitbandigkeit der verwendeten Störungen. Zum anderen wurde bereits in Abschnitt 3.2.4 gezeigt, dass sich die Filterergebnisse im Mittel zwar gleichen, jedoch die Entropie-Basiswahl für einzelne Realisierungen versagt. Schließlich führte das Verfahren der Redundanten Synthese zu leichten Gewinnen bezüglich des SNR gegenüber der Basiswahl. Wichtiger jedoch sind die deutlichen Verbesserungen der subjektiven Wahrnehmung. Dies liegt unter anderem daran, dass alle wesentlichen Sprachmerkmale erhalten bleiben und nicht durch eine ungünstige Basiswahl verloren gehen. Des Weiteren konnte das Musical Noise deutlich reduziert werden, was bei allen herkömmlichen Rauschsubtraktionsverfahren auftritt und besonders unangenehm wahrgenommen wird.

A Nomenklatur

A.1 Abkürzungen

Akronym	Bedeutung
AWP	Analytische Wavelet Packets
CMF	Conjugate Mirror Filter
DFT	Diskrete Fourier-Transformation
DTCWT	Dual-Tree Complex Wavelet Transform
FFT	Fast Fourier Transform
FIR	Finite Impulse Response
IIR	Infinite Impulse Response
IDTCWT	Inverse Dual-Tree Complex Wavelet Transform
MA	Moving Average
MOS	Mean Opinion Score
MSE	Mean Square Error (mittlerer quadratischer Fehler)
PWP	Period Wavelet Packets
QMF	Quadrature Mirror Filter
RWP	Reelle Wavelet Packets
SNR	Signal to Noise Ratio (Signal-zu-Rausch-Verhältnis)
STFT	Short-Time-Fourier-Transformation
SURE	Stein's Unbiased Risk Estimate
UWP	Undecimated Wavelet Packets
UWT	Undecimated Wavelet Transform
WP	Wavelet Packet

A.2 Symbole

Lateinische Symbole:

Symbol	Bedeutung
a	Skalierung bei der Wavelet-Transformation
a_k	Diskrete dyadische Skalierung
$a(Y_m,T_m)$	Dämpfung bei der Schwellwertfilterung

Symbol	Bedeutung
$\underline{A}$	Systemmatrix (Kalman-Filter)
A_i	Beträge der Pole (Störmodell)
b	- Frequenzbandsindex innerhalb einer Ebene (Wavelet Packets) - Zeitverschiebung (Wavelets)
b_m	Bias des geschätzten MSE mit Index m
$b_{m,k}$	Diskrete dyadische Zeitverschiebung (Wavelets)
$\underline{B}$	Eingangsmatrix (Kalman-Filter)
$B_{\min}$	Minimale Bandbreite der Frequenzbänder der besten Basis
B_K	Max. Anzahl möglicher Basen bei einem WP der max. Tiefe K
$c_{\text{filt}}(p,n)$	Gefilterte Koeffizienten der besten Basis im Frequenzband p
$c_{\text{glatt}}(p,n)$	Geglättete Koeffizientenbeträge der besten Basis
$c_{\text{high}}(p,n)$	Geglättete Koeffizientenbeträge in bester Basis, hohe Frequenzen verstärkt
$c_k(m)$	Skalierungskoeffizienten der DWT
$c_{k,b}(m)$	Wavelet-Packet-Koeffizienten im Knoten (k,b)
$c^y_{k,b}(m)$	Wavelet-Packet-Koeffizienten des Signals y im Knoten (k,b)
$c^{\text{ref}}_{k,b}(m)$	Referenzsignal im Knoten (k,b)
$c_{\min}(p,n)$	Lokales Minimum der geglätteten Koeffizientenbeträge, beste Basis
$c_{\text{ref}}(p,n)$	Referenzfolge in bester Basis
$c_s(p,n)$	Sprachwahrscheinlichkeit in bester Basis
$c_{\text{th}}(p,n)$	Schwellwerte für jeden Koeffizienten in bester Basis
$c_y(p,n)$	Gestörte Koeffizienten der besten Basis
$c_{\hat{D}}(p,n)$	Geschätzte Koeffizientenamplituden der Störung in bester Basis
$\tilde{c}_{\hat{D}}(p,m)$	Geschätzte Koeffizientenamplituden der Störung in zeitäquidistanter Aufteilung
$\underline{C}$	Ausgangsmatrix (Kalman-Filter)
C_Ψ	Zulässigkeitskonstante des Wavelets $\psi(t)$
$C_{k,b}$	Kosten des Knotens (k,b)
$d(n)$	Störung
$d_k(m)$	Wavelet-Koeffizienten bei der DWT
$D(m,k)$	STFT der Störung
$D(l,m)$	Koeffizienten der Störung in äquidistanter Aufteilung
$\hat{D}(l,m)$	Geschätzte Koeffizienten der Störung
$\mathrm{E}\{\cdot\}$	Erwartungswert
E^Y_m	Lokale Energie des Signals y zum Zeitpunkt m
E_x	Energie des Signals $x(t)$ bzw. $x(n)$
f	Frequenz
f_A	Abtastfrequenz

Symbol	Bedeutung
f_m^Y	Lokale Mittenfrequenz des Signals y zum Zeitpunkt m
f_x	Mittlere Frequenz des Signals $x(t)$ bzw. $x(n)$
$f_X(x)$	Wahrscheinlichkeitsdichtefunktion von X
$f(x,y)$	Verbunddichte von X und Y
F	Frequenzverschiebung der Fenster bei der diskreten STFT
F_m	Gesamtfehler bei der Filterung des m-ten Koeffizienten
F_r	Adaptiv geschätztes PWP einer Störperiode nach r Perioden
F_r^e	PWP einer der Randkoeffizienten einer Störperiode nach r Perioden
F_r^{WP}	Adaptiv geschätztes WP einer Störperiode nach r Perioden
F_{D_m}	Restrauschen bei der Filterung des m-ten Koeffizienten
F_{X_m}	Signalverzerrung bei der Filterung des m-ten Koeffizienten
$F_x^\gamma(\tau,f)$	STFT des Signals $x(t)$ mittels des Analysefensters $\gamma(t)$ bei der Zeitverschiebung τ und Frequenz f
$F_x^\gamma(m,k)$	STFT des Signals $x(n)$ mittels des Analysefensters $\gamma(n)$ bei der Zeitverschiebung $m\Delta M$ und Frequenz k/K
g	Verstärkung (AR-Störmodell)
$g_Q(t)$	Quadraturfilter (Hilbert-Transformator)
$g_{\mathrm{HP}}(n)$	Hochpass-Analysefilter
$g_{\mathrm{HP},0}(n)$	Hochpass-Analysefilter der obersten Stufe
$g_{\mathrm{TP}}(n)$	Tiefpass-Analysefilter
$g_{\mathrm{TP},0}(n)$	Tiefpass-Analysefilter der obersten Stufe
$\underline{G}_{\underline{v}\,\underline{v}}$	Diagonalmatrix zur Verstärkung der geschätzten Messfehlerkovarianzen (Kalman-Filter)
$h_{\mathrm{HP}}(n)$	Hochpass-Synthesefilter
$h_{\mathrm{HP},0}(n)$	Hochpass-Synthesefilter der obersten Stufe
$h_{\mathrm{TP}}(n)$	Tiefpass-Synthesefilter
$h_{\mathrm{TP},0}(n)$	Tiefpass-Synthesefilter der obersten Stufe
$\underline{I}$	Einheitsmatrix
I_{imp}	Impulsindikator
J	Gütemaß zur Basiswahl
k	- Index der Frequenzverschiebung (STFT) - Index der dyadischen Skalierung (Wavelets) - Index der Filterbanktiefe (Wavelet Packets)
K	Maximale Filterbanktiefe (Wavelet Packets)
$\underline{K}$	Kalman-Gain-Matrix (Kalman-Filter)
K_{krit}	Kritische Filterbanktiefe (PWP)
$K_{\min}$	Filterbanktiefe für feinste erlaubte Zeitauflösung (Impulsstörer)
l	Frequenzbandindex der äquidistanten WP-Aufteilung

Symbol	Bedeutung
L	- Länge eines zeitlich beschränkten Fensters (STFT) - Periodenlänge in Abtastwerten einer periodischen Störung - Anzahl der Frequenzbänder in äquidistanter Darstellung
m	- Index der Zeitverschiebung der Basisfunktionen - Zeitindex der äquidistanten WP-Aufteilung
$M(m,k)$	Zeit-Frequenz-Muster (Template) eines Impulses
n	Zeitindex eines zeitdiskreten Signals oder einer Koeffizientenfolge
N	Länge in Abtastwerten eines endlichen diskreten Signals
N_e	Anzahl Randkoeffizienten (PWP)
N_f	Länge der Filterimpulsantwort
N_{imp}	Anzahl der Impulse während des Beobachtungszeitraums
N_φ	Anzahl an Basisfunktionen in einem Frame
$O_{k,b}$	Optimale Kosten des Knotens (k,b)
$\text{sign}(\cdot)$	Vorzeichenfunktion
p	Frequenzbandindex der Bänder der besten Basis (Wavelet Packets)
P_i	PWP der i-ten Störperiode
$P(l,m)$	Koeffizientenenergie, STFT oder äquidistante WP-Aufteilung
$P_{\min}(l,m)$	Koeffizientenenergieminimum, STFT oder äquidistante WP-Aufteilung
$\underline{P}_{\underline{v}\,\underline{v}}$	Kovarianzmatrix des Systemrauschens (Kalman-Filter)
$\underline{P}_{\underline{w}\,\underline{w}}$	Kovarianzmatrix des Messrauschens (Kalman-Filter)
$\underline{P}_{\underline{x}\,\underline{x}}$	A-Posteriori-Kovarianzmatrix (Kalman-Filter)
$\underline{P}^-_{\underline{x}\,\underline{x}}$	Prädiktionsschätzfehlerkovarianzmatrix (Kalman-Filter)
r_{xy}	Korrelationskoeffizient von x und y
R_m	MSE des m-ten Koeffizienten
$\hat{R}_m$	Geschätzter MSE des m-ten Koeffizienten
$\hat{R}_E$	MSE der gefilterten Elternkoeffizienten
$\hat{R}_F$	MSE der gefilterten Folgekoeffizienten
$\hat{R}_{FH}$	MSE der gefilterten Folgekoeffizienten des Hochpass-Knotens
$\hat{R}_{FL}$	MSE der gefilterten Folgekoeffizienten des Tiefpass-Knotens
$R_{\max}$	Maximaler Koeffizienten-MSE
R_{xy}	Kreuzkorrelationsfunktion von x und y
$s(m)$	Rein zeitliche Sprachwahrscheinlichkeit
$S(l,m)$	Sprachwahrscheinlichkeit in äquidistanter Aufteilung oder STFT
S_{glatt}	Geglättete Sprachwahrscheinlichkeit
$S_r(l,m)$	Verhältnis Koeffizientenergie zu entspr. Minimum

Symbol	Bedeutung
t	Zeit
t_A	Abtastzeit
t_x	Mittlere Zeit des Signals $x(t)$ bzw. $x(n)$
T	- Schwellwert bei der Schwellwertfilterung - Zeitverschiebung der Fenster bei der diskreten STFT
T_m	Zum m-ten Koeffizienten zugehöriger Schwellwert bei der Schwellwertfilterung
$\underline{u}$	Eingangsgröße (Kalman-Filter)
U_k^f	Upsampling-Faktor bzgl. Frequenz
U_k^t	Upsampling-Faktor bzgl. Zeit
$\underline{v}$	Messrauschen (Kalman-Filter)
$\underline{w}$	Systemrauschen (Kalman-Filter)
$\overline{w}_e$	Mittelung der Gewichte der Eltern- und Folgekoeffizienten
w_E	Gewichte der Elternkoeffizienten
w_F	Gewichte der Folgekoeffizienten
$w_{i,k}$	Fenterbreiten der MA-Filter in Stufe k
WP_1^{-1}	Einstufige inverse WP-Filterbank
$W_x^{\psi}(a,b)$	Wavelet-Transformierte des Signals $x(t)$ mittels des Wavelets $\psi(t)$
$W_x^{\psi}(m,k)$	Wavelet-Transformierte des Signals $x(t)$ mittels des Wavelets $\psi(t)$ bei diskreten dyadischen Verschiebungen bzw. Skalierungen
$\underline{x}$	Zustandsvektor (Kalman-Filter)
$x(n)$	Reines zu filterndes Signal (Sprachsignal)
$\hat{x}(n)$	Gefiltertes Signal
$\hat{x}(t)$	Rekonstruktion von $x(t)$
$\hat{\underline{x}}$	A-Posteriori-Schätzwert (Kalman-Filter)
$\hat{\underline{x}}^-$	Prädiktionsschätzwert (Kalman-Filter)
X_m	m-ter WP-Koeffizient (gesamter Baum) des Signals $x(n)$
$\overline{X}$	Mittelung aus gefilterten Eltern- und Folgekoeffizienten
$\hat{X}_E$	Gefilterte Elternkoeffizienten
$\hat{X}_F$	Gefilterte Folgekoeffizienten
$\hat{X}_{FH}$	Gefilterte Folgekoeffizienten des Hochpass-Knotens
$\hat{X}_{FL}$	Gefilterte Folgekoeffizienten des Tiefpass-Knotens
$X(f)$	Spektrum von $x(t)$
$\underline{y}$	Messgrößen (Kalman-Filter)
$y(n)$	Verrauschtes Signal
$Y(l,m)$	WP-Koeffizienten in äquidistanter Aufteilung

Symbol	Bedeutung
$Y^{\gamma}(m,k)$	STFT des Signals y
$Y^{\gamma}_{\text{diff}}(m,k)$	Differenz-STFT des Signals y

Griechische Symbole:

Symbol	Bedeutung
α	Verstärkungsfaktor hoher Frequenzen bei der Bestimmung des lokalen Koeffizientenminimums
α_d	Minimum von α_s
α_p	Glättungsfaktor der Sprachwahrscheinlichkeit
α_s	Glättungsfaktor zur Störschätzung
α_{th}	Schwellwertverstärkung
$\alpha_{\text{th,s}}$	Schwellwertverstärkung bei Sprachanwesenheit
δ	Schwellwert für Sprachdetektion
δ_{ij}	Kronecker-Symbol
ΔA	Änderung der Polamplitude A
Δ_f	Bandbreite
Δg	Änderung der Verstärkung g
Δ_t	Zeitdauer
Δf	Frequenzauflösung bei der DFT
ΔL	Anzahl Abtastwerte der letzten, unvollstänigen Periode
$\Delta\varphi$	Änderung der Polphase ϕ
$\Delta\phi^{H}_{\text{TP}}(\Omega)$	Phasendifferenz der komplexen Tiefpass-Synthesefilter
$\Delta\phi^{H}_{\text{HP}}(\Omega)$	Phasendifferenz der komplexen Hochpass-Synthesefilter
$\varepsilon^{\lambda}(M)$	Approximationsfehler der M größten Koeffizienten der Basis λ
$\gamma(t)$	Analysefenster bei der STFT
$\gamma_k(n)$	Gewichte bezogen auf die oberste Ebene
$\overline{\gamma}_k(n)$	Gemittelte Gewichte bezogen auf die oberste Ebene
$\tilde{\gamma}(t)$	Synthesefenster bei der STFT
λ	Vergessensfaktor
μ	Merkmalsvektor (Impulsstörer)
$\rho_T(\cdot)$	Schwellwertfunktion
σ^2	Varianz eines stochastischen Prozesses
σ_p^2	Mittlere Störenergie in Band p während eines Impulses
$\varphi(t)$	Mutter-Skalierungsfunktion
$\varphi_{m,k}(t)$	Diskret skalierte und zeitverschobene Skalierungsfunktion
φ_i	Phasen der Pole (Störmodell)
$\varphi_i(t)$	i-te Basisfunktion

Symbol	Bedeutung
$\varphi_m^\lambda(t)$	m-te Basisfunktion der Basis λ
$\psi(t)$	Mutter-Wavelet
$\psi_{a,b}(t)$	Skaliertes und zeitverschobenes Wavelet
$\psi_{m,k}(t)$	Diskret skaliertes und zeitverschobenes Wavelet
$\Phi(\cdot)$	Koeffizienten-Bewertungsfunktion
Ω	Normierte Kreisfrequenz

Sonstige Symbole:

Symbol	Bedeutung
$\downarrow_2\{\cdot\}$	Downsampling-Operation
$\uparrow_2\{\cdot\}$	Upsampling-Operation
$\langle \underline{x}, \underline{y} \rangle$	Innenprodukt von $\underline{x}$ und $\underline{y}$
$(\cdot)^{\mathfrak{Re}}$	Realteil (von Wavelet, Skalierungsfunktion, WP-Koeffizienten oder Filterkoeffizienten)
$(\cdot)^{\mathfrak{Im}}$	Imaginärteil (von Wavelet, Skalierungsfunktion, WP-Koeffizienten oder Filterkoeffizienten)
$(\cdot)^{\mathbb{C}}$	Komplexe Größe (von Wavelet, Skalierungsfunktion, WP-Koeffizienten oder Filterkoeffizienten)
$\mathcal{B}^\lambda$	Menge möglicher Basen
$\mathcal{F}\{\cdot\}$	Fourier-Transformation

B Beweise

B.1 Berechnung der DWT durch eine Multiraten-Filterbank

Der Raum $\mathcal{V}_0$ ist ein Unterraum des Raumes $\mathcal{V}_{-1}$. Daher kann die Skalierungsfunktion $\varphi(t)$, deren zeitverschobene Varianten gerade die Basis des Raums $\mathcal{V}_0$ bilden, als Linearkombination der Basisfunktionen des Raumes V_{-1} dargestellt werden. Dies sind die um den Faktor zwei gestauchten und verschobenen Varianten von $\varphi(t)$:

$$\varphi(t) = \sum_{n=-\infty}^{\infty} h_{\mathrm{TP}}(n)\,\sqrt{2}\,\varphi(2t - nT) \quad . \tag{B.1}$$

In gleicher Weise lässt sich die Wavelet-Funktion $\psi(t)$ des Raums $\mathcal{W}_0$ in die Skalierungsfunktionen des übergeordneten Raums $\mathcal{V}_{-1}$ entwickeln:

$$\psi(t) = \sum_{n=-\infty}^{\infty} h_{\mathrm{HP}}(n)\,\sqrt{2}\,\varphi(2t - nT) \quad . \tag{B.2}$$

Die Koeffizienten $h_{\mathrm{TP}}(n)$ und $h_{\mathrm{HP}}(n)$ treten hierbei noch nicht als Filterimpulsantworten, sondern lediglich als Entwicklungskoeffizienten auf. Die um den Faktor 2^k skalierten und um $2^k mT$ zeitverschobenen Varianten von $\varphi(t)$ lassen sich damit durch

$$\varphi\left(2^{-k}t - mT\right) = \sum_{n=-\infty}^{\infty} h_{\mathrm{TP}}(n)\,\sqrt{2}\,\varphi\left(2^{-(k-1)}t - (2m+n)T\right)$$

darstellen. Durch die Variablensubstitution $p = 2m + n$ erhält man

$$\varphi\left(2^{-k}t - mT\right) = \sum_{p=-\infty}^{\infty} h_{\mathrm{TP}}(p-2m)\,\sqrt{2}\,\varphi\left(2^{-(k-1)}t - pT\right) \quad . \tag{B.3}$$

Sind die Skalierungsfunktionen $\varphi_{m,k}(t)$ und Wavelets $\psi_{m,k}(t)$ orthonormal, so lassen sich die zugehörigen Koeffizienten $c_k(m)$ und $d_k(m)$ nach Abschnitt 2.1.2 durch Innenproduktbildung berechnen:

$$c_k(m) = \left\langle x(t), \varphi_{m,k}(t) \right\rangle = \int_{-\infty}^{\infty} x(t)\, 2^{-k/2}\, \varphi^*\left(2^{-k}t - mT\right) dt \quad .$$

Durch Verwendung von Gleichung (B.3) und Vertauschung von Summation und Integration ergibt sich:

$$c_k(m) = \sum_{p=-\infty}^{\infty} h_{\mathrm{TP}}^*(p-2m) \underbrace{\int_{-\infty}^{\infty} x(t)\, 2^{-(k-1)/2}\, \varphi^*\left(2^{-(k-1)}t - pT\right) dt}_{=c_{k-1}(p)} \quad .$$

Dies entspricht einer Faltung der Koeffizienten $c_{k-1}(p)$ mit $g_{\mathrm{TP}}(p) = h_{\mathrm{TP}}^*(-p)$ und anschließendem Downsampling und beweist damit Gleichung (2.17). Die Herleitung für die Berechnung der Wavelet-Koeffizienten durch Gleichung (2.18) verläuft analog.

Zum Beweis der Synthesegleichung (2.19) wird eine beliebige Funktion $x_{k-1}(t)$ des Raumes $\mathcal{V}_{k-1}$ betrachtet, die sich mit Hilfe der entsprechenden Skalierungsfunktionen als Reihenentwicklung

$$x_{k-1}(t) \in \mathcal{V}_{k-1} \Rightarrow x_{k-1}(t) = \sum_{m=-\infty}^{\infty} c_{k-1}(m)\, 2^{-(k-1)/2}\, \varphi\left(2^{-(k-1)}t - mT\right)$$

ausdrücken lässt. Der Raum $\mathcal{V}_{k-1}$ lässt sich aber in die Räume $\mathcal{V}_k$ und $\mathcal{W}_k$ zerlegen und dadurch ist eine Berechnung mittels

$$\begin{aligned} x_{k-1}(t) = & \sum_{m=-\infty}^{\infty} c_k(m)\, 2^{-k/2}\, \varphi\left(2^{-k}t - mT\right) \\ & + \sum_{m=-\infty}^{\infty} d_k(m)\, 2^{-k/2}\, \psi\left(2^{-k}t - mT\right) \end{aligned}$$

möglich. Durch Einsetzen der Gleichungen (B.1) und (B.2) ergibt sich:

$$\begin{aligned} x_{k-1}(t) = & \sum_{m=-\infty}^{\infty} c_k(m) \sum_{n=-\infty}^{\infty} h_{\mathrm{TP}}(n) \underbrace{2^{-(k-1)/2}\, \varphi\left(2^{-(k-1)}t - (2m+n)\,T\right)}_{=\varphi_{2m+n,k-1}(t)} \\ & + \sum_{m=-\infty}^{\infty} d_k(m) \sum_{n=-\infty}^{\infty} h_{\mathrm{HP}}(n) \underbrace{2^{-(k-1)/2}\, \varphi\left(2^{-(k-1)}t - (2m+n)\,T\right)}_{=\varphi_{2m+n,k-1}(t)} . \end{aligned}$$

Die Skalierungskoeffizienten $c_{k-1}(m)$ lassen sich wieder durch Innenproduktbildung berechnen. Nach Vertauschung von Integration und Summation, sowie der Beachtung der Orthonormalität der Skalierungsfunktionen erhält man schließlich:

$$\begin{aligned} c_{k-1}(m') &= \langle x(t), \varphi_{m',k-1}(t) \rangle = \langle x_{k-1}(t), \varphi_{m',k-1}(t) \rangle \\ &= \sum_{m=-\infty}^{\infty} c_k(m) \sum_{n=-\infty}^{\infty} h_{\mathrm{TP}}(n) \int_{-\infty}^{\infty} \varphi_{2m+n,k-1}(t)\, \varphi^*_{m',k-1}(t)\, dt \\ &\quad + \sum_{m=-\infty}^{\infty} d_k(m) \sum_{n=-\infty}^{\infty} h_{\mathrm{HP}}(n) \underbrace{\int_{-\infty}^{\infty} \varphi_{2m+n,k-1}(t)\, \varphi^*_{m',k-1}(t)\, dt}_{\delta(2m+n-m')} \\ &= \sum_{m=-\infty}^{\infty} c_k(m)\, h_{\mathrm{TP}}(m'-2m) + \sum_{m=-\infty}^{\infty} d_k(m)\, h_{\mathrm{HP}}(m'-2m) \quad . \end{aligned}$$

Die Interpretation als Upsampling der Koeffizienten $c_k(m)$ bzw. $d_k(m)$ und anschließender Filterung soll anhand des ersten Summanden für die Verschiebung $m' = 0$

$$\sum_{m=-\infty}^{\infty} c_k(m)\, h_{\mathrm{TP}}(-2m)$$

erklärt werden. Dieser Term kann als Innenprodukt der Koeffizienten $c_k(m)$ mit den gespiegelten und downgesampelten Filterkoeffizienten $h_{\mathrm{TP}}(-2m)$ aufgefasst werden. Der gleiche Effekt lässt sich aber auch durch Upsampling der Koeffizienten $c_k(m)$ erreichen, siehe Abbildung B.1. Unter Hinzunahme der Verschiebung m' lässt sich jede der beiden Summen als Faltung interpretieren.

B.2 Anzahl der Basen in Wavelet Packets

Enthält eine Ebene i Knoten, so können null bis i Knoten aufgespalten werden. Sollen j der i Knoten aufgespalten werden, existieren dazu $\binom{i}{j}$ mögliche Kombinationen. Da jeder aufgespaltene Knoten zwei Folgeknoten besitzt, existieren dann in der nächsten Ebene $2j$ Knoten, von denen null bis $2j$ aufgespalten werden können. Führt man dies rekursiv fort, ergibt sich als Anzahl B_K möglicher Basen für einen Baum der Tiefe K

$$B_K = \sum_{i=0}^{1} \left[\binom{1}{i} \cdot \sum_{j=0}^{2i} \left[\binom{2i}{j} \cdot \sum_{k=0}^{2j} \left[\binom{2j}{k} \cdots \right] \right] \right] \quad , \qquad \text{(B.4)}$$

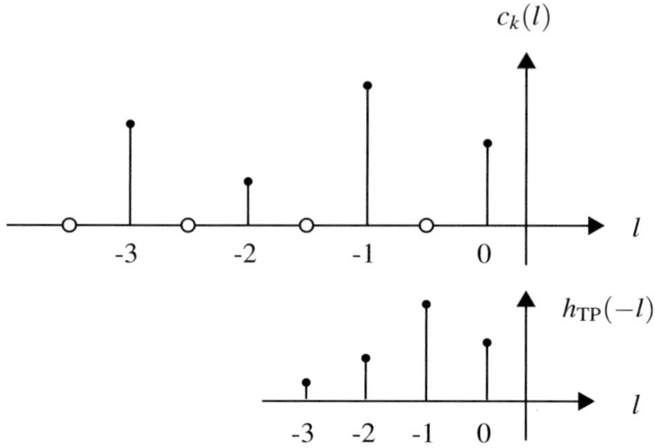

Abbildung B.1: Zum Beweis der Synthesegleichung; Kreise entsprechen eingefügten Nullen

wobei die Rekursion K-mal durchgeführt werden muss. Die Summen können mittels der binomischen Formel

$$\sum_{k=0}^{n} \binom{n}{k} a^{n-k} b^k = (a+b)^n$$

aufgelöst werden. Wird die innerste der K Summen in Gleichung (B.4) betrachtet, ergibt sich:

$$\sum_{k=0}^{2j} \binom{2j}{k} = 2^{2j} \quad .$$

Betrachtet man die letzten beiden Summationen, erhält man wiederum mittels der binomischen Formel:

$$\sum_{j=0}^{2i} \binom{2i}{j} \sum_{k=0}^{2j} \binom{2j}{k} = \sum_{j=0}^{2i} \binom{2i}{j} 2^{2j} = (1+2^2)^{2i} \quad .$$

Bei erreichen der äußersten Summation muss der entsprechende Index gleich $1/2$ gesetzt werden, um die Anzahl B_K nach Gleichung (B.4) zu erhalten. Man erkennt, dass durch die Verwendung der binomischen Formel die Anzahl B_{K+1} bei Verwendung einer weiteren Stufe einfach durch

$$B_{K+1} = B_k^2 + 1$$

berechnet werden kann. Mit $B_0 = 1$ lässt sich damit iterativ die Anzahl B_K für eine beliebige Tiefe K berechnen. Für $0 \leq K \leq 8$ ergibt sich Tabelle 2.1.

B.3 Rechenaufwandsabschätzungen

Es wird angenommen, dass ein zeitdiskretes Signal der endlichen Länge N gemäß Abschnitt 2.4.4 als Folge der Eingangskoeffizienten $c_0(m)$ bzw. $c_{0,0}(m)$ verwendet wird. Die verwendeten Filter verwenden FIR-Impulsantworten der Länge N_f. Für die erste Filterbankstufe sind dann für die Hoch- und Tiefpassfilterung gemeinsam $2NN_f$ Multiplikationen und $2N(N_f - 1)$ Additionen notwendig. Es wird im Folgenden zwischen den Filterbänken für die DWT, Wavelet Packets und Undecimated Wavelet Packets unterschieden. Es werden allerdings nur noch die Anzahl der Multiplikationen betrachtet, da die Anzahl der Additionen immer dem $(N_f - 1)/N_f$-fachen der Anzahl der Multiplikationen entspricht.

B.3.1 Diskrete Wavelet-Transormation

Da bei der DWT die Anzahl der zu verarbeitenden Koeffizienten mit jeder Stufe um den Faktor zwei halbiert wird, lässt sich die Anzahl der benötigten Multiplikationen für K Stufen mit

$$
\begin{aligned}
N_{\text{mult}}^{\text{DWT}} &= 2\left(N + \frac{N}{2} + \cdots + \frac{N}{2^{K-1}}\right)N_f \\
&= 2NN_f \sum_{i=0}^{K-1} \left(\frac{1}{2}\right)^i
\end{aligned}
$$

angeben. Mittels der geometrischen Reihe und der maximalen Baumtiefe $K_{\max} = \operatorname{ld}(N)$ lässt sich dies als

$$
\begin{aligned}
N_{\text{mult}}^{\text{DWT}} &= 2NN_f \left(2 - 2\left(\frac{1}{2}\right)^K\right) \\
&\leq 2NN_f \left(2 - 2\frac{1}{N}\right) = 4NN_f - 4N_f \\
&\Rightarrow O(N)
\end{aligned}
$$

abschätzen.

B.3.2 Wavelet Packets

Bei Wavelet Packets wird zwar auch die Downsampling-Operation angewandt, da allerdings im Gegensatz zur DWT auch die Hochpassanteile aufgespaltet werden, müssen in jeder Ebene N Koeffizienten verarbeitet werden. Die Anzahl der Multiplikationen in jeder Stufe entspricht also $2NN_f$. Für K Stufen ergibt sich mit $K_{\max} = \mathrm{ld}(N)$ die Abschätzung:

$$\begin{aligned} N_{\mathrm{mult}}^{\mathrm{WP}} &= 2KNN_f \\ &\leq 2N\mathrm{ld}(N)N_f \quad \Rightarrow O(N\mathrm{ld}(N)) \quad . \end{aligned}$$

B.3.3 Undecimated Wavelet Packets

Wird wie bei der Undecimated Wavelet Transform (Abschnitt 2.4.5) bei Wavelet Packets auf das Downsampling verzichtet, so verdoppelt sich die Anzahl der zu verarbeitenden Koeffizienten mit jeder Stufe, da die Anzahl der Koeffizienten pro Frequenzband konstant bleibt, sich die Anzahl der Frequenzbänder aber bei Wavelet Packets mit jeder Stufe verdoppelt. In der k-ten Stufe müssen demnach $2^k NN_f$ Multiplikationen ausgeführt werden. Für K Stufen ergibt sich mittels der geometrischen Reihe und $K_{\max} = \mathrm{ld}(N)$:

$$\begin{aligned} N_{\mathrm{mult}}^{\mathrm{UWP}} &= NN_f \sum_{i=1}^{K} 2^i = NN_f \left(\sum_{i=0}^{K} 2^i - 1 \right) = NN_f \left(2^{K+1} - 2 \right) \\ &\leq NN_f (2N-2) = N_f(2N^2 - 2N) \quad \Rightarrow O(N^2) \quad . \end{aligned}$$

B.4 Normalverteiltes, weißes Rauschen in orthonormalen Basen

Es sei $n(t)$ ein weißes Rauschen mit $\mathcal{N}(0;\sigma^2)$-Verteilung. Die Funktionen $\varphi_i(t), i = 0 \ldots N-1$ bilden ein orthonormales Funktionensystem. Für die zugehörigen Koeffizienten a_i folgt damit:

$$\begin{aligned} \mathrm{E}\left\{a_i a_j\right\} &\overset{(3.9)}{=} \int_{-\infty}^{\infty} \int_{-\infty}^{\infty} \mathrm{E}\{n(t)n(\tau)\}\, \varphi_i(t)\varphi_j(\tau) dt d\tau \\ &\overset{(3.8)}{=} \sigma^2 \int_{-\infty}^{\infty} \int_{-\infty}^{\infty} \varphi_i(t)\varphi_j(\tau)\delta(t-\tau) dt d\tau \\ &= \sigma^2 \int_{-\infty}^{\infty} \varphi_i(\tau)\varphi_j(\tau) d\tau \\ &\overset{(2.4)}{=} \sigma^2 \delta_{ij} \quad . \end{aligned}$$

B.5 Existenz eines Erwartungswertes

Es soll gezeigt werden, dass der Erwartungswert $\mathrm{E}\left\{\frac{1}{|Y_m|^2}\right\}$ in Gleichung (3.21) nicht existiert. Dabei bezeichnet Y_m die komplexen Wavelet-Packet-Koeffizienten des gestörten Signals. Dieses setzt sich aus dem Nutzsignalanteil X_m und der additiven Störung N_m zusammen. Beide Anteile können als stochastische Prozesse interpretiert werden. Realteil und Imaginärteil der einzelnen Koeffizienten für ein festes m stellen dann Zufallsvariablen dar. Für diese wird

$$\begin{aligned} \mathfrak{Re}\{X_m\} &\in N(0,\sigma_{Xm}^2/2) \quad , & \mathfrak{Im}\{X_m\} &\in N(0,\sigma_{Xm}^2/2) \quad , \\ \mathfrak{Re}\{N_m\} &\in N(0,\sigma_m^2/2) \quad , & \mathfrak{Im}\{N_m\} &\in N(0,\sigma_m^2/2) \quad . \end{aligned}$$

angenommen. Die mittleren Energien der Koeffizienten ergeben sich gemäß Abschnitt 3.1.5 zu $\mathrm{E}\left\{|X_m|^2\right\} = \sigma_{Xm}^2$ und $\mathrm{E}\left\{|N_m|^2\right\} = \sigma_m^2$. Daraus kann direkt auf die Wahrscheinlichkeitsverteilung des Betrags $|Y_m|$ geschlossen werden. Die Wahrscheinlichkeitsverteilung des Betrags eines komplexen stochastischen Prozesses, welcher einen normalverteilten Realteil und einen normalverteilten Imaginärteil besitzt, gehorcht einer Rayleigh-Verteilung [Pro95]:

$$\begin{aligned} f_{|Y_m|}(|Y_m|) &= \frac{|Y_m|}{\sigma_{Y_m}^2} \cdot \exp\left(-\frac{|Y_m|^2}{2 \cdot \sigma_{Y_m}^2}\right) \quad , \quad |Y_m| \geq 0 \qquad \text{(B.5)} \\ \sigma_{Y_m}^2 &= \frac{\sigma_{X_m}^2 + \sigma_m^2}{2} \quad . \end{aligned}$$

Um den Erwartungswert $\mathrm{E}\left\{\frac{1}{|Y_m|^2}\right\}$ zu bestimmen, wird eine Variablentransformation entsprechend [Pap91] durchgeführt:

$$Z = g(|Y_m|) = \frac{1}{|Y_m|^2} \quad .$$

Zunächst werden die Wurzeln für $|Y_m|$ ermittelt:

$$\begin{aligned} |Y_m|_1 &= \frac{1}{\sqrt{Z}} \\ |Y_m|_2 &= -\frac{1}{\sqrt{Z}} \quad . \end{aligned}$$

Die zweite Wurzel entfällt, da diese keine gültige Lösung darstellt. Die Ableitung von $g(|Y_m|)$ nach $|Y_m|$ lautet

$$g'(|Y_m|) = -\frac{2}{|Y_m|^3} \quad .$$

Nun kann die Wahrscheinlichkeitsdichte $f_Z(Z)$ angegeben werden:

$$f_z(Z) = \frac{f_{|Y_m|}\left(\frac{1}{\sqrt{Z}}\right)}{\frac{2}{|Y_m|_1^3}} = \frac{1}{2}\frac{1}{(\sqrt{Z})^3} \cdot f_{|Y_m|}\left(\frac{1}{\sqrt{Z}}\right) \quad .$$

Mit Gl. (B.5) ergibt sich

$$f_z(z) = \frac{1}{2\sigma_{Y_m}^2} \cdot \frac{1}{Z^2} \cdot \exp\left(-\frac{1}{2\sigma_{Y_m}^2} \cdot \frac{1}{Z}\right) \quad , \quad Z \geq 0 \quad .$$

Der Erwartungswert kann nun gebildet werden:

$$\begin{aligned}
\mathrm{E}\left\{\frac{1}{|Y_m|^2}\right\} &= \mathrm{E}\{Z\} = \int_0^\infty Z \cdot f_z(Z)\,dZ \\
&= \frac{1}{2\sigma_{Y_m}^2} \int_0^\infty \frac{1}{Z}\exp\left(-\frac{1}{2\sigma_{Y_m}^2} \cdot \frac{1}{Z}\right) dZ
\end{aligned}$$

Die Integralgrenzen liegen hierbei bei $|Y_{m,\min}| = 0$ und $|Y_{m,\max}| = \infty$. Mit

$$\begin{aligned}
W &= \frac{1}{Z} \\
\frac{dZ}{dW} &= -\frac{1}{W^2} \Rightarrow dZ = -\frac{1}{W^2}dW
\end{aligned}$$

ergibt sich

$$\begin{aligned}
\mathrm{E}\left\{\frac{1}{|Y_m|^2}\right\} &= \frac{1}{2\sigma_{Y_m}^2} \int_{+\infty}^0 W \cdot \exp\left(-\frac{1}{2\sigma_{Y_m}^2} \cdot W\right)\left(-\frac{1}{W^2}\right) \cdot dW \\
&= \frac{1}{2\sigma_{Y_m}^2} \int_0^{+\infty} W^{-1} \cdot \exp\left(-\frac{1}{2\sigma_{Y_m}^2} \cdot W\right) dW \quad . \qquad \text{(B.6)}
\end{aligned}$$

Aus einer Integraltabelle [BMM00] kann

$$\int_0^\infty x^{-1}\exp(-a \cdot x)\,dx = \left[\ln x + \frac{a \cdot x}{1 \cdot 1!} + \frac{(a \cdot x)^2}{2 \cdot 2!} + \ldots\right]_0^\infty$$

entnommen werden. Da dieser Ausdruck divergiert, divergiert auch das Integral in Gleichung (B.6), womit der Erwartungswert $\mathrm{E}\left\{\frac{1}{|Y_m|^2}\right\}$ nicht existiert.

B.6 Adaptive Schätzung der Schwellwertpakete

Es werde eine periodische Störung betrachtet. Die PWP-Analyse der i-ten Periode in einer gewählten Basis sei mit $P_i(p,n)$ bezeichnet. Das aus i Perioden adaptiv geschätzte Paket sei $F_i(p,n)$. Zur Vereinfachung der Schreibweise werden die Argumente (p,n) im Folgenden nicht geschrieben. Da für die erste Periode keine Information über zurückliegende Perioden bekannt ist, wird

$$F_1 = P_1$$

gesetzt. Wird nun F_2 bestimmt, so soll das vergangene Paket P_1 mit einem Vergessensfaktor λ gewichtet werden:

$$F_2 = \frac{\lambda P_1 + P_2}{\lambda + 1} = \frac{\lambda^1 P_1 + \lambda^0 P_2}{\lambda^1 + \lambda^0} \quad .$$

Führt man eine gewichtete Mittelung von r Störpaketen P_i durch erhält man:

$$F_r = \frac{\sum_{i=1}^{r} \lambda^{r-i} P_i}{\sum_{i=0}^{r-1} \lambda^i} \quad .$$

Die Berechnung des nächsten Schwellwertpakets F_{r+1} wird nun auf eine rekursive Formel zurückgeführt, die lediglich von der vergangenen Schätzung F_r und dem neuen Störpaket P_{k+1} abhängt.

$$F_{r+1} = \frac{\sum_{i=1}^{r+1} \lambda^{r+1-i} P_i}{\sum_{i=0}^{r} \lambda^i} = \frac{\lambda \sum_{i=1}^{r+1} \lambda^{r-i} P_i}{\sum_{i=0}^{r} \lambda^i} = \frac{\lambda \overbrace{\sum_{i=1}^{r} \lambda^{r-i} P_i}^{F_r \cdot \sum_{i=0}^{r-1} \lambda^i} + P_{r+1}}{\sum_{i=0}^{r} \lambda^i}$$

$$= \frac{\sum_{i=0}^{r-1} \lambda^{i+1} \cdot F_r + P_{r+1}}{\sum_{i=0}^{r} \lambda^i} = \frac{\sum_{i=1}^{r} \lambda^i \cdot F_r + P_{r+1}}{\sum_{i=0}^{r} \lambda^i} \quad .$$

B.7 Anzahl der Randkoeffizienten

Abbildung B.2 zeigt eine Filterbankstufe. Die Anzahl der Randkoeffizienten vor dieser Filterbankstufe sei $N_e(k)$, die Impulsantwortlänge der FIR-Filter N_f. Unter Annahme einer einseitigen Erweiterung für die zyklische Faltung treten $N_f - 1$ Koeffizienten hinzu, die für die Anzahl der Randkoeffizienten der nächsten Stu-

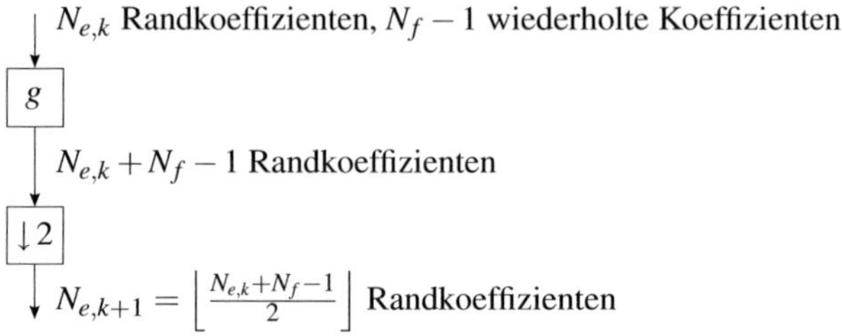

Abbildung B.2: Anzahl der Randkoeffizienten in einer Filterbankstufe

fe berücksichtigt werden müssen. Nach der Downsampling-Operation enthält die nächste Stufe

$$N_e(k+1) = \left\lfloor \frac{N_e(k) + N_f - 1}{2} \right\rfloor$$

Randkoeffizienten. Gesucht ist nun ein stationärer Endwert $N_{e,\infty}$, für den $N_e(k) = N_e(k+1)$ gilt. Es folgt:

$$N_{e,\infty} = \left\lfloor \frac{N_{e,\infty} + N_f - 1}{2} \right\rfloor = \begin{cases} \frac{N_{e,\infty}+N_f-1}{2}, & N_{e,\infty} \text{ ungerade} \\ \frac{N_{e,\infty}+N_f-2}{2}, & N_{e,\infty} \text{ gerade} \end{cases}$$

$$\Rightarrow N_{e,\infty} = \begin{cases} N_f - 1, & N_{e,\infty} \text{ ungerade} \\ N_f - 2, & N_{e,\infty} \text{ gerade} \end{cases} .$$

Der erste Endwert kann allerdings niemals erreicht werden. Betrachtet man die Differenz zweier aufeinander folgender Werte $N_e(k+1)$ und $N_e(k)$

$$\begin{aligned} N_e(k+1) - N_e(k) &= \left\lfloor \frac{N_e(k) + N_f - 1}{2} \right\rfloor - N_e(k) \\ &= \begin{cases} \frac{N_f-1-N_e(k)}{2}, & N_e(k) \text{ ungerade} \\ \frac{N_f-2-N_e(k)}{2}, & N_e(k) \text{ gerade} \end{cases} , \end{aligned}$$

so halbiert sich der Abstand des aktuellen Wertes $N_e(k)$ zum entsprechenden Endwert $N_f - 1$ oder $N_f - 2$ mit jedem Schritt. Der gerade Endwert $N^g_{e,\infty} = N_f - 2$ kann erreicht werden, da er für $N_e(k) = N_f - 3$ genau zwischen $N_e(k)$ und dem ungeraden Endwert $N^u_{e,\infty} = N_f - 1$ liegt. Umgekehrt kann der ungerade Endwert allerdings niemals erreicht werden, da durch die Halbierung des Abstandes zu den Endwerten die Anzahl $N_e(k)$ zwar asymptotisch gegen diese konvergiert, jedoch wegen $N^g_{e,\infty} < N^u_{e,\infty}$ der gerade Endwert zuvor erreicht wird.

C Q-Shift-Filterkoeffizienten

In den Tabellen C.1 und C.2 sind die (Synthese-)Filterkoeffizienten der Q-Shift-Filter nach Kingsbury für die Längen 10 und 14 aufgelistet [Kin00]. Die zugehörigen Analyse-Filterkoeffizienten jedes Filters können einfach über Gleichung (2.20) berechnet werden. Mit wachsender Länge der Impulsantworten kann die Half-Sample-Delay-Bedingung (3.6) (lineare Phase im Durchlassbereich mit einer Steigung von $-1/2$) besser erfüllt werden, was in Abbildung C.1 gezeigt ist.

m	$h_{\mathrm{TP}}^{\mathfrak{Re}}$	$h_{\mathrm{HP}}^{\mathfrak{Re}}$	$h_{\mathrm{TP}}^{\mathfrak{Im}}$	$h_{\mathrm{HP}}^{\mathfrak{Im}}$
0	0,03516384	0	0	-0,03516384
1	0	0	0	0
2	-0,08832942	0,11430184	-0,11430184	0,08832942
3	0,23389032	0	0	0,23389032
4	0,76027237	-0,58751830	0,58751830	-0,76027237
5	0,58751830	0,76027237	0,76027237	0,58751830
6	0	-0,23389032	0,23389032	0
7	-0,11430184	-0,08832942	-0,08832942	-0,11430184
8	0	0	0	0
9	0	0,03516384	0,03516384	0

Tabelle C.1: Q-Shift-Filter der Länge 10 (Synthesefilter)

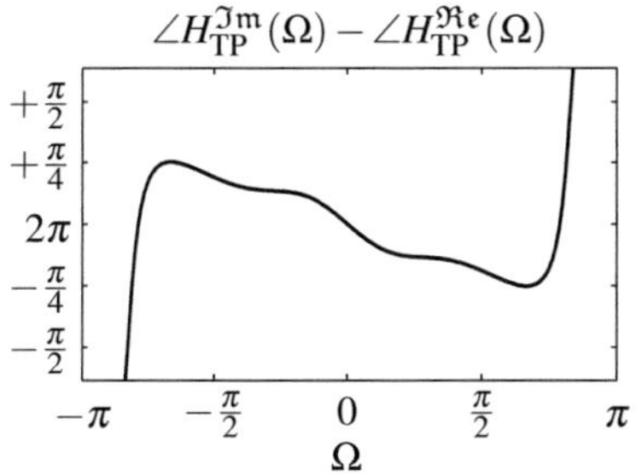

(a) Q-Shift-10-Filter

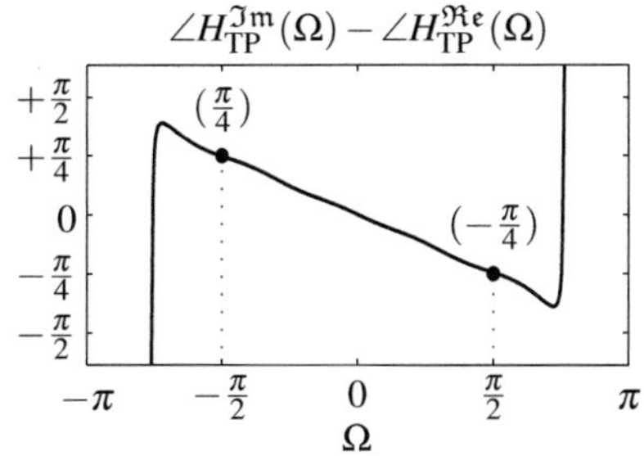

(b) Q-Shift-14-Filter

Abbildung C.1: Tiefpass-Frequenzgänge für Q-Shift-Filter

m	$h_{\mathrm{TP}}^{\mathfrak{Re}}$	$h_{\mathrm{HP}}^{\mathfrak{Re}}$
0	0,003253142763653	0,004556895628475
1	-0,003883211999158	-0,005439475937274
2	0,034660346844853	-0,017025223881554
3	-0,038872801268828	0,023825384794920
4	-0,117203887699115	0,106711804686665
5	0,275295384668882	0,011866092033797
6	0,756145643892522	-0,568810420712123
7	0,568810420712123	0,756145643892522
8	0,011866092033797	-0,275295384668882
9	-0,106711804686665	-0,117203887699115
10	0,023825384794920	0,038872801268828
11	0,017025223881554	0,034660346844853
12	-0,005439475937274	0,003883211999158
13	-0,004556895628475	0,003253142763653

m	$h_{\mathrm{TP}}^{\mathfrak{Im}}$	$h_{\mathrm{HP}}^{\mathfrak{Im}}$
0	-0,004556895628475	-0,003253142763653
1	-0,005439475937274	-0,003883211999158
2	0,017025223881554	-0,034660346844853
3	0,023825384794920	-0,038872801268828
4	-0,106711804686665	0,117203887699115
5	0,011866092033797	0,275295384668882
6	0,568810420712123	-0,756145643892522
7	0,756145643892522	0,568810420712123
8	0,275295384668882	-0,011866092033797
9	-0,117203887699115	-0,106711804686665
10	-0,038872801268828	-0,023825384794920
11	0,034660346844853	0,017025223881554
12	-0,003883211999158	0,005439475937274
13	0,003253142763653	-0,004556895628475

Tabelle C.2: Q-Shift-Filter der Länge 14 (Synthesefilter)

Literaturverzeichnis

[AMD04] Ayat, Saeed, Mohammad T. Manzuri, and Roohollah Dianat: *Wavelet based speech enhancement using a new thresholding algorithm.* In *Proceedings of 2004 International Symposium on Intelligent Multimedia, Video and Speech Processing*, October 2004.

[Bay] Bayerisches Archiv für Sprachsignale: *PhonDat 2.* CD. http://www.bas.uni-muenchen.de/forschung/Bas/BasPD2deu.html.

[Bel87] Bellanger, Maurice: *Adaptive digital filters and signal analysis.* Marcel Dekker, Inc., 1987.

[BGG98] Burrus, C. Sidney, Ramesh A. Gopinath, and Haitao Guo: *Introduction to Wavelets and Wavelet Transforms.* Prentice Hall, 1998.

[BMM00] Bronstejn, Il'ja N., Gerhard Musiol und Heiner Mühlig: *Taschenbuch der Mathematik.* Deutsch, 5., überarb. und erw. aufl. Auflage, 2000, ISBN 3-8171-2005-2.

[Bän05] Bäni, W.: *Wavelets – Eine Einführung für Ingenieure.* Oldenbourg Verlag, 2. Auflage, 2005.

[Bol79] Boll, S.: *Suppression of acoustic noise in speech using spectral subtraction.* IEEE Transactions on Acoustics, Speech, and Signal Processing, 27(2):113– 120, April 1979.

[BR01] Bahoura, Mohammed and Jean Rouat: *A new approach for wavelet speech enhancement.* In *Eurospeech 2001*, 2001.

[BS06] Bayram, Ilker and Ivan W. Selesnick: *A simple construction for the m-band dual-tree complexwavelet transform.* In *Digital Signal Processing Workshop, 12th - Signal Processing Education Workshop, 4th*, pages 596–601, September 2006.

[CDF92] Cohen, A., Ingrid Daubechies, and J. C. Feauveau: *Biorthogonal bases of compactly supported wavelets.* Comm. Pure Appl. Math., 45(5):485–560, 1992, ISSN 0010-3640.

[CDP06] Chaux, C., L. Duval, and J. C. Pesquet: *Image analysis using a dual-tree m-band wavelet transform.* IEEE Transactions on Image Processing, 15(8):2397– 2412, August 2006.

[CDS98] Chen, Scott Shaobing, David L. Donoho, and Michael A. Saunders: *Atomic decomposition by basis pursuit.* SIAM Journal on Scientific Computing, 20(1):33–61, 1998.

[CEG76] Croisier, A., D. Esteban, and C. Galand: *Perfect channel splitting by use of interpolation/-decimation/tree composition techniques.* In *Int. Conf. on Info. Sciences and Systems*, pages 443–446, Patras, Greece, August 1976.

[CU08] Chaudhury, Kunal N. and Michael Unser: *Construction of hilbert transform pairs of wavelet bases and optimal time-frequency localization.* In *Proceedings of ICASSP 2008*, 2008.

[CW92] Coifman, Ronald R. and Mladen Victor Wickerhauser: *Entropy-based algorithms for best basis selection.* IEEE Transactions on Information Theory, 38(2):713–718, 1992.

[Dau92] Daubechies, Ingrid: *Ten lectures on wavelets.* Society for Industrial and Applied Mathematics, 1992, ISBN 0-89871-274-2.

[DJ94] Donoho, David L. and Iain M. Johnstone: *Ideal spatial adaptation by wavelet shrinkage.* Biometrika, 81(3):425–455, 1994.

[DJ95] Donoho, David L. and Iain M. Johnstone: *Adapting to unknown smoothness via wavelet shrinkage.* Journal of the American Statistical Association, 90:1200–1224, 1995.

[Don95] Donoho, David L.: *De-noising by soft-thresholding.* IEEE Transactions on Information Theory, 41(3):613–627, 1995.

[EM84] Ephraim, Y. and D. Malah: *Speech enhancement using a minimum-mean square error short-time spectral amplitude estimator.* IEEE Transactions on Acoustics, Speech, and Signal Processing, 32(6):1109–1121, Dec 1984.

[EM85] Ephraim, Y. and D. Malah: *Speech enhancement using a minimum mean-square error log-spectral amplitude estimator.* IEEE Transactions on Acoustics, Speech and Signal Processing, 33(2):443– 445, 1985.

[EWCH96] Espy-Wilson, C.Y., V.R. Chari, and C.B. Huang: *Enhancement of alaryngeal speech by adaptive filtering.* In *International Conference on Spoken Language*, 1996.

[FMF92] Farrell, K., R.J. Mammone, and J.L. Flanagan: *Beamforming microphone arrays for speech enhancement.* In *Proc. of ICASSP-92*, pages 285–288, San Francisco, CA, USA, 1992.

[GA01] Grewal, Mohinder S. and Angus P. Andrews: *Kalman Filtering*. Wiley, 2. ed. edition, 2001, ISBN 0-471-39254-5.

[GM84] Grossmann, A. and J. Morlet: *Decomposition of hardy functions into square integrable wavelets of constant shape*. SIAM Journal on Mathematical Analysis, 15(4):723–736, 1984.

[Haa10] Haar, Alfred: *Zur Theorie der orthogonalen Funktionensysteme*. Mathematische Annalen, 69(3):1432–1807, 1910.

[JBFZ00] Jalobeanu, A., L. Blanc-Feraud, and J. Zerubia: *Satellite image deconvolution using complex wavelet packets*. In *Proceedings of International Conference on Image Processing*, 2000.

[JBZ03] Jalobeanu, A., L. Blanc-Féraud, and J. Zerubia: *Satellite image deblurring using complex wavelet packets*. IJCV, 51(3):205–217, 2003.

[JS97] Johnstone, I. M. and B. W. Silverman: *Wavelet threshold estimators for data with correlated noise*. Journal of the Royal Statistical Society B, 59(2):319–351, 1997.

[JW00] Jondral, F. und A. Wiesler: *Grundlagen der Wahrscheinlichkeitsrechnung und stochasticher Prozesse für Ingenieure*. Teubner Studienbücher, 2000.

[KE08] Kiencke, Uwe und Ralf Eger: *Messtechnik*. Springer Verlag, 7. Auflage, 2008.

[Kin98] Kingsbury, N.G.: *The dual-tree complex wavelet transform: A new technique for shift invariance and directional filters*. In *Proc. 8th IEEE DSP Workshop*, 1998.

[Kin00] Kingsbury, N.: *A dual-tree complex wavelet transform with improved orthogonality and symmetry properties*. In *Proc. International Conference on Image Processing, 2000*, volume 2, pages 375–378, 2000.

[KJ08] Kiencke, Uwe und Holger Jäkel: *Signale und Systeme*. Oldenburg Verlag, 4. Auflage, 2008.

[KK02] Kammeyer, Karl Dirk und Kristian Kroschel: *Digitale Signalverarbeitung – Filterung und Spektralanalyse mit MATLAB-Übungen*. Teubner Verlag, 2002.

[KTMD99] Krim, H., D. Tucker, S. Mallat, and D. Donoho: *On denoising and best signal representation*. IEEE Transactions on Information Theory, 45(7):2225–2238, Nov. 1999.

[LGO+95] Lang, M., H. Guo, J. E. Odegard, C. S. Burrus, and R. O. Wells, Jr.: *Nonlinear processing of a shift-invariant DWT for noise reduction*. In

SPIE conference on wavelet applications, volume 2491, Orlando, FL, 1995.

[LGO+96] Lang, M., H. Guo, J. E. Odegard, C. S. Burrus, and R. O. Wells: *Noise reduction using an undecimated discrete wavelet transform.* In *IEEE Signal Processing Letters*, volume 3, 1996.

[Lin97] Lindsey, A.R.: *Wavelet packet modulation for orthogonally multiplexed communication.* IEEE Transactions on Signal Processing, 45(5):1336–1339, May 1997.

[Lju99] Ljung, Lennart: *System identification.* Prentice Hall, 2. ed. edition, 1999, ISBN 0-13-656695-2, 978-0-13-656695-3.

[Mal89] Mallat, S.G.: *A theory for multiresolution signal decomposition: the wavelet representation.* IEEE Transactions on Pattern Analysis and Machine Intelligence, 11(7):674–693, July 1989.

[Mal99] Mallat, Stéphane: *A wavelet tour of signal processing.* Academic Press, 2. ed. edition, 1999, ISBN 0-12-466606-X.

[Mar94] Martin, Rainer: *Spectral subtraction based on minimum statistics.* In *Proc. EUSIPCO 94*, pages 1182–85, 1994.

[Mar01] Martin, R.: *Noise power spectral density estimation based on optimal smoothingand minimum statistics.* IEEE Transactions on Speech and Audio Processing, 9(5):504–512, 2001.

[Mar05] Martin, Rainer: *Speech enhancement based on minimum mean-square error estimation and supergaussian priors.* IEEE Transactions on Speech and Audio Processing, 13(5):845–856, September 2005.

[Min85] Mintzer, F.: *Filters for distortion-free two-band multirate filter banks.* IEEE Trans. Acoustics, Speech, and Signal Proc., 33(3):626–630, June 1985.

[MZ93] Mallat, S. and Z. Zhang: *Matching pursuits with time-frequency dictionaries.* IEEE Transactions on Signal Processing, 41(12):3397–3415, 1993.

[Non08] Nongpiur, R. C.: *Impulse noise removal in speech using wavelets.* In *Proceedings of ICASSP 2008*, 2008.

[Pap91] Papoulis, Athanasios: *Probability, Random Variables, and Stochastic Processes.* McGraw-Hill, 3. edition, 1991.

[Pro95] Proakis, John G.: *Digital Communications.* McGraw-Hill, 3. edition, 1995.

[RL06] Rangachari, Sundarrajan and Philipos C. Loizou: *A noise-estimation algorithm for highly non-stationary environments.* Speech Communication, 48(2):220–231, Feb. 2006.

[RS78] Rabiner, Lawrence R. and Ronald W. Schafer: *Digital processing of speech signals.* Prentice-Hall, 1978, ISBN 0-13-213603-1.

[SA01] Sheikhzadeh, Hamid and Hamid Reza Abutalebi: *An improved wavelet-based speech enhancement system.* In *EUROSPEECH 2001*, pages 1855–1858, 2001.

[SBI84] Smith, M. J. and T. P. Barnwell III.: *A procedure for designing exact reconstruction filter banks for tree structured sub-band coders.* In *Proc. IEEE Int. Conf. Acoustics, Speec, and Signal Proc.*, San Diego, CA, March 1984.

[SBK05] Selesnick, I., R. Baraniuk, and N. Kingsbury: *The dual-tree complex wavelet transform.* IEEE Signal Processing Magazine, 22(6):123–151, November 2005.

[Sel01] Selesnick, Ivan W.: *Hilbert transform pairs of wavelet bases.* IEEE Signal Processsing Letters, 8(6):170 – 173, June 2001.

[TCRJL87] Treichler, John R., Jr. C. Richard Johnson, and Michael G. Larimore: *Theory and design of adaptive filters.* John Wiley & Sons, Inc., 1987.

[vdM04] Merwe, Rudolph van der: *Sigma-Point Kalman Filters for Probabilistic Inference in Dynamic State-Space Models.* PhD thesis, Oregon Health & Science University, 2004.

[VH88] Vaidyanathan, P. P. and P. Q. Hoang: *Lattice structures for optimal design and robust implementation of two-channel perfect reconstruction filter banks.* IEEE Trans. Acoustics, Speech, and Signal Proc., 36(1):81–94, January 1988.

[Vir99] Virag, N.: *Single channel speech enhancement based on masking properties ofthe human auditory system.* IEEE Transactions on Speech and Audio Processing, 7(2):126–137, March 1999.

[Wen04] Wendemuth, Andreas: *Grundlagen der stochastischen Sprachverarbeitung.* Oldenbourg, 2004, ISBN 3-486-27465-1.

[Wen07] Wendel, J.: *Integrierte Navigationssysteme.* Oldenbourg Verlag, 2007.

Eigene Veröffentlichungen

[HWK+04] Haschka, Markus, Thomas Weickert, Volker Krebs, Sven Schäfer, and Ellen Ivers-Tiffée: *Identification of a nonlinear model for the electrical behavior of a solid oxide fuel cell.* In *Proceedings of France Deutschland Fuel Cell Conference*, volume 2, pages 305–310, Belfort (France), 2004.

[HWK06a] Haschka, M., Th. Weickert, and V. Krebs: *Application of a sigma-point-kalman-filter for the online estimation of fractional order impedance models for solid oxide fuel cells.* In *Proceedings of Fractional Differentiation and its Applications*, pages 261–266, Porto (Portugal), 2006.

[HWK+06b] Haschka, Markus, Thomas Weickert, Volker Krebs, Sven Schäfer, and Ellen Ivers-Tiffée: *Identification of a nonlinear model for the electrical behavior of a solid oxide fuel cell.* Journal of Power Sources, 156(2):71–77, 2006.

[HWK08] Haschka, M., Th. Weickert, and V. Krebs: *Application of a sigma-point-kalman-filter for the online estimation of fractional order impedance models for solid oxide fuel cells.* Angenommen für: Journal of Vibration and Control, 2008.

[KSW08] Kiencke, Uwe, Michael Schwarz und Thomas Weickert: *Signalverarbeitung – Zeit-Frequenz-Analyse und Schätzverfahren.* Oldenbourg, 2008.

[WBK08] Weickert, Thomas, Claus Benjaminsen, and Uwe Kiencke: *Analytic complex wavelet packets for speech enhancement.* In *Proceedings of International Conference on Acoustics, Speech and Signal Processing 2008*, Las Vegas, 2008.

[WBK09] Weickert, Thomas, Claus Benjaminsen, and Uwe Kiencke: *Analytic wavelet packets – combining the dual-tree approach with wavelet packets for signal analysis and filtering.* Angenommen für: IEEE Transactions on Signal Processing, 2009.

[WH06] Weickert, Thomas and Markus Haschka: *Advanced sigma point placement for the unscented kalman filter.* Reports on Industrial Information Technology, 9:81–92, 2006.

[WK07] Weickert, Thomas and Uwe Kiencke: *Adaptive estimation of periodic noise energy distributions for speech enhancement.* In *9th IFAC Workshop ALCOSP'07*, St. Petersburg, 2007.

[WK08] Weickert, Thomas and Marco Kruse: *Detection and filtering of impulsive noise for speech enhancement.* Reports on Industrial Information Technology, 11:63–75, 2008.

[WS07] Weickert, Thomas and Hannes Schmoch: *A new concept for speech denoising by learning of voice characteristics*. Reports on Industrial Information Technology, 10:77–86, 2007.

[WS08] Weickert, Thomas and Dominic Schmid: *Nonstationary speech enhancement using kalman-based noise estimation and perceptual-wavelet packet thresholding*. Reports on Industrial Information Technology, 11:77–89, 2008.

Betreute Diplom- und Studienarbeiten

[Bac08] Back, Kristine: *Implementierung und Vergleich adaptiver Filteralgorithmen zur Sprachfilterung*. Studienarbeit, Institut für Industrielle Informationstechnik, Universität Karlsruhe (TH), 2008.

[Ben07] Benjamsinsen, Claus: *Filtering periodic noise using complex wavelet packets*. Masterarbeit, Institut für Industrielle Informationstechnik, Universität Karlsruhe (TH), 2007.

[Chr07] Christ, Konrad: *Sound and vibration measurement on a fuel delivery system*. Studienarbeit, Institut für Industrielle Informationstechnik, Universität Karlsruhe (TH), 2007.

[Chr08] Christ, Konrad: *Optimale Ausnutzung der Redundanz von Wavelet Packets zur Sprachsignalfilterung*. Diplomarbeit, Institut für Industrielle Informationstechnik, Universität Karlsruhe (TH), 2008.

[Die07] Dieterle, Jürgen: *Entwurf eines Kalman-Filters zur Beobachtung nichtstationärer Audiostörungen*. Diplomarbeit, Institut für Industrielle Informationstechnik, Universität Karlsruhe (TH), 2007.

[Gra08] Grafmüller, Martin: *Investigation of GDI pressure pulsations using Vold-Kalman Order Tracking Filter*. Studienarbeit, Institut für Industrielle Informationstechnik, Universität Karlsruhe (TH), 2008.

[Kru07] Kruse, Marco: *Detektion und Filterung von Impulsstörern am Beispiel von Sprachsignalen*. Studienarbeit, Institut für Industrielle Informationstechnik, Universität Karlsruhe (TH), 2007.

[Rei07] Reimund, Verena: *Automatische Erkennung von Sprechpausen in verrauschten Daten*. Studienarbeit, Institut für Industrielle Informationstechnik, Universität Karlsruhe (TH), 2007.

[Sch06] Schmoch, Hannes: *Audiosignalverarbeitung durch lernende Filter*. Studienarbeit, Institut für Industrielle Informationstechnik, Universität Karlsruhe (TH), 2006.

[Sch08a] Schmid, Dominic: *Schätzung und Filterung nichtstationärer Störungen in Sprachsignalen.* Diplomarbeit, Institut für Industrielle Informationstechnik, Universität Karlsruhe (TH), 2008.

[Sch08b] Schwyrz, Mathias: *Hallreduktion in Sprache durch referenzlose adaptive Filterung.* Studienarbeit, Institut für Industrielle Informationstechnik, Universität Karlsruhe (TH), 2008.

[See08] Seemann, Tobias: *Merkmalsgewinnung aus menschlicher Sprache zur Filterung gestörter Signale.* Studienarbeit, Institut für Industrielle Informationstechnik, Universität Karlsruhe (TH), 2008.

[Son08] Song, Yang: *Perception-adapted speech denoising.* Masterarbeit, Institut für Industrielle Informationstechnik, Universität Karlsruhe (TH), 2008.

Index